程序员书库

大型iOS应用开发
应用架构与设计模式

[美] 埃里克·文纳洛（Eric Vennaro）著

樊志颖 李仁军 温志平 译

iOS Development at Scale

App Architecture and Design Patterns
for Mobile Engineers

U0394895

机械工业出版社
CHINA MACHINE PRESS

First published in English under the title

iOS Development at Scale: App Architecture and Design Patterns for Mobile Engineers

by Eric Vennaro

Copyright © Eric Vennaro, 2023

This edition has been translated and published under licence from

Apress Media, LLC, part of Springer Nature.

Chinese simplified language edition published by China Machine Press, Copyright © 2025.

本书原版由 Apress 出版社出版。

本书简体字中文版由 Apress 出版社授权机械工业出版社独家出版。未经出版者预先书面许可，不得以任何方式复制或抄袭本书的任何部分。

北京市版权局著作权合同登记　图字：01-2023-6228 号。

图书在版编目（CIP）数据

大型 iOS 应用开发：应用架构与设计模式 /（美）埃里克·文纳洛（Eric Vennaro）著；樊志颖，李仁军，温志平译 . -- 北京：机械工业出版社，2024. 12.

（程序员书库）. -- ISBN 978-7-111-76809-8

I. TN929.53

中国国家版本馆 CIP 数据核字第 20249VL051 号

机械工业出版社（北京市百万庄大街 22 号　邮政编码 100037）

策划编辑：刘　锋　　　　　　　　责任编辑：刘　锋　冯润峰

责任校对：杜丹丹　王小童　景　飞　　责任印制：张　博

北京联兴盛业印刷股份有限公司印刷

2025 年 1 月第 1 版第 1 次印刷

186mm × 240mm · 21.75 印张 · 472 千字

标准书号：ISBN 978-7-111-76809-8

定价：109.00 元

电话服务　　　　　　　　　　网络服务

客服电话：010-88361066　　机 工 官 　网：www.cmpbook.com

　　　　　010-88379833　　机 工 官 　博：weibo.com/cmp1952

　　　　　010-68326294　　金 　书 　网：www.golden-book.com

封底无防伪标均为盗版　　机工教育服务网：www.cmpedu.com

随着技术的不断发展，移动开发的技术栈也逐渐丰富，包括原生开发、跨平台开发（React Native、Flutter 等）和移动网页开发（Progressive Web App）等。这些技术为开发人员提供了更多的选择，同时也对开发人员的技术水平提出了更高的要求，需要技术领导者能够根据项目需求和团队技能来选择最适合的开发方式。为了拓宽职业发展空间和提升个人职业竞争力，开发人员需要持续学习。这对他们提出了多方面的要求，包括具备自我驱动力、好奇心和求知欲、时间管理能力以及养成良好的学习习惯等。除此之外，扎实的理论基础对于持续学习也具有至关重要的作用，它能够帮助学习者构建知识框架、加深对技术的理解，使其对技术的变化应对自如，并在实践中提升创新能力。

扎实的技术功底能够帮助你成为优秀的问题解决者，要想进一步成为技术领导者，还需要关注软件开发周期中的各个环节（计划、设计、开发、测试、部署和维护），以确保项目的顺利进行和高质量交付，同时需要具备完成上述工作所必需的一些软技能，比如沟通能力、领导能力，以及在分配任务的同时兼顾到培养新人的能力。了解公司的整体战略，并以全局的视角看待问题，也有助于做出更合理的选择，让你在未来的职业生涯中走得更远。

目前市面上的绝大部分 IT 类书籍只是在讲述垂直领域技术或者项目管理，鲜有涉及开发人员职业发展路径的。

本书共分为四部分。第一部分以 Swift 语言为例，从数据结构、内存、持久化和并发几个方面入手，介绍编程语言的底层原理，以及在实践中如何对技术方案进行权衡和取舍。第二部分强调优质架构的重要性及其设计理念，并结合一些示例，介绍几种常见的架构设计模式。第三部分从项目的整体视角介绍软件开发生命周期、测试、性能、实验以及应用的发布和维护。第四部分介绍开发人员在通往管理者的成长道路上需要经历的几个重要阶段，以及各阶段需要掌握的技术技能和软技能，这部分内容编排合理，案例丰富，易于理解。在翻译的过程中，我们在保证语言通顺的同时力求完整展示原作者的想法。鉴于本书篇幅庞大，翻译难免会有疏漏，希望读者能够给出合理的意见。

本书能够顺利翻译完成，首先要感谢机械工业出版社对我们的信任，还要感谢编辑对翻译工作的支持。当然，最需要感谢的还是原作者的辛勤劳动。

本书将教你如何构建可扩展至数百万用户的移动应用程序，同时帮你成长为专家和首席专家。

本书的结构旨在反映工程师职业生涯的路径，并将职业阶段与每个阶段成功所需的工具对应起来。我们从聚焦 Swift 语言的工程基础知识开始，然而，大多数基础知识超出了 Swift 编程语言的范畴。这是有意为之的，因为随着时间的推移，框架和语言会更迭（SwiftUI、Objective-C），但是它们背后的基本概念不会。理解这些基本概念会让你将它们应用于不断变化的环境，并高效地学习新的工具——这在大规模应用中是一项更为重要的技能，因为许多大公司都会编写自定义的实现。理解基础知识是软件工程师职业生涯的第一阶段，也是本书的第一部分。

本书的第二部分将讨论如何利用设计模式和应用架构原则构建更好的应用程序。掌握 iOS 应用架构和基本设计模式对于达到高级工程师水平至关重要。在这个阶段，你很可能已经能够独立管理自己的工作，并能帮助初级工程师快速掌握应用开发的基础知识。这是大多数书籍的终点，但这只是职业生涯的中间点，仅凭技术技能是无法让你超越高级工程师的。

虽然技术深度是最重要且最容易传授的方面，但工程师还需要具备广泛的经验，包括一流的沟通技巧——这也是本书第三部分的重点。在这一部分，我们将探讨软件工程师的几个广度领域，包括沟通、领导力、指导他人和实验的能力。这些技能将帮助你理解哪些项目值得推进以及如何通过与大型团队的协作来实现它们。在这里，你将利用工程基础知识，并将其与在大规模工作中所需的更广泛的技能相结合。

本书的第一部分到第三部分反映了工程师从初级到高级的职业发展路径。你需要具备每部分的技能才能达到下一个层级，但在达到高级工程师后，你的职业生涯将变得更加广阔。你可以进入管理层，或者可以扩大你的知识面，并将其与你在移动应用领域所拥有的深度知识结合起来，以加速个人职业生涯的提升。

　　这本书是为那些想全面发展的开发者量身定做的，这类开发者通常被称为"T 型"开发者，如图 P-1 所示。本模型由知识的深度（iOS 基础和设计模式）和知识的广度两部分构成，知识的广度包括软技能、开发运维、实验、测试、项目管理方法。软技能（比如沟通和领导技巧）被赋予了极高的重要性，因为它们对于推动进展和领导团队至关重要。本书的第四部分将以一个实际案例作为结束，展示如何将书中学到的概念应用到职业发展中。

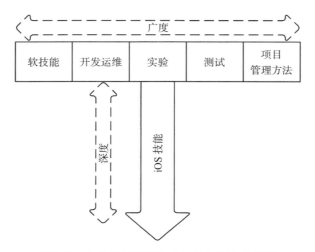

图 P-1　本书各章提到的"T 型"开发者模型

Contents 目　　录

第二部分 应用程序架构和设计模式

第四部分 在大型项目中的领导力

Apple 系统基础知识

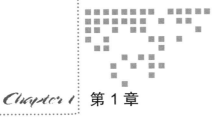

Chapter 1 第 1 章

熟悉 Swift

本章旨在为读者提供构建应用程序组件所需的工具和知识，并帮助读者熟悉未来章节中需要引用的类型。我们将介绍结构体、类、协议和泛型。本章并没有详细描述 Swift 的所有类型和语言特性。有关详情，请参阅 Apple 官方文档。

1.1 本章概要

1. 首先是工程评估的权衡问题。本章涵盖工程评估的最基本层面。书中后续会讨论更复杂的情况，涉及产品需求、时间安排以及跨团队协作方面的问题。
2. 对于不太熟悉 Apple 生态系统或仍在主要使用 Objective-C 的读者，本章将作为 Swift 入门指南，涵盖后面章节中提到的基本类型和数据结构。

1.2 结构体与类

我们将从回顾结构体（struct）和类开始。结构体和类是通用、灵活的构造，是程序代码的基石。在 Swift 中，类和结构体都可用于构造实例，然而，从传统的面向对象的角度来看，人们在构造对象时通常还是会首先想到类。

注释 面向对象编程是一种编程风格，通过创建类来模拟现实世界中的对象，这些对象既有状态也有行为。对象是类的一个实例，其状态由类的属性组成，而行为则是它所执行的操作（即方法）。

下面的代码示例概述了类的基本结构。它是 **Dog** 的数据模型，包括构成对象状态的属性和构成对象行为的方法。本代码示例以及本章中的其他代码示例都是通过 Playground 运行的。本章的 Playground 也包含在本书的相关代码仓库中。

```swift
// import foundation for usage with NSDate
import Foundation

enum DogBreed {
  case other
  case germanShepard
  case bizon
  case husky
}
class Dog {
  // parameters - part of the state.
  // the dog's name
  var name: String
  // the dog's breed, which could control barking volume
  var breed: DogBreed
  // when the dog was last fed, updates when the dog is fed
  var lastFed: Date?

  // initializer
  init(name: String,
       breed: DogBreed,
       lastFed: Date? ) {
      self.name = name
      self.breed = breed
      self.lastFed = lastFed
    }

    // method - part of the behavior
    // setting the time fed to time now
    func feed() {
      lastFed = Date()
    }

    // method - part of the behavior
    func bark() {
      switch (breed) {
        case .germanShepard:
          print("barking loud")
        default:
          print("barking moderate")
      }
    }
}
let dog = Dog(name: "Steve",
              breed: .germanShepard,
              lastFed: nil)
dog.bark()
```

同样，我们也可以用结构体来模拟这种行为：

```swift
struct DogStruct {
  var name: String
  var breed: DogBreed
  var lastFed: Date?

  init(name: String,
       breed: DogBreed,
       lastFed: Date? ) {
    self.name = name
    self.breed = breed
    self.lastFed = lastFed
  }

  // method - part of the behavior
  // setting the time fed to time now
  func feed() {
    lastFed = Date()
  }

  // method - part of the behavior
  func bark() {
    switch (breed) {
    case .germanShepard:
      print("barking loud")
      default:
        print("barking moderate")
    }
  }
}
```

从前面的代码示例来看，类和结构体似乎是一样的，而它们在内存中的管理方式却有许多不同之处。类是引用类型，而结构体是值类型。对于值类型，比如结构体，每个实例都有独立内存空间。其他值类型包括枚举、数组、字符串、字典和元组。与值类型不同，引用类型共享一个内存空间，并通过指针引用该内存。在 Swift 中唯一的引用类型是类，然而，所有继承自 NSObject 的对象都是引用类型，这意味着 iOS 工程师将同时接触到值类型和引用类型，熟悉它们是必需的。

除了第 2 章将讨论的值类型和引用类型之间的底层差异之外，应用层面的两个明显变化如下：

1. 由于引用语义和值语义的不同，值类型可以保护程序员的代码免受意外修改的影响。

2. 类还可以使用继承。

1.2.1　探索引用类型与值类型

为了更好地理解值类型是如何保护工程师免受代码中意外修改影响的，下面的示例将演示如何创建结构体和类，并对修改它们的行为进行评估。该示例将研究在创建初始对象后修改 name 变量会发生什么。

```
var dogClass = Dog(name: "Esperanza",
                   breed: .bizon,
                   lastFed: nil)
var refDog = dogClass
refDog.name = "hope"
// False - we have a reference type
print(dogClass.name != refDog.name ?
    "True - we have a value type" :
    "False - we have a reference type")

var dogStruct = DogStruct(name: "Esperanza",
                          breed: .bizon,
                          lastFed: nil)
var valDog = dogStruct
valDog.name = "hope"
// True - we have a value type
print(dogStruct.name != valDog.name ?
    "True - we have a value type" :
    "False - we have a reference type")
```

在使用类时，可以更改初始变量的 Dog 的 name，而使用结构体时则不行。在实践中，这种额外的保护层可以防止意外修改。这种机制在确保线程安全方面特别有帮助。即便如此，值类型并不是完全安全的，因为可以在值类型内部添加引用类型。当在值类型内添加引用类型，比如在数组（值类型）中添加类实例时，这个类实例（引用类型）是可以被修改的。下面的示例探讨了这种情况是如何发生的：

```
var dog1 = Dog(name: "Esperanza",
               breed: .bizon,
               lastFed: nil)
var dog2 = Dog(name: "Bella",
               breed: .germanShepard,
               lastFed: nil)
let arr = [dog1, dog2]
var dTemp = arr[0]
// Esparanzabadvalue!
arr[0].name.append("badvalue!")
print(dTemp.name)
```

Apple 公司在其文档中提到了这一点，称之为非预期共享。话虽如此，修改并非总是非预期的。有时，出于效率考虑，共享对于维护共享存储是必要的。即便在这种情况下，最佳实践也要求添加一些优化措施，以防止状态改变时产生任何非预期的副作用。这种优化被称为 copy-on-write（在写入之前复制实例，在副本上执行写操作）。

到目前为止，我们已经介绍了引用类型和值类型。但是，iOS 生态系统在值和对象如何表达其类型方面引入了一些额外的复杂性。Apple 将此称为值语义和引用语义。下面是一个使用 let 关键字的例子。通过使用 let 关键字，我们可以让引用类型表达一些值语义。为此，我们创建了一个之前的 Dog 类实例，只是这次使用了 let 关键字。现在，我们无法更改实例本身（dog4 = dog5），但可以更改 name 属性。

```
let dog4 = Dog(name: "Esperanza",
               breed: .bizon,
               lastFed: nil)
dog4.name = "test"
let dog5 = dog4
dog4.name = "Max"
print("Dog4: \(dog4.name) Dog5: \(dog5.name)")
// dog4 = dog5 - error cannot assign to a let constant
```

注释　对于引用类型，let 表示引用必须保持不变。换句话说，不能更改常量引用的实例，但可以更改实例本身。

对于值类型，let 表示实例必须保持不变。无论使用 let 还是 var 声明属性，实例的任何属性都不会改变。

有趣的是，不可变引用类型可以具有值语义。虽然它们是引用类型，但当它们被设为不可变时，它们具有值语义，因为它们的行为就像值一样，没有其他人可以修改它们。这种行为与 Apple 公司推动使用值类型和语义的指导方针保持一致。

这种行为也意味着，数据类型具有与其访问级别相对应的值语义。这是因为，如果修改变量值的唯一途径是通过该变量本身，那么该变量就具有值语义。因此，如果在与该类型相关的变量上使用了文件私有访问修饰符，那么只有在同一文件中定义的代码才能访问该变量。相反，如果变量不是文件私有的，那么在同一文件之外编写的代码就可以修改它。

总结值类型和引用类型

分析我们所观察到的值类型和引用类型的行为：

1. 如果处理的是简单结构体，则默认保证值语义。
2. 如果要处理包含复合属性（复合值类型）的结构体，就必须确保它们也表现出值语义。
3. 如果处理一个类（引用类型），默认情况下它将具有引用语义。但是，如果使用 let 关键字和常量属性使类不可变，则类将显示值语义。同样，类的属性和这些属性本身必须具有值语义类型。

一般来说，值类型会被复制，而引用类型则会获得对同一底层对象的新引用。对于引用类型来说，这意味着修改对所有持有引用的对象都是可见的，而对值类型来说，修改仅会影响当前的对象。不过，可以使引用类型不可变，这有助于使程序免受意外修改的影响。在选择值类型和引用类型时，请考虑你的类型是否适合复制（值类型）。应首先考虑对可复制类型使用值类型，对引用类型利用其不可变性。

1.2.2 类的继承

Swift 中的继承是类所独有的。与其他语言类似，继承允许类使用另一个类的方法、属性和其他特性。当一个类继承另一个类时，该类被称为子类，被继承的类称为父类。从另一个类继承的行为通常被称为子类化。不从任何其他类继承的类通常称为基类。

Swift 继承支持调用和访问属于父类的方法、属性和下标。它允许子类重写父类的方法、属性和下标以修改它们的行为。此外，Swift 还允许类为继承的属性添加属性观察器。属性观察器使开发人员可以观察属性的变化，并对这些变化采取行动。属性观察器既适用于存储属性，也适用于计算属性。

注释 Swift 不支持多重继承。多重继承是指一个类可以继承多个基类。

我们可以利用继承来抽象之前创建的 Dog 类中的一些状态和行为。为了抽象这些共同属性，我们创建了一个基类 Animal。为了演示，我们假定所有动物都有 name 和 breed，并需要在某些时候进食。我们创建的每个新动物类型都可以扩展基类，并获得这些特性。在下面的示例中，我们使用父类 Animal 创建了一个新的子类 Dog。

```swift
class Animal {
    // even wild animals have names (you just don't know them)
    var name: String
    var breed: DogBreed
    // changing to lastEaten since wild animals don't get fed
    var lastEaten: Date?

    init(name: String,
         breed: DogBreed,
         lastEaten: Date?) {
        self.name = name
        self.breed = breed
        self.lastEaten = lastEaten
    }
    func eat() {
      self.lastEaten = Date()
    }

    // lions roar, cats, purr, dogs bark so subclasses will
    define this
    func makeNoise() {
      fatalError("requires implementation in subclass")
    }
}

// Now we can define a Dog as a subclass of an animal
class DogSubClass: Animal {
  override func makeNoise() {
    if (breed == .germanShepard) {
      print("barking loud")
    } else {
```

```
        print("barking moderate")
      }
    }
  }
```

前面的继承链很好，但当我们有狼（还有狮子、老虎和熊等）时会发生什么？这些应该直接从动物基类继承吗？这些动物应该直接继承 **Animal**，还是应该有自己的父类，以便更好地模拟其生物特征？例如，可能有必要为哺乳动物亚目犬科和猫科创建单独的父类，并为这些亚目提供更具体的共享属性。建立单独的中间父类似乎是更好地模拟动物并重复使用代码的简便方法。但是，这种方法往往会创建冗长、紧密耦合的继承链。随着时间的推移，这些继承链会变得脆弱且难以维护（尤其是当开发团队发生变化时）。

Swift 中的类可以通过继承来实现代码复用，并通过重载和重写函数来享受动态多态性的好处。幸运的是，对于值类型，Swift 提供了协议（protocol）来实现静态多态性。

注释　类也可以使用协议，但结构体不能使用继承（尽管协议上的默认实现提供了类似的好处）。

静态多态性和动态多态性简介

静态多态性在编译时发生，允许函数具有相同的名称和不同的实现。至于使用哪种方法实现，则由静态派发来决定。

动态多态性在运行时发生，允许函数具有相同的名称和不同的实现。在运行时，通过检查内存中的实际对象来决定运行哪种方法实现。

继承与多态性
❑ 继承让开发者能够在程序中复用现有代码。
❑ 多态性允许开发者动态地决定函数的哪个实现会被调用。
继承是一种可以通过使用类层次结构来实现多态性的机制。

1.2.3　协议

协议是 Swift 代码利用多态性的另一种方式。与接口类似，协议定义了一组方法、属性以及一些其他内容，这些内容可以被类、结构体或枚举适配。要实现协议，结构体或其他类型必须实现协议所定义的要求。满足协议的类型被认为是遵守该协议的，而且类型可以遵守多个协议，从而促进了基于行为组合对象的思想。

此外，协议还具有可扩展性，因此可以为扩展协议的类型提供默认实现（通过在协议本身定义行为）。协议允许扩展方法、初始化器、下标和计算属性实现。

一个设计良好的协议适用于特定任务或功能，而类型可以遵循多个协议，促进了组合。有了这个想法，让我们回顾一下我们之前的例子，但这次使用协议。

由于一个类型可以遵循多个协议，因此我们的示例将哺乳动物的个体特征分解为独立的协议，从而避免了复杂的继承层级。

```
// Provides a default implementation for eating, if an animal
requires custom logic say always making a noise when eating
we could override the default implementation of our specific
animal struct.
extension FeedsProto {
  mutating func eat() {
    lastFed = Date()
  }
}

protocol ProduceSoundProto {
  func makeNoise();
}
// Now we can easily create dogs, wolves, and any number
of animals
struct Dog_ProtoExample: AnimalProto, FeedsProto,
ProduceSoundProto {
  var lastFed: Date?
  var name: String
  var breed: DogBreed

  // conforming to our protocol
  init(name: String, breed: DogBreed) {
    self.name = name
    self.breed = breed
  }

  func makeNoise() {
    print("barking...")
  }
}

struct Lion_ProtoExampe: AnimalProto, FeedsProto,
ProduceSoundProto {
  var lastFed: Date?
  var name: String
  var breed: DogBreed

  // conforming to our protocol
  init(name: String, breed: DogBreed) {
    self.name = name
    self.breed = breed
  }
  func makeNoise() {
    print("roar...")
  }

  mutating func eat() {
    lastFed = Date()
    // lions always roar while eating (obviously)
    makeNoise()
```

```
    }
  }
```

我们的动物类不再是由高度耦合的继承链实现的。相反，通过使用我们定义的协议子集，可以组成具有不同行为的动物类。在 Swift 社区中，有大量关于面向协议编程（Protocol-Oriented Programming，POP）的讨论，人们普遍更喜欢结构体而不是类，因为它更容易推理。虽然这都是事实，但有时也需要类提供的额外功能。作为一名高级软件工程师，你的职责就是批判性地分析问题，并为其挑选最佳工具。不要为了面向协议编程而选择它。要充分理解问题，并以此为导向制定解决方案，无论该解决方案是函数式编程、面向对象编程、面向协议编程，还是其他完全不同的方案。

例如，在前面的简单的 Dog 类中，每次喂狗时我们都会修改状态。如果我们使用的是 MVVM（模型、视图、视图模型，Model-View-ViewModel）架构，并且 Dog 类是一个视图模型，通过操作或服务器来更新数据，那么保持模型不可变是很常见的。因此，我们可以将 Dog 类设计成结构体。但是，如果我们想要一个可变的状态，那么结构体就不再适合了。或者，如果我们的对象是一个更复杂的东西，比如网络套接字，那么它本质上是不能被复制的，因此这种情况下结构体也是不合适的。

重要的是，你可以安全地跨线程传递值的副本，而无须同步。

总结类和结构体

到目前为止，我们讨论了类和结构体在内存管理中的一些相似之处和不同之处，以及它们如何利用高级编程概念来实现多态性。

类和协议的相同点：

❑ 定义属性以存储值。

❑ 定义方法以提供功能。

❑ 定义下标，以便使用下标语法访问其值。

❑ 定义初始化器，以设置初始状态。

❑ 使用扩展提供默认实现。

❑ 提供标准功能。

类具备而结构体所不具备的功能

❑ 继承：这使得一个类能够继承另一个类的特性。

❑ 类型转换：这使得程序能够在运行时解释实例的类型。

❑ 析构器：它们使类实例能够释放已被分配的任何资源。

❑ 引用计数：这使得一个类实例可以有多个引用。

1.3 泛型实践

除了结构体、类、继承和协议之外，本书中还反复提到了一个重要概念：泛型。

最简单地讲，泛型编程是一种编程风格，程序员以这种风格创建函数和类型时，对其包含的输入、输出参数不指定确切的类型。参数的具体类型只有在需要时才会被实例化。

使用泛型编程可以编写出灵活、可重复使用的代码，适用于多种参数类型。基于这种特性，程序员可以定义支持不同类型参数的标准函数（只要这些类型满足程序定义的特定要求）。总的来说，泛型编程避免了重复，并能帮助程序员构建更好的抽象。大多数编程语言通过提供语言结构来支持泛型。软件工程师依靠这些内置的语言结构来创建泛型程序。在这里，我们将讨论 Swift 是如何实现这些结构的。

1.3.1 泛型函数

为了更好地理解泛型的作用，我们从一个基本的泛型函数的例子开始：

```swift
func swap<T>(_ a: inout T, _ b: inout T) {
  let temp = a
  a = b
  b = temp
}
//call the function as normal
var x = 0;
var y = 5;
swap(&x, &y)
```

在前面的函数中，我们交换了 a 和 b 的值。这个函数的优点是可以交换任何类型。否则，如果没有泛型，那么每个类型都需要一个特定的交换函数，这将给维护工作带来巨大负担。

上述函数的第一个显著特点是使用了 <T> 作为方法名的一部分。括号中的字符代表的是一个占位符。在我们的示例中，使用的是占位符 T，而不是实际的类型名。占位符名称并没有说明 T 必须是什么类型，它只是表示 a 和 b 必须是相同的类型，即 T。

占位符说明：

1. 任何字符都可以作为占位符，T 是常用的占位符（其他常用的占位符是 U 和 V）。
2. 在表示占位符时，必须使用大写驼峰字母，以表示它们不是值。
3. 使用 <T、U> 语法指定多个类型参数是合法的。

1.3.2 泛型类型

除了泛型函数，Swift 还允许创建泛型类型。这些类、枚举和结构体经过定制，可以与任何类型一起工作。Swift 的集合类型（数组、字典）就是泛型在实际应用中的一个很好的例子。泛型类型与泛型函数的创建非常相似，只不过泛型类型的占位符是在类型本身定义的。举个例子，让我们看看如何在 Swift 中创建一个泛型队列：

```swift
// The placeholder type is defined on the struct.
struct Queue<T> {
```

```
var items: [T] = []
mutating func push(_ item: T) {
  // TODO
}

mutating func pop() -> T {
  // TODO
}
}
// The concrete definition of the placeholder type is required
when instantiating the struct.
var q = Queue<Int>()
```

在前面的队列中，占位符类型是通过结构体定义并在整个类型中使用的。通过这种方式，队列可以适用于任何类型。如果没有这种行为，程序员就需要为每一种类型单独定义一个队列结构体。

协议中也可以使用泛型，以创建更丰富的类型体验。为了在协议中表达泛型，Swift 使用了关联类型（associatedtype）和类型别名（typealias）。在定义协议时使用关联类型，而在指定协议的具体实现中使用的类型时使用类型别名。在其他语言中，类型别名主要是一种语法糖，用于以更易理解的方式包装长的、更复杂的类型；但在 Swift 中，类型别名也是对采用关联类型协议的类型的语义要求。

接下来，让我们扩展之前的动物示例代码，为所有动物添加一个协议。这个新协议规定每种动物吃特定的食物，其中食物是动物协议的具体实现所定义的独立数据结构。

```
protocol Animal_Proto { }

struct Dog: Animal_Proto { }

// now we could have
let myDog: Animal_Proto = Dog()
// and
let arr = [myDog]
// now say we add an associated type to define the type of food
that the animal is eating.
// grass versus meat.
protocol Animal_Proto {
  // declare a requirement
  associatedtype Food
  func eat(food: Food) -> ()
}
struct Grass {}
struct Meat {}
struct Dog: Animal_Proto {
  // meet the requirement
  typealias Food = Meat

  func eat(food: Food) -> () {
```

```
    print("Eating the food: ")
  }
}
struct Antelope: Animal_Proto {
  // meet the requirement
  typealias Food = Grass

  func eat(food: Food) -> () {
    print("Eating the food: ")
  }
}
```

通过在具体的动物实现中定义食物类型，Swift 允许比典型的继承结构更丰富的类型表达。例如，在基于继承的设计中，一个动物不能同时吃肉和草，因为它们不符合基础类型。然而，使用协议，我们就可以做到这一点。尽管带有关联类型的协议表达能力更强，但它们不能被添加到一个集合中。由于食物的种类（关联类型）不能归结为一个共同的类型，因此用于类型查找的动态派发机制无法确定正确的类型。同样，遵守具有关联类型的协议的实例也不能被类型转换为该协议。

```
let dogs = [DogEV2(), Antelope()]
// Heterogeneous collection literal could only be inferred to
'[Any]'; add explicit type annotation if this is intentional

let myDog2: Animal_EV_Proto2 = DogEV2() as! Animal_EV_Proto2
// error: protocol 'Animal_EV_Proto2' can only be used as a
generic constraint because it has Self or associated type
requirements
```

在 Swift 以前的版本中，可以实现一个包装类来实现类型擦除，允许将具有关联类型的协议显示为同质化的集合。这里，以该包装类为例进行说明。

注释　类型擦除是一个术语，用于将强类型参数合并为更通用的类型。在下文中，这是通过包装类型来实现的示例。

```
struct AnyAnimal<T>: Animal_Proto {
  private let _eat: (T) -> Void

  init<U: Animal_Proto>(_ animal: U) where U.Food == T {
    _eat = animal.eat
  }

  func eat(food: T) {
    _eat(food)
  }
}
```

在 Swift 以前的版本中，我们可以使用前面的包装器。然而，Swift 现在要求在初始化时，Antelope 必须遵守 Animal_Proto 协议。

```
// Error: Initializer 'init(_:)' requires that 'Antelope'
conform to 'Animal_Proto'
let y = AnyAnimal(Antelope())
let x: MyProto = Foo()
```

这是有道理的，因为包装对象只是隐藏了底层类型。不过，这仍然是协议中泛型的一个很好的例子。更实际的做法是，尝试修改代码架构以避免这个问题。例如：

```
enum Food {
  case grass
  case meat
}

protocol Animal_Proto {
  func eat(food: Food) -> ()
}
```

现在，食物以枚举的形式表示，这实际上为杂食动物提供了更大的灵活性。虽然这个例子有些牵强，但重要的是要思考代码的整体架构，不仅要考虑什么适合当前用例，还要考虑语言和框架本身支持的内容。其中的关键点代表了良好的设计。

1.4 总结

在本章中，我们回顾了一些基本类型和 Swift 语言的基础概念，如继承、多态性和泛型。

1.4.1 本章要点

1. 结构体和类都有其存在的价值。作为一名工程师，理解它们各自的特点及相关的权衡，并为特定的用例选择正确的抽象非常重要。此外，在审查其他工程师的代码时，能够阅读并理解他们更改的深层含义非常重要。他们的更改是否线程安全？会不会导致意外的状态变化？他们是否可以使用更好的抽象？这些都是高质量的反馈，将使你的代码审查更有价值，并让你成为团队的领导者。

2. 了解引用语义和值语义是一个超越 Apple 生态系统的概念，它会影响你在许多领域的代码开发方式。充分理解这一基本概念将有助你调试和创建无 bug 的应用程序。

3. 了解如何在代码和协议中利用泛型，同时充分认识到 Swift 类型系统的局限性。

1.4.2 扩展阅读

1. Swift 语言指南：

https://docs.swift.org/swift-book/LanguageGuide/TheBasics.html

2. 关于协议的 WWDC 演讲：

https://developer.apple.com/videos/play/wwdc2015/408/

第 2 章 *Chapter 2*

内存管理

了解内存管理对于开发能够正确且高效执行的程序至关重要。本章将深入探讨 Swift 程序是如何分配和释放计算机内存的、Swift 内存模型的结构，以及内存管理的最佳实践。

软件应用程序的整体质量主要由其性能和可靠性来评判，而性能和可靠性与良好的内存管理密切相关。在大型跨国应用程序中，内存管理变得至关重要，因为有比较多的老旧设备仍在使用。

2.1 本章概要

1. Swift 内存模型概述，它如何适用于不同的 Swift 类型，以及如何利用它来提高代码质量。
2. 深入探讨 Swift 中的自动引用计数及其内存管理机制。

2.2 Swift 程序内存使用情况

当程序运行时，它会占用内存。这些内存包括许多区段：

1. 栈：静态内存。
2. 堆：动态内存。
3. 程序数据：用于存储全局变量。
4. 可执行二进制文件：正在执行的代码。

程序中会为每个内存位置分配一个地址（内存中的一个字节）。地址范围从零开始，一直到该机器架构允许的最大地址。如图 2-1 所示，可执行二进制文件、程序数据和堆的内存地址较低，而栈的内存地址较高。在本章中，我们将重点讨论栈和堆。

低位地址 →
程序输入
栈
未被使用的内存
堆
程序数据
高位地址 →
可执行的二进制文件

图 2-1　程序内存分布；未被使用的内存表示堆或栈在增长时可以使用的内存

2.2.1　栈

栈是一个简单的后进先出（Last-In, First-Out，LIFO）数据结构。栈至少需要支持两种操作：入栈（push）和出栈（pop）。不允许从栈的中间插入或移除数据。压入运行时栈的数据项可以是任意大小的。栈的使用方式在某种程度上来讲是比较局限的，因为它们只允许在顶部进行访问。然而，正是这种局限性使得栈可以很容易实现高效的 push 和 pop 操作。

在程序内部，调用函数时，该函数中的所有局部实例都会被压入当前栈。此外，一旦函数返回，所有实例就都会从栈中移除。

栈内存的特点
❑ 静态内存，仅在编译时进行分配。
❑ 栈是一种 LIFO 数据结构。
❑ 通过 push 和 pop 操作实现快速访问。
❑ 栈不允许对象改变大小。
❑ 每个线程都有自己的栈。
❑ 栈用于存储值类型，比如结构体和枚举。
❑ 栈通过指针跟踪内存分配，分配内存时指针减小，删除内存时指针增加。这些操作如图 2-2 所示。

注释　LIFO 是"后进先出"的缩写，这是指第一个元素最后被处理，而最后一个元素则是首先被处理。与 LIFO 相反，我们可以采用"先进先出"（First-In, First-Out，FIFO）的方式处理数据。在 FIFO 中，第一个元素首先被处理，而最新的元素则最后被处理。

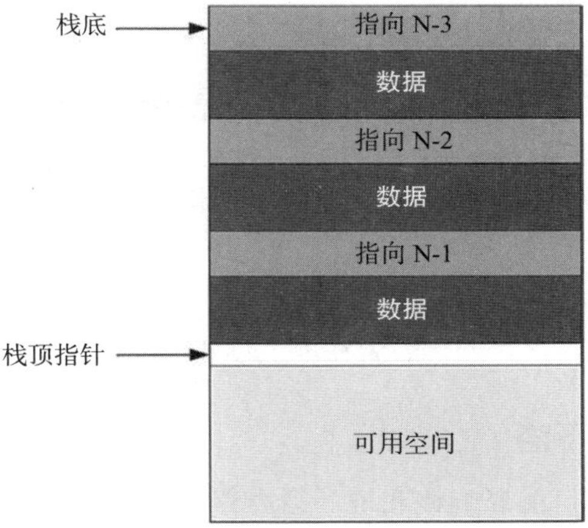

栈底 ———— 指向 N-3

数据

指向 N-2

数据

指向 N-1

数据

栈顶指针 ————

可用空间

图 2-2　栈内存；该栈向下增长。push 操作将数据复制到栈中并将指针向下移动；pop 操作从
　　　　栈中复制数据并将指针向上移动

2.2.2　堆

　　相比之下，堆比栈更加灵活。栈只允许在顶部进行分配和释放，而堆程序可以在任何位置分配或释放内存。堆分配内存的方法是找到并返回第一个足够大的内存块。内存可以按任意顺序返回或释放。当程序释放或回收两个相邻的内存块时，堆会将它们合并成一个内存块。这样做使堆能够灵活地满足对大内存块的需求，如图 2-3 所示。

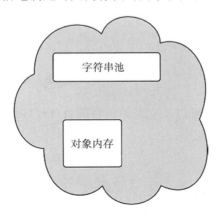

字符串池

对象内存

图 2-3　堆。当前存储在堆上的是字符串池和一个对象内存

堆的灵活性是以性能为代价的，原因有二：

1. 程序必须扫描堆以找到足够大的内存块。

2. 相邻的空闲内存块会被合并成一个内存块。

堆内存的特点

❑ 分配发生在运行时（动态内存）。

❑ 值可随时通过内存地址进行引用。

❑ 内存大小无限制。

❑ 访问速度较慢。

❑ 当进程请求一定量的内存时，堆会搜索一个满足此请求的内存地址，并将其返回给该进程。

❑ 进程必须通知堆释放未使用的内存区域。

❑ 动态对象创建需要内存管理，因为在堆上创建的对象永远不会超出作用域。

2.2.3　缓冲区上溢与下溢

缓冲区上溢和下溢都可能影响栈和堆。当内存访问超出缓冲区限制时，就会发生这种情况，这可能导致程序崩溃或执行未授权的代码。这是一个重要的安全问题，超出了程序的安全策略。基于堆的溢出甚至可以覆盖存储在内存中的函数指针，将它们重定向到攻击者的代码。这会导致关键用户数据的丢失。

Apple 公司采取了措施，通过使 Swift 成为一个内存安全的语言来防止与内存相关的问题。编译器可确保在使用前，Swift 会对内存进行初始化，并限制直接内存访问。然而，Swift 还提供了不具备自动内存管理或对齐保证的不安全 API[⊖]。为了帮助开发者检测内存访问错误，Xcode 7 及更高版本在工具中包含了线程分析器。

如果访问的内存超出了缓冲区的末尾，则该检查报告为上溢；如果访问的内存超出缓冲区的起点，则该检查报告为下溢。此外，Xcode 还会对堆和栈缓冲区以及全局变量进行清理[⊖]。

2.3　Swift 内存模型

现在已经大致了解了栈和堆以及它们如何帮助管理程序的内存，那么我们就可以来看看 Swift 的一些具体细节了。

2.3.1　Swift 栈分配

一般来说，Swift 的值类型存储在栈上，这意味着它们不会增加程序的引用计数（2.4 节将详细介绍）。现在，让我们通过一个例子（如图 2-4 所示）来了解栈分配的过程，该例子使用了第 1 章中的 **Dog** 结构体。当实例化 **Dog** 时，编译器会在栈上为该实例分配空间。如果将

⊖ https://developer.apple.com/documentation/swift/unsafepointer

⊖ https://developer.apple.com/documentation/xcode/overflow-and-underflow-of-buffers

Dog 实例复制到一个新实例，则两个实例都会在栈上分配空间。由于两个实例指向内存中的不同位置，因此改变其中一个实例的值不会影响另一个实例，这就是值语义的作用。

```swift
struct Dog {
  var age: Int
  func bark() {
    print("barking")
  }
}
// creating the instance
let dog1 = Dog(age: 2)
let dog2 = dog1
```

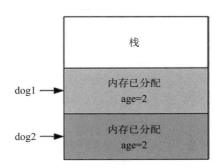

图 2-4　值类型的栈分配

需要注意的是，如果在编译时无法确定值类型的大小，它将被分配到堆上。这通常是因为值类型包含了引用类型（或被引用类型包含）。

注释　值类型不会增加引用计数。但是，复制带有内部引用的值类型需要增加其子值类型的引用计数。

2.3.2　Swift 堆分配

除了类之外，如果在编译时无法确定值类型的大小（由于协议/泛型要求），或者如果你的值类型递归地包含引用类型或被引用类型包含（记住闭包也是引用类型），那么就需要进行堆分配。

为了探索堆分配，让我们来看一个与前述结构体类似的 Dog 类。

```swift
class Dog {
  var age: Int
  func bark() {
    print("barking")
  }
}
// creating the instance
let dog1 = Dog(age: 2)
let dog2 = dog1
```

对于 Dog 类，首先在栈上分配内存。这部分内存引用了在堆上分配的内存（一个从栈指向堆的指针）。堆上内存分配发生在初始化时（搜索堆以找到合适的内存块），实例被复制，因此 dog1 和 dog2 都指向堆上的同一块内存，所以对 dog1 的更改会影响 dog2——这就是引用语义的作用。图 2-5 概述了这种交互。

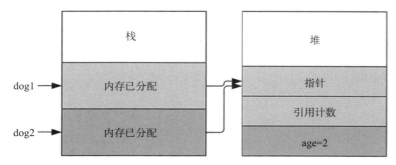

图 2-5　引用类型的堆分配

注释　字符串在堆上存储其字符。如果结构体（栈存储）包含字符串，则该字符串仍将产生引用计数开销和堆存储。

2.4　自动引用计数

自动引用计数（Automatic Reference Counting，ARC）是一种自动化内存管理形式。编译器会自动插入程序所需的保留（retain）和释放（release）操作，并在引用计数达到零时释放内存。在 Swift 中，每次对实例进行强引用时都会增加一次引用计数。ARC 提供了以下生命周期限定符，以帮助开发者正确管理内存：

1. strong：强引用，任何被标记为强引用的属性都会增加引用计数。只要引用了强引用对象，它就不会被释放。
2. weak：弱引用，任何标记为弱引用的属性都不会增加引用计数，也不会防止对象被释放。
3. unowned：与弱引用类似，其不会增加所引用对象的保留计数。不过，unowned 不是 optional 的。此外，当对象被释放时，unowned 不会将指针归零，这可能导致悬空指针。

注释　只有当对象强引用计数归零时，ARC 才为对象释放内存。

像 ARC 这样的内存管理机制对管理程序动态创建的对象非常重要。如果没有 ARC，程序员将不得不手动进行内存管理，这容易导致错误。一般来说，糟糕的内存管理可能会导致以下问题：

1. 内存泄漏：在当内存未被释放，但已经没有指针指向它时会发生内存泄漏，导致现在无法访问（或释放）该内存块。内存泄漏会导致长时间运行的进程崩溃，并通常会降低程序效率。

2. 悬挂指针：悬挂指针是指一个指针指向了已经被释放的内存（即该存储空间不再被分配）。尝试访问这样的指针可能会导致未定义的行为或存储器段错误（segmentation fault）。

内存泄漏和悬空指针会导致应用程序崩溃和糟糕的用户体验。

2.4.1　引用计数实践

这是一个 ARC 的例子，我们在这里引用并将其分配给另一个变量，从而增加了引用计数。注意两个强引用是如何在内存释放发生之前被断开的。

```swift
var reference1: Car?
var reference2: Car?
class Car {
  let name: String
  var engine: Engine?

  init(name: String) {
    self.name = name
    print("\(name) is being initialized")
  }
    deinit {
      print("\(name) is being deinitialized")
    }
}

reference1 = Car(name: "Herby")
// Prints "Herby is being initialized"
reference2 = reference1
// retain called
// Now there are two strong references to the single Car instance
reference1 = nil
// release called
reference2 = nil
// release called
// Prints "Herby is being deinitialized"
// Note how both strong references had to be broken before
memory deallocation occurred
```

在下面的示例中（图 2-6），我们将探讨创建强引用循环时会发生什么。强引用循环发生在两个类实例相互持有对方强引用的情况下，这样每个实例都会使另一个实例保持激活状态。

```swift
class Engine {
  let type: String
  init(type: String) {
    self.type = type
```

```
      }
    var car: Car?
    deinit {
      print("Engine \(type) is being deinitialized")
    }
  }
var herby: Car?
var inlineSix: Engine?

herby = Car(name: "Herby_V2")
inlineSix = Engine(type: "Inline Six Cylinder")

herby?.engine = inlineSix
inlineSix?.car = herby

herby = nil
inlineSix = nil
//Note neither deinitializer is called
```

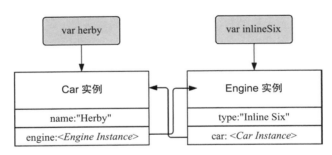

图 2-6　两个初始化变量，实线表示 Car 和 Engine 之间的强引用循环

如图 2-7 所示，ARC 仍为 Car 和 Engine 保持了一个引用。即使在将每个变量赋值为 nil 之后，它们也不会被释放。要解决这个问题，需要使用弱引用（如图 2-8 所示）。

```
class Car_V2 {
  let name: String
  var engine: Engine_V2?
  init(name: String) {
    self.name = name
    print("\(name) is being initialized")
  }
  deinit {
    print("\(name) is being deinitialized")
  }
}

class Engine_V2 {
  let type: String
  init(type: String) {
    self.type = type
```

```
  }
  weak var car: Car_V2?
  deinit {
    print("Engine \(type) is being deinitialized")
  }
}

var ford: Car_V2?
var inlineFour: Engine_V2?

ford = Car_V2(name: "Ford")
inlineFour = Engine_V2(type: "Inline Four Cylinder")

ford?.engine = inlineFour
inlineFour?.car = ford

ford = nil
inlineFour = nil
// Prints:
// "Engine Inline Four Cylinder is being deinitialized"
// "Ford is being deinitialized"
```

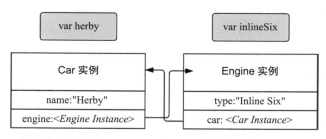

图 2-7　即使变量被释放，**Engine** 和 **Car** 之间仍然存在一个强引用循环

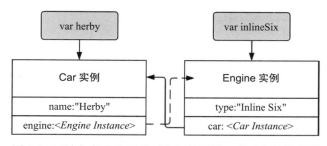

图 2-8　两个初始化变量及其之间的引用。虚线表示弱引用

　　很酷吧？现在，我们可以避免内存泄漏了。不过，我们还可以稍作改进。既然知道汽车必须始终有一个引擎，那么我们也可以将该属性设置为 unowned 引用。这样就不需要解包 optional 属性了，同时反映了我们假设的产品要求，即汽车必须始终有一个引擎。在使用 unowned 引用时，必须小心谨慎，充分理解软件需求，因为在引用计数为零时访问该引用会导致致命的程序错误。当有不确定时，使用弱引用是最安全的。

```swift
class Car_V3 {
  let name: String
  var engine: Engine_V3?
  init(name: String) {
    self.name = name
    print("\(name) is being initialized")
  }
  deinit {
    print("\(name) is being deinitialized")
  }
}

class Engine_V3 {
  let type: String
  unowned let car: Car_V3
  init(type: String, car: Car_V3) {
    self.type = type
    self.car = car
  }
  deinit {
    print("Engine \(type) is being deinitialized")
  }
}

var chevy: Car_V3? = Car_V3(name: "Chevy")
chevy!.engine = Engine_V3(type: "V8 Super", car: chevy!)
// Prints:
// "Chevy is being deinitialized"
// "Engine V8 Super is being deinitialized"
```

实现代理模式是一个非常常见的观察循环引用的场景，例如

```swift
class ViewController: ViewModelDelegate {
  let model = ViewModel()
  init() {
    model.delegate = self
  }
  func willLoadData() {
    // do something
  }
}

protocol ViewModelDelegate {
  func willLoadData()
}

class ViewModel: ViewModelType {
  // if this is a not labeled weak it will lead to a
retain cycle
  weak var delegate: ViewModelDelegate?
```

```
func bootstrap() {
    delegate?.willLoadData()
  }
}
```

另一个常见的场景是在闭包的捕获列表中。

```
let closure = { [weak self] in
  // Remember, all weak variables are Optionals
  self?.doSomething()
}

let closure = { [weak self, unowned person] in
  // Weak variables are Optionals
  self?.doSomething()
  // Unowned variables are not.
  person.eat()
}
```

2.4.2　ARC 观察生命周期的 bug

在 Swift 中，我们可以观察这些对象的生命周期。事实上，我们在前面的代码中也是这样做的。在实践中，这通常被认为是不好的做法，因为观察对象生命周期依赖于 Swift 编译器。如果编译器发生变化，那么观察到的生命周期也可能发生变化，从而导致复杂的 bug。

一些潜在的解决方案

1. 使用延长生命周期修饰符。这种修饰符可以扩展弱引用的作用范围。然而，它需要被分散地添加到代码库中（增加维护工作量），并且给个别工程师和代码审查者带来了正确性和维护的额外负担。

2. 认真思考 API 的设计和封装逻辑，避免意外访问。

3. 在使用 weak 和 unowned 修饰符时要慎重考虑。是否可以通过不同的类设计来避免循环引用或析构器副作用的潜在风险？这样可以消除此类 bug，但基于实际情况的不同，该方案可能并不适用。

这些潜在的解决方案都不是银弹，但在审查代码、编写代码和修复 bug 时，必须考虑这些权衡因素，并彻底理解 ARC，这样才能编写出设计合理、准确无误的好代码。

2.5　方法派发

我们在此要讨论 Swift 内存模型的最后一个方面是方法派发。Swift 需要在运行时执行正确的方法实现。确定 Swift 最终要调用方法的时机是在编译时（静态派发）或运行时（动态派发）。Objective-C 代码中大量使用动态派发，这为语言提供了极大的灵活性；而 Swift 则大量使用静态派发，允许编译器优化代码。在动态派发中，派发无法在编译时确定，只能在运行时查找，从而阻碍了编译时的可见性和优化。

其中一种编译器优化是内联。内联是指编译器用函数的实际实现替代方法派发，消除了静态派发的开销和相关的调用栈的建立和拆除的开销。当整个派发链都可以被内联时，这种优化就能提升更多的性能。

2.5.1　静态派发

这种方法派发方式既简单又快速。静态派发之所以速度快，是因为在运行时，只有一个存储在内存中的方法实现。运行时可以直接跳转到该内存地址并执行它。由于直接静态派发不支持同一方法的多个实现，因此它不支持多态性。

2.5.2　动态派发

与静态派发相比，动态派发具有极大的灵活性。它为引用类型提供了多态性和继承性，并通过虚表（V-table）查找来实现。虚表是在编译时期间 Swift 中间语言（Swift Intermediate Language，SIL）生成时创建的，它指定了运行时应当调用的方法的实际实现。在运行时，该查找表以地址数组的形式保存，这些地址指向内存中实现（虚拟指针）所在的实际位置。虚表有助于继承类生成对重载和非重载方法的正确调用。如果类被标记为 **final**，Swift 还提供了一种优化方法，可以移除类的动态派发，并静态派发这些方法。

为了更好地理解虚表，将其可视化是非常有帮助的。在图 2-9 中，我们有一个动物对象的数组。这个数组没有具体的类型信息，只是指向动物类型对象的入口。狗、猫和老虎都属于这个范畴，因为它们都是从动物基类派生出来的，可以响应相同的消息。适用动态派发时，编译器不知道数组的元素只是动物对象。当通过基类地址（动物数组）调用一个函数时，编译器会通过类型生成虚拟方法表，其中包含指向适当方法实现的虚拟指针。

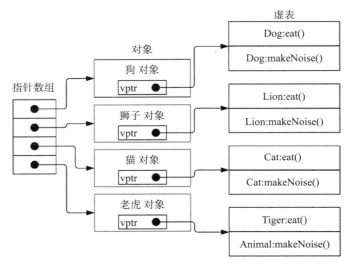

图 2-9　使用动物对象的虚表派发

如果 Animal 的子类重写了基类中声明的函数，编译器会为该类创建一个唯一的虚表，如图 2-9 右侧所示。该表记录了在此类或基类中声明的所有函数的地址。如果某个函数没有被重写，那么编译器将在派生类中使用基类版本的地址（你可以在调整后的 Tiger 虚表中看到这一点）。然后，编译器将虚指针（VPTR）放置在类中。一旦 VPTR 初始化为正确的虚表，对象就"知道"它是什么类型了。

2.5.3 支持值类型的多态性

如前所述，静态派发在其最简单的意义上不支持多态性，而值类型使用静态派发。那么，值类型在 Swift 中是如何支持多态性的呢？由于缺乏共同的对象链（意味着类型不共享标准的内存分布），我们不能使用 V-table 派发，因此采用了一种新的系统，即协议见证表（Protocol Witness Table，PWT）。PWT 允许支持协议的类型在仍然使用值语义和尽可能避免堆分配的同时，利用多态行为。通过避免在堆上动态分配，支持协议的值类型能够在保持动态派发的强大功能的同时，实现更快的代码执行。PWT 查找比虚表查找更复杂，需要多个组件的协作，因为值类型在内存中的大小不同。本节将详细介绍使值类型能够实现多态性的各种组件。总的来说，我们将覆盖以下内容：

1. Existential Container（存在容器）：封装不同的协议类型，以实现基于数组的存储。
2. 内联值缓冲区：这使得可以存储更大的类型。
3. 值见证表（Value Witness Table，VWT）：管理一个值的生命周期。
4. PWT：类似于虚表。

注释 使用协议处理多态关系可使编译器优化代码，从而提高性能。

Existential Container

Existential Container 通过将不同的协议类型包装在一个容器中，解决了在数组中存储协议值类型的问题。由于 Existential Container 具有一致的内存分布，因此即使协议类型不能被存储在数组中，它也可以被存储在数组中。如图 2-10 所示，Existential Container 包含

1. 内联值缓冲区
2. 指向 VWT 的指针
3. 指向 PWT 的指针

内联值缓冲区

内联值缓冲区长度为 3 字节。如果类型太大，则无法放入内联值缓冲区，值缓冲区将包含一个指向堆的指针，该值存储在堆内存中（如图 2-11 所示）。

VWT

VWT 管理值类型的生命周期。它处理值的分配、复制、销毁和释放操作。程序中每种类型有一个 VWT，它与

图 2-10 带有三个字长的值缓冲区和指向 VWT、PWT 指针的 Existential Container

Existential Container 相连。VWT 的操作如图 2-12 所示。

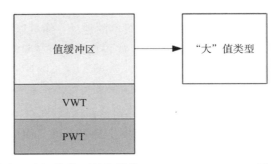

图 2-11 包含一个指向"大"值类型的指针的 Existential Container，该"大"值存储在堆上。
如果这是一个"大"的引用类型，它也会被存储在堆上，并包括一个引用计数。

PWT

最后，Existential Container 包含了对 PWT 的引用。每个实现协议的类型都会创建一个独立的 PWT。表中的每个条目都链接到该类型的实现，允许在通过协议派发引用时使用该方法的正确实现。在图 2-13 中，每个具体的动物实例都被包装在一个 PWT 中，因为它们符合动物协议。

图 2-12 VWT 及其相关操作

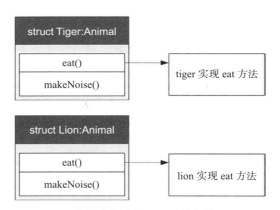

图 2-13 遵循动物协议的两个结构体的 PWT

PWT 并不会为每种类型提供统一的内存大小。为此，我们需要使用 Existential Container。通过使用指向特定 PWT 的 Existential Container，我们可以将值类型添加到数组中，然后通过 PWT 引用具体的实现。图 2-14 展示了这种存储机制如何用于动物对象的数组。

在前面示例的基础上，图 2-15 展示了 Existential Container 与内联值缓存如何协同工作，为统一存储和访问支持协议的值类型提供一个功能完备的系统。

在图中，VWT 表跟踪值类型的分配，并追踪指向 Existential Container 的指针。当在类型

上调用 **allocate** 时，VWT 在堆上分配内存，并将一个指向该内存的指针存储在 Existential Container 的值缓冲区中。

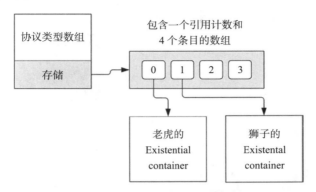

图 2-14 使用 Existential Container 的数组允许通过固定偏移量进行查找

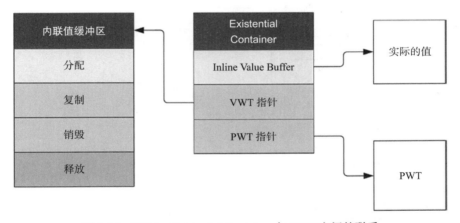

图 2-15 VWT、Existential Container 与 PWT 之间的联系

假设在代码中复制了值类型，那么将调用 **copy** 函数，将值从赋值源（即初始化局部变量的地方）复制到 Existential Container 的值缓冲区中。需要注意的是，由于该类型较大，并不会直接存储在值缓冲区内。

对象被释放时，如果存在引用计数，则 VWT 将调用析构入口来减少引用计数。最后，堆上的内存将被释放。如果存在任何引用，则释放操作还会删除 Existential Container 中的任何引用。

处理嵌套引用类型

在某些情况下，值类型可能包含引用类型。在这种情况下，引用仍将使用值缓冲区，如图 2-16 所示。如果要创建值类型的副本，那么将引用存储在值缓冲区中可能会导致意外的状态共享，因为底层引用将保持不变（只是增加了引用计数）。为了避免这种情况，Swift

实现了写时复制（在写入类之前，我们会检查引用计数是否大于 1。如果是，我们就复制实例，然后写入副本）。

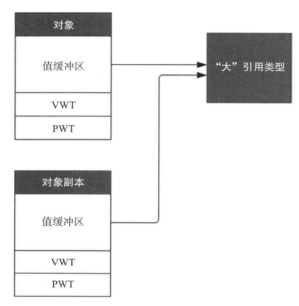

图 2-16　复制大型引用类型时意外共享状态

写时复制的伪代码：

```
class CatStorage {
  // implement all attributes of an Animal
}
struct Cat: Animal {
  var storage: CatStorage
  init() {
    storage = AnimalStorage()
  }
  // implement any functions
  mutating func move() {
    // check reference count >= 1
    if !uniquelyReferenced(&storage) {
      storage = CatStorage(storage)
    }
  }
}
```

通过实施这项优化，堆存储需求得到了减少。

处理泛型

Swift 中的泛型是静态参数多态的一种形式，Swift 泛型利用这一点在编译时进一步优化代码。Swift 会为代码中使用的每种类型创建泛型函数的特定类型版本。这样，编译器就可以内联方法调用，而只需为代码中使用到的类型创建特定函数。此外，为了通过内联优化代码，编译器还可以利用整个模块优化，根据模块中使用的类型来优化代码。实际上，使用范型类型（在适用的情况下）可以获得额外的性能提升和代码架构改进。

注释　整个模块优化消除了 Swift 代码的这一限制，允许优化器分析模块中的所有源文件。

不同大小的类型对 PWT 内存管理的影响

小类型

适用协议类型和泛型类型：

1. 小类型将适配于值缓冲区（避免了堆分配）。
2. 仅当类型为类（引用类型）时，才会产生引用计数的开销。
3. 利用 PWT 进行动态派发。

大类型

适用协议类型和泛型类型：

1. 大类型仍会产生堆分配（对于值类型，使用间接存储作为解决方法）。
2. 仅当值包含引用类型时，才会产生引用计数的开销。
3. 利用 PWT 进行动态派发。

2.5.4　应用内存管理

通过利用值类型，选择动态运行时要求最低的、合适的内存抽象，可以实现静态类型检查、额外的编译器优化和更少的状态共享。一个提供更合适的内存抽象的例子是用值类型 UID 替换 String 类型，这将避免堆分配，从而提供更好的性能和类型安全性。

在评估设计决策时，请考虑我们已经讨论过的内容：

1. 栈分配与堆分配：

　a. 堆存储是否使程序面临意外共享的风险？

　b. 不必要的堆分配是否会造成性能开销？

2. 动态派发与静态派发：

　a. 过多的动态派发是否导致程序无法利用与静态派发相关的编译器优化？

3. 引用计数的开销：

　a. 引用类型是否会导致大量的引用计数调用？能否修改为使用值类型？

修复 bug

工程师的任务不仅是编写高质量的代码，还包括修复 bug。特别是作为移动工程师，其中一些 bug 与内存管理不善有关。要调试这些问题，必须要了解它们以及 Xcode 和 iOS 生态系统提供了哪些工具来帮助修复它们。

1. Instruments：不要忘记在 iOS 上进行性能分析。模拟器的运行时架构和真机是不同的，可能在调试时无法提供帮助。

2. Memory graph：一种透彻地查看特征的绝佳工具。

除了使用 Xcode 提供的工具外，思考你的公司还有哪些可以用于提升调试效率的工具是非常重要的。有没有什么可以添加的呢？同样重要的是要考虑来自用户的 bug 报告。它们是否提供了准确的栈追踪和必要的信息来调试和复现问题？

例如，你的通知服务扩展内存不足，导致某些接收大量后台推送通知的用户崩溃。你的团队是否有工具从 bug 报告中发现这一问题？是否有详细的栈追踪？一旦检测到，你们是否有工具复现 bug 并修复它们？我们将在本书的第三部分详细讨论这个问题。

2.6　总结

2.6.1　本章要点

本章介绍了 Swift 内存模型、自动引用计数的工作原理以及如何避免常见的内存管理陷阱。虽然本章在讨论工作原理时更偏向理论，但这对日常软件工程同样适用，因为它可以：

1. 提高调试能力。通过更好地理解 Swift 的功能以及如何最佳利用现有工具来识别内存问题，你可以更好地调试问题和理解栈追踪。

2. 改进功能架构。了解如何调整功能架构以最佳利用系统底层的内存管理系统，有助于开发性能优异的功能并缩小设计空间。一般来说，这有助于首次正确地构建功能，加速长期开发并减少错误。

3. 根据你所在团队的具体情况，这可能会直接影响到你作为性能可靠性工程师的工作，或者可能影响到你在底层库开发中的工作，而在底层库中，性能优化是至关重要的。

2.6.2　扩展阅读

1. 性能调优：

https://developer.apple.com/library/archive/documentation/
Performance/Conceptual/PerformanceOverview/Introduction/Introduction.
html#//apple_ref/doc/uid/TP40001410

2. Instruments 使用指南：

https://help.apple.com/instruments/mac/current/

第3章 Chapter 3

iOS 持久化选项

3.1 概述

持久存储是任何软件系统的重要组成部分。在某些情况下，iOS 应用程序仅依赖服务器作为其持久存储。然而，对于更复杂的应用程序，它们还需要在应用程序内部实现持久存储。在应用程序冷启动期间，持久化数据对以下方面至关重要：

1. 存储应用程序和用户偏好设置
2. 提供离线模式
3. 缓存
4. 存储认证 / 授权数据
5. 在冷启动时为用户提供流畅的性能体验

选择合适的存储格式对于保障安全性和提供一致、准确的用户体验至关重要。在选定合适的存储方式时，我们需要对底层存储的实现方式有批判性思考和深入的理解，因为存储实现的底层技术将在很大程度上决定持久性、性能和安全性的水平。

本章概要

本章致力于介绍最常见的 iOS 持久化选项，以及在选择时需要考虑的重要权衡因素。我们并不会涉及具体的实现 API。而是从系统设计的角度出发，分析不同技术的优势和劣势以及它们是如何影响大规模应用的。尽管存在其他第三方选项，但本章将聚焦于 Apple 提供的默认实现和底层存储格式，因为即使你的项目使用了自定义的封装或实现，它们也仍将使用相同的底层存储方案。了解这些底层存储格式，你就能够快速理解任何定制的持久化库或框架。在本章中，我们将探讨以下内容：

1. 保存到文件
2. NSUserDefaults
3. 钥匙串
4. Core Data
5. SQLite
6. 以缓存为主题的示例

Realm（NoSQL）和 Firebase 等第三方存储选项将不在我们的讨论之列，因为它们并非 iOS 生态系统的原生选项。

3.2　iOS 持久化选项介绍

3.2.1　保存到文件

在最基本的层面上，Apple 允许 iOS 应用程序将数据保存到文件中。尽管将数据序列化并存储到文件中看似简单，但实际上它是一个功能强大的工具，能够通过序列化和反序列化实现数据和对象的持久化存储。出于安全考虑，Apple 只允许应用程序访问应用程序容器内的文件系统。在容器内，有三个文件夹可供应用程序进行文件操作：

1. Documents：这是保存用户生成内容的理想选择。它还可以自动备份到 iCloud。用户可以通过文件共享访问到该目录，因此该目录只应包含用户应该看到的文件。
2. Library：用于存储与应用程序相关的数据，这些数据会在应用程序启动之间持续存在。当设备空间不足时，文件将从设备中删除。其中包含几个重要的子文件夹。
   a. Application Support：存储程序运行时所需文件。这些文件对用户是隐藏的，并默认备份到 iCloud。
   b. Caches：缓存数据，顾名思义，就是有助于提高应用程序性能但不是必需的数据。这些数据的保留时间比 Tmp 文件夹中的数据长，但不如 Application Support 中的文件持久。
   c. Preferences：该目录包含特定于应用程序的偏好文件，该目录应该是通过系统所提供的 NSUserDefaults API（将在 3.2.2 节讨论）使用的。你不应自行在 Preferences 目录中创建文件！在 iOS 中，该目录的内容会备份到 iCloud。
3. Tmp：此文件夹用于存放应用程序临时需要的文件。当应用程序未运行时，操作系统可以删除其中的文件。

慎重考虑文件的存放位置是很重要的，因为目录有不同的持久性级别。错误的位置选择也可能会导致敏感数据被暴露给用户，如果文件较大还会减慢 iOS 设备上的同步和备份进度。此外，存储大文件可能会占用用户的大量可用存储空间，从而导致用户删除应用程序。

文件系统安全

对于任何现代应用程序来说，安全性都是至关重要的。为此，Apple 公司提供了多种工具。就文件而言，iOS 生态系统包括三大安全特性：

1. 沙盒机制：沙盒机制可以防止应用程序写入文件系统中它们不应该访问的部分。每个受沙盒保护的应用程序都会收到一个或多个可以写入的容器。一个应用程序不能写入其他应用程序的容器（或沙盒外的大多数目录）。这些限制降低了潜在的安全风险。

2. 访问控制：文件和目录的访问权限受访问控制列表（Access Control List，ACL）控制。访问控制列表是一组细粒度的控制，用于定义对文件或目录哪些操作是允许的，哪些操作是不允许的，并明确操作由谁执行。有了访问控制列表，我们就可以授予特定用户对特定文件或目录的不同访问权限。

3. 数据加密：将数据保存到文件时，可以使用基础 API 的选项对数据进行加密。

```
// Set data protection for file
try data.write(to: fileURL, options: .completeFileProtection)
// change the data protection level for a file
try (fileURL as NSURL).setResourceValue(
                URLFileProtection.complete,
                forKey: .fileProtectionKey)
```

如果使用本章其余部分讨论的更高级框架，与直接写入文件系统有关的一些问题就会得到改善。

3.2.2　NSUserDefaults

NSUserDefaults 是 Apple 公司提供的一个与底层用户默认设置系统进行交互的接口。默认设置"数据库"是一个由属性列表支持的文件存储库，用于存储应用程序级的偏好数据。属性列表，也称为 plist，是一种 XML 格式的文件。在程序运行期间，UserDefaults 类会将属性列表的内容保存在内存中以提高性能，并在应用程序进程中同步进行更改。由于 NSUserDefaults 未考虑应用程序的用户模型，因此它适用于应用程序上下文中不针对特定用户的数据。

注释　Apple 为 NSUserDefaults 提供了缓存和线程安全的特性，使其成为存储应用级偏好数据的理想选择。

NSUserDefaults 还提供了一组域，这些域表示不同的持久性级别，并形成一个搜索层次结构，用于确定返回值的顺序。当请求特定的键值对时，系统会按照从上至下的顺序在域层级中进行搜索，并返回找到的第一个值，域的搜索顺序与表 3-1 相同。对于列为 Volatile 的域，其值仅在 NSUserDefaults 实例的生命周期内有效。

表 3-1　NSUserDefaults 的域及其对应的持久性级别

域	持久性级别
NSArgument	Volatile（非持久的）
Application	Persistent（持久的）
NSGlobal	Persistent（持久的）
Languages	Volatile（非持久的）
NSRegistration	Volatile（非持久的）

在考虑 NSUserDefaults 时，除了选择合适的域外，还必须考虑以下因素：

1. 应用程序如何处理潜在的数据丢失。

2. 由于 NSUserDefaults 的作用范围是整个应用程序而非特定用户，因此你的应用程序将如何处理不同用户的账户设置和登录体验。

虽然 NSUserDefaults 中使用了多个持久性域，但仍有可能发生无法解释的数据丢失[⊖,⊖]。由于数据丢失的可能性较小，因此不建议在对数据持久性要求绝对严格（会导致关键应用程序故障或无法接受的用户体验）的情况下，将数据存储在 NSUserDefaults 中。

更常见且对使用 NSUserDefaults 影响更大的情况是，NSUserDefaults 的作用范围不是应用程序内的特定用户。例如，当你的孩子与你共享 iPhone 并在 YouTube 上拥有独立的儿童账户时，如果孩子在登录时调整了视频播放速度，并将该速度存储在 NSUserDefaults 中，那么这些更改也会应用到你的 YouTube 账户上。为了避免这种情况，许多公司选择创建一个自定义包装器，以便为工程师提供更精确的控制，确保用户默认设置仅适用于特定用户。

NSUserDefaults 的另一个局限性在于，由于偏好设置存储在设备上，因此无法实现跨设备的同步。如果使用 NSUserDefaults 来存储 YouTube 视频播放速度，那么在 iPhone 上进行的调整将无法同步到 iPad 或电脑上。

为了更深入地理解这一系统，让我们通过一个示例来探究其工作原理，在示例中我们将会输出其中以纯文本存储的值。首先，让我们为 NSUserDefaults 添加一些值：

```
UserDefaults.standard.set("bar", forKey: "foo")
UserDefaults.standard.set(false, forKey: "enabled")
```

现在，我们可以在模拟器中运行应用程序，并在 Finder 中查看底层 plist 文件。为了查看 plist 文件，我们可以将文件路径输出到控制台，如下所示：

```
print(NSHomeDirectory())
```

控制台会输出一个类似这样的文件路径：

```
/Users/myMac/Library/Developer/CoreSimulator/Devices/0F7B40
DB-67ED-43DD-B387-CD4E30FD7B45/data/Containers/Data/Application
/A5EB65F7-6192-4F7A-8A5F-620CB137DD96
```

在检查该文件夹时，你会发现 plist 文件位于 Library → Preferences 文件夹内。如图 3-1 所示，你可以在 Finder 中轻松导航到该目录路径，并查看其中的 plist 文件。

打开 plist 文件（如图 3-2 所示）会显示纯文本值，这可能导致安全漏洞。例如，如果 plist 文件中包含用于启用付费功能的用户设置或身份验证令牌，那么这些值就可能会被查看并轻易修改，从而被用于不正当目的。

⊖　https://developer.apple.com/forums/thread/15685

⊖　https://openradar.appspot.com/16761393

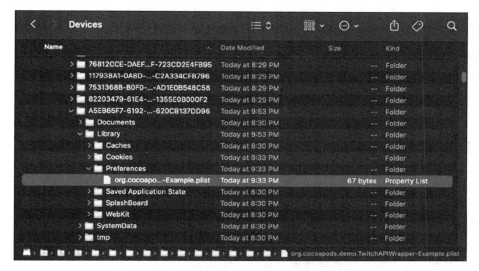

图 3-1　包含 NSUserDefaults plist 文件的目录路径

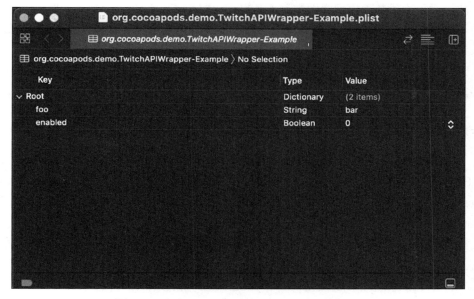

图 3-2　通过 Finder 打开的 NSUserDefaults plist

3.2.3　钥匙串

钥匙串服务 API 提供了一种安全机制，用于在加密数据库中存储少量重要数据，如身份验证令牌。与 NSUserDefaults 相比，钥匙串解决了纯文本数据存储所带来的安全隐患。钥匙串 API 相对低级且较为陈旧，使用时可能需要编写一些模板代码，特别是在使用 Swift

语言时。为了简化开发过程并避免这些问题，许多公司倾向于使用内部构建或第三方库提供的钥匙串包装器。

需要牢记的一些关键概念如下：

1. 钥匙串为敏感数据提供安全的加密存储方案。

2. 钥匙串项是存储在钥匙串中的一个注册项。

3. 钥匙串项类是你想要存储在钥匙串中的信息模板。为了简化操作，钥匙串提供了预设的类，用于处理不同的凭证类型，如用户名 / 密码对、证书、通用密码等。

4. 当检索钥匙串信息时，它与签署应用程序的 Provisioning Profile（描述文件）及其 bundle ID 相关联。如果这些信息中的任何一个发生变化，都将无法访问存储的数据。

3.2.4 Core Data

Core Data 框架类似于对象关系映射器（Object-Relational Mapper，ORM），它是一种对象图管理框架。该框架主要负责维护对象图，并处理内存中无法完全容纳的对象图。它允许应用程序轻松处理进出内存的对象。Core Data 还管理属性和关系的约束，维护参照完整性。因此，对于构建基于模型视图控制器（Model View Controller，MVC）的小型 iOS 应用程序的"模型"组件，Core Data 是理想的选择（也支持 Swift UI）。作为底层持久层，Core Data 支持以下存储格式：

1. SQLite

2. 内存

3. 二进制

注释 参考完整性是一种数据属性，说明其所有引用都是有效的。对于关系数据库，如果一个表的列值引用了另一个表，则被引用的值必须存在，以保持数据的准确性和一致性。

NSManagedObject

Core Data 提供了一个 NSManagedObject（托管对象）类，允许用户的自定义模型对象支持 Core Data 的属性，从而使持久化数据可以解析成该自定义模型对象。NSManagedObject 类是 Core Data 支持的所有实体的基类。托管对象与 NSEntityDescription 关联，后者提供与托管对象相关的元数据，如托管对象所对应实体的名称及其属性和关系的名称。托管对象还与托管对象上下文相关联，该上下文可跟踪对象图的变化。图 3-3 概述了这种与底层数据存储 SQLite 的交互关系。

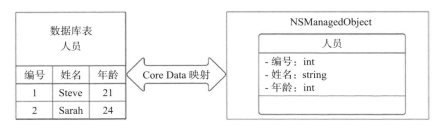

图 3-3　将数据库表映射到 NSManagedObject

NSManagedObjectContext

NSManagedObjectContext（托管对象上下文）对模型对象进行封装，并在托管对象发生变化时（发生创建、读取、更新或删除等操作时）发送通知，用于操作和跟踪托管对象的变化。每个托管对象都知道自己在哪个上下文中，每个上下文也知道自己在管理哪些托管对象。与 NSManagedObjects 一起，这部分的 Core Data 栈被称为对象图管理，也是应用程序模型层的逻辑所在。

NSPersistentStore

NSPersistentStore（持久化存储）负责实际的持久化操作，即 Core Data 读写文件系统的操作。持久化存储与 NSPersistentCoordinator（持久化协调器）相连。每个持久化存储都有自己的特点：可以是只读的，可以存储为二进制或 SQLite，也可以存储在内存中。如果需要额外的灵活性，则可以将模型的不同部分存储在不同的持久化存储中。

注释　Core Data 不保证持久化存储的安全性，默认情况下，任何存储都不应被视为是内在安全的。

NSPersistentCoordinator

NSPersistentCoordinator 位于 NSManagedObjectContext 和 NSPersistentStore 之间，将对象图管理部分与持久化存储部分关联起来。NSPersistentCoordinator 利用外观设计模式来管理对象上下文，使一组持久性存储看起来像是一个单一的聚合存储，并维护一个托管对象模型的引用，该模型描述了它所管理的一个或多个存储中的实体。通过这种方式，NSPersistentContainer 封装了与持久化存储有关的所有交互。

在大多数情况下，NSPersistentCoordinator 只连接一个 NSPersistentStore，NSPersistentStore 与文件系统交互（通常通过 SQLite）。对于更高级的设置，Core Data 支持使用连接到同一个 NSPersistentCoordinator 的多个 NSPersistentStore。图 3-4 展示了使用 Core Data 栈组件进行这种交互的概况。

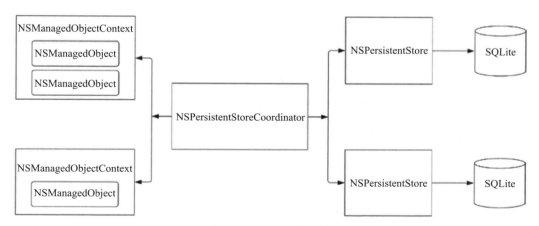

图 3-4　Core Data 栈示例

考虑何时使用 Core Data

虽然许多 iOS 开发者对 Core Data 框架持有强烈的看法，但它通过抽象化底层存储类型的细节并提供一套相对易用的 API，提供了宝贵的服务。例如，你直接使用 SQLite 进行数据存储，在你的 iOS 应用程序中，如果没有 Core Data 或类似的替代方案，你就需要直接在代码中连接 SQLite 数据库，并编写 SQL 语句，这对于小型应用程序来说是可行的。然而，当这个应用程序有一个庞大的开发团队时，这可能会导致每个开发者在应用程序中到处编写 SQL 语句，从而产生大量的临时对象和质量参差不齐的零散 SQL 代码。为了避免这种混乱的代码，工程师通常会添加不同的层，这些层通常被称为仓库或数据对象层，它们开始看起来与 Core Data 提供的服务类似。与手动完成所有这些步骤相比，Core Data 提供了一个易于理解的开箱即用的替代定制解决方案。除非有明确的用例和业务需求，否则自己编写系统往往不值得花费时间和精力。

Core Data 的优点

1. Core Data 为 iOS 工程师提供了一个熟悉的默认解决方案。如果你组建了一个 iOS 团队，并且需要快速开发应用程序，那么工程师必须迅速提升自己的能力，并在团队的代码库中发挥作用。利用一个众所周知且易于理解的技术可以帮助最小化学习时间并提高生产力。

2. Core Data 适用于大多数使用场景。从 Core Data 这样易于实施的解决方案开始，你可以快速地对应用进行迭代，并识别出更复杂的定制化解决方案可能解决的问题。

3. Core Data 提供了一个易于实现的框架，可以作为应用程序架构的"模型"组件，包括为数据模型提供版本控制以及随着应用程序发展迁移用户数据的机制。Core Data 已内置的功能虽然并不完美，但有助于消除编写复杂的自定义 API 的需要。

Core Data 的缺点

1. 一些工程师发现托管对象难以操作，并且可能会给并发应用程序引入一些复杂性。

2. 在处理大型数据集时可能遇到性能问题。使用内存后备存储时，性能问题更为常见，因为整个对象图必须放在内存中。

3. 本质上不是线程安全的。虽然 Core Data 被设计为在多线程环境下工作，但 Core Data 框架下的每一个对象并非都是线程安全的，尤其是那些要求使用托管对象的场景。

Core Data 的另一个优点是它不需要管理查询计划。虽然 Core Data 不能保证优化你的查询或提供良好的性能（实际上，对 Core Data 的一个常见诟病就是它的大型查询性能不佳），但它确实提供了一些优化的机会和一个严格的框架来防止错误。当实现一个自定义的 SQLite 解决方案时，工程师将不得不优化查询的性能，并确保所有查询都是高效的。静态查询分析可以通过对查询进行统计分析，帮助在代码审查级别捕捉不良查询，这是保持良好性能和减轻人工检查负担的关键。实施静态分析是一项额外的开发工作，必须与其他权衡因素相平衡，例如是否需要定制解决方案，如果我们的 SQL 查询性能不佳会怎样，我们是否会面临性能进一步下降的风险？

尽管 Core Data 远非完美，但它确实为实现数据持久化以及将持久化存储连接到易于使用的对象提供了一个起点。随着应用程序的不断扩展，如果在 Core Data 层检测到性能瓶颈，或者其提供的功能不足，你将拥有特定的用例和性能目标来指导定制解决方案的范围界定和实施。如果不确定特定的使用案例和目的，就很容易编写出解决了错误问题的定制解决方案，而且从长远来看也无济于事。

3.2.5　深入探索 SQLite

无论你是使用 Core Data 还是其他替代方案，你很可能仍然会在底层使用 SQLite，因为 SQLite 提供了最佳方式来持久化存储和检索不适合存储在内存中、具有复杂结构或需要强大查询能力的数据，而无须编写自己的数据库或使用第三方库，如 Realm。SQLite 是唯一一个为 iOS 设备原生提供的数据库选项。深入理解 SQLite 能让你掌握在 SQLite 之上编写的任何自定义框架的基础。

我们在此不讨论 Realm。虽然 Realm 是一个可行的替代方案，但作为第三方库，它自身也存在挑战，包括维护风险、潜在的安全漏洞、增加应用程序二进制大小以及处理复杂依赖关系的困难。

注释　Realm 是一种专为移动端设计的自定义 NoSQL 数据库，它不使用 SQLite。Realm 依赖于第三方，因此我们不做过多讨论。它是 SQLite 的可行替代品。

SQLite 是什么

SQLite 是一个提供轻量级、功能齐全的关系数据库管理系统（Relational Database Management System，RDBMS）的库。SQLite 中的"Lite"代表轻量级，与 SQLite 易于设置、管理方便和所需资源少有关。

SQLite 事务完全符合 ACID 标准（Atomic——原子性、Consistent——一致性、Isolated——隔离性和 Durable——持久化）。换句话说，即使发生应用程序崩溃、断电或操作系统崩溃等意外情况，事务中的所有更改要么完全发生，要么完全不发生。

除事务外，SQLite 还具有以下特性，使其非常适合在移动应用程序中使用：

1. 无服务器
2. 自包含的
3. 零配置

我们将深入讨论这些特性。

无服务器

通常，像 MySQL 或 PostgreSQL 这样的关系数据库管理系统需要一个独立的服务器进程来运行。为了与数据库服务器进行交互，应用程序使用进程间通信来发送和接收请求。这种方法被称为客户–服务器架构，在图 3-5 中进行了说明。

SQLite 不采用客户–服务器架构。无服务器架构使得 SQLite 不需要单独的服务器进程即可运行，这意味着任何能够访问磁盘的程序都可以使用 SQLite 数据库。由于 SQLite 数据库引擎在与应用程序相同的进程中运行，因此不需要消息传递或网络活动。图 3-6 展示了 SQLite 的无服务器架构。

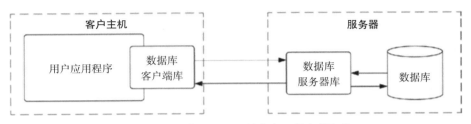

图 3-5 大多数 RDBMS 的客户 – 服务器架构

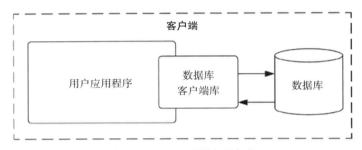

图 3-6 SQLite 无服务器架构

但是，如果没有独立的服务器进程，数据库就无法避免客户端程序中错误的影响。例如，客户端中的杂散指针不会破坏服务器上的内存。此外，通过将服务器作为一个持久的单一进程，数据库可以实现更细粒度的锁定和更好的并发性能，这是使用 SQLite 模型无法实现的。

自包含的

SQLite 是自包含的，它对操作系统和外部库的依赖极小。SQLite 使用 ANSI C 语言开发，如果要创建一个使用 SQLite 的应用程序，那么只需将 SQLite C 文件放入项目并编译。这种自包含的特性使得 SQLite 几乎可以在任何环境中使用，这对 iPhone 等嵌入式设备尤其有用。

零配置

由于采用了无服务器架构，因此在使用 SQLite 之前无须"安装"。无须配置、启动和停止服务器进程。此外，SQLite 也不需要复杂的配置文件。

SQLite 架构

SQLite 库包含四个核心组件（见图 3-7）：

1. 内核

2. 后端

3. SQL 编译器

4. 辅助程序

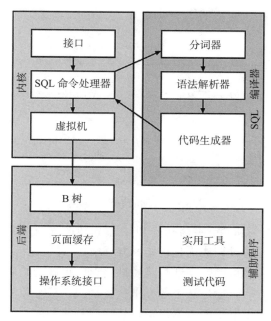

图 3-7　在 www.sqlite.org 上展示的 SQLite 架构图

辅助程序主要是实用工具和测试代码，因此我们将跳过该组件，详细讨论内核、后端和 SQL 编译器。让我们从 SQL 编译器（通常称为前端）开始，按照 SQL 查询的执行顺序介绍各个组件。

SQL 编译器：前端部分

顾名思义，SQL 编译器会将我们的 SQL 查询作为输入，但我们不会直接与 SQL 编译器交互。我们使用的是 SQLite 外部 API，它通过 SQL 命令处理器进行路由。一旦我们的查询到达 SQLite 命令处理器，SQLite 的第一步就是调用分词器。分词器将对 SQL 查询进行标记化处理，把 SQL 文本分解成标记。每条 SQL 语句也会被检查语法是否正确。如果你在查询中出现错误，则分词器将拒绝查询。例如，如果你写的是"`SLECT ...`"而不是"`SELECT ...`"，分词器就会返回错误信息。

这一过程完成后，生成的标记化输入将被传递给语法解析器。

语法解析器读取标记流，并根据上下文赋予其含义。语法解析器通过将标记化输入组装成解析树来实现这一目的。语法解析器还将帮助验证信息，例如，确保查询书写正确，并捕捉错误，如 SELECT 中的 WHERE 语句（`WHERE id SELECT table...`）。SQLite 使用 Lemon 解析器进行解析。Lemon 解析器根据给定的语言规则集生成相关的 C 代码。图 3-8 举例说明了生成的解析树。一旦解析树组装完毕且无误，解析器就会将其传递给代码生成器。

```
SELECT name
FROM animals
WHERE species = "dog"
```

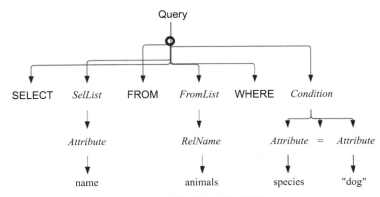

图 3-8 查询的解析树示例

代码生成器负责分析解析树，并将初始 SQL 语句转换成 SQLite 虚拟机的字节码。此过程还涉及查询规划器，它通过算法优化初始 SQL 查询。对于任何 SQL 语句，执行 SQL 查询的潜在查询路径是有多种可能的。这些路径都会返回正确的结果，但这些路径的执行速度却不相同。查询规划器的目标是从中选择出执行最快、最有效率的算法。工程师可以通过提供索引来帮助查询规划器了解数据组织，从而使其找到最高效的查询。一旦代码生成器完成优化查询，解析后的输入就会传回核心库。

SQLite 内核

回到 SQLite 核心库内部，命令处理器将优化后的查询传递给虚拟机以执行。如果资源（内存、CPU）充足，虚拟机将执行优化后的查询。

为执行解析后的查询，虚拟机从第 0 条指令开始运行。虚拟机一直运行到停止指令、程序计数器比最后一条指令的地址大一或出现执行错误为止。在执行过程中，为了读取、写入或修改底层数据库，虚拟机通过游标与 SQLite 后端进行交互。每个游标是指向数据库中单个表或索引的指针。虚拟机可以有零个或多个游标。虚拟机中的指令可以创建新的游标、从游标读取数据、推进游标、将光标移动到表格或索引中的下一个条目，以及 SQLite 文档中概述的许多其他操作。

当虚拟机停止运行时，所有分配的内存将被释放，所有打开的数据库游标也将被关闭。如果执行因错误而停止，虚拟机将终止任何待处理的事务，并撤销对数据库所做的更改。

SQLite 后端

如果没有 SQLite 后端，则虚拟机将无法从磁盘读写数据库数据。SQLite 后端负责从磁盘返回查询操作的查询结果。它通过利用其包含的三个模块来实现这一点：B 树模块、页面缓存和操作系统接口。

虚拟机与 B 树模块通信，以查询和修改 SQLite 数据库，B 树模块提供了与使用数据库映像格式（SQLite 提供并理解的特定格式）存储的 SQLite 数据库交互的 API。B 树模块得名于其用于在磁盘上维护 SQLite 数据库的数据结构。B 树数据结构为查询结构化数据提供了一种高效的方式。SQLite 为数据库中的每个表和每个索引使用单独的 B 树。

深入探究：B+ 树的实现

SQLite 使用 B+ 树，这是一种自平衡树，所有的值都位于叶子层级，可提供高效的数据访问。由于数据库不可能将所有信息存储在内存中，因此它获取数据就需要访问磁盘。高效的数据访问对数据库就显得尤其重要了。为了说明目的，让我们假设

1. 我们的数据集中有 1000 万个条目。

2. 每个名称都是独一无二的，代表一个 4 字节的密钥。

3. 左右指针共 4 字节（两个 32 位整数）。

4. 每个用户的数据记录约为 50 字节。

5. 磁盘扇区平均为 512 字节，访问（读取、写入）时间大约为 15 ms（磁盘速度取决于硬件，此处仅仅是举例说明）。

如果我们天真地尝试在最坏的情况下使用不平衡的二叉搜索树，我们可能会有一个线性深度，并需要一千万次磁盘访问！平均而言，二叉搜索树的预期深度为 $\log_2 N$，N 等于 1000 万，即大约需要 23 次磁盘访问。

为了避免这种情况，我们需要一种更复杂的特殊用途数据结构，比如 B 树[一]。B 树通过创建更多的分支而减少深度，从而消除了二叉树的深度问题。B 树能够保证：

1. 数据项存储在叶节点上。

2. 非叶节点（内部节点）最多存储 m-1 个键（其中 m 是子节点的数量[二]），其中第 i 个键代表第 i+1 个子树中的最小键。

3. 根节点要么是叶节点，要么有 2 ～ m 个子节点。

4. 所有非叶节点都有 $m/2$ ～ m 个子节点（根节点除外）。

5. 所有叶节点的深度相同，且每个叶节点包含的数据项数量介于 $L/2$ ～ L 之间，其中 L 是每个叶节点能够存储的数据记录数[三]。

现在我们可以将之前的性能示例与 B 树进行对比，在 B 树中，我们可以利用记录适配进一个 512 字节的扇区。设 m=8。那么每个节点最多可以有 8 个子节点和 7 个键。包含 50×7 字节的信息，4×7 字节的键和 4×8 字节的子节点指针，512 字节扇区可容纳 410 字节的信息。对于 1000 万条记录，我们将有 $\log_4 10\ 000\ 000 \approx 11$ 次磁盘访问，将我们的磁盘访问次数减半。

图 3-9 展示了一个 5 阶 B 树的示例。在这里，所有非叶节点拥有 3 ～ 5 个子节点以及 2 ～ 4 个键。

搜索

为了搜索一个阶数为 m，数据为 d 的 B 树，我们可以定义以下算法：

㊀　我们所描述的 B 树可以与 B+ 树互换。

㊁　一种在每个层级中，每个节点要么没有子节点，要么有 m 个子节点的树结构是 m 阶树。

㊂　Mark Allen Weiss.2012.*Data Structures and Algorithm Analysis in Java*.Pearson Education.

1. 从根节点开始。将 d 与根节点的键 $[d_1,d_2,\cdots,d_{m-1}]$ 进行比较。

2. 如果 $d < d_1$，则转向根节点的左侧子节点。

3. 如果 $d == d_1$，则比较 d 与 d_2。如果 $d < d_2$，则 d 位于 d_1 和 d_2 之间。在 d_2 的左子节点中搜索。

4. 如果 $d > d_2$，则按照第 2 和第 3 步的方法，继续考虑 d_3，d_4，$\cdots$，d_{m-1}。

5. 重复前述步骤，直至到达叶节点。

6. 如果 d 存在于叶节点中，则返回 true，否则返回 false。

插入

在向 B 树中插入一个元素时，我们必须确保：

1. 根节点至少有两个子节点。

2. 每个非叶节点最多有 M 个子节点，至少有 $M/2$ 个子节点。

3. 非叶节点最多存储 $M-1$ 个键。

从算法上，我们可以将插入元素定义如下：

1. 前往相应的叶节点。

2. 将键插入叶节点中。

3. 如果叶节点未满，则按照递增顺序将键插入叶节点中。

4. 如果叶节点已满，则将键按照递增顺序插入叶节点中，并通过以下方式平衡树：

　　a. 将节点在 $M/2$ 位置断开。

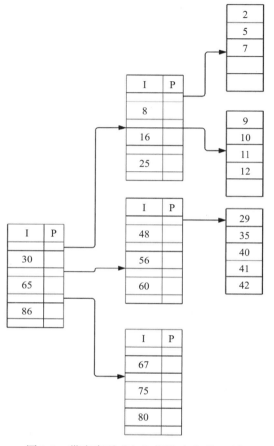

图 3-9　带有索引（I）和指针（P）的 B 树

　　b. 同时将 $M/2$ 的键也添加到父节点中。

　　c. 如果父节点已满，则对第 2 到第 3 步进行递归。

图 3-10 列出了插入策略。

删除

我们从算法的角度定义 B 树删除操作如下：

1. 如果要删除的值只存在于叶节点，并且该节点中的值数量超过最小数量限制，则直接删除该值。否则，删除该值并从紧邻的兄弟节点借一个值，将兄弟节点的中位数值添加到父节点中。

2. 如果值存在于内部节点和叶节点中

　　a. 如果节点中的值数量超过最小数量限制，则从叶节点和内部节点中删除该键。然后按中序后继规则填充内部节点的空间。

b. 如果节点中恰好有最少数量的值，那么删除该值，并从其相邻兄弟节点（通过父
节点）借用一个值。用借来的键填补索引（内部节点）中产生的空位。

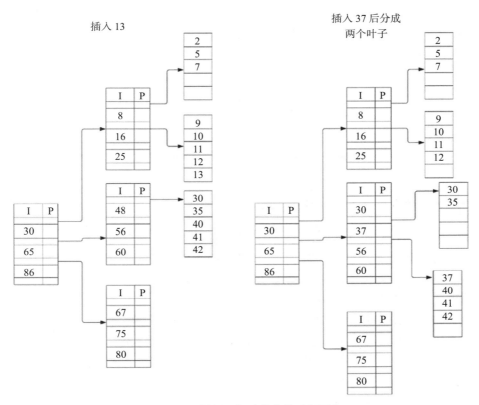

图 3-10 B 树插入新叶节点并重新平衡

Swift 算法集中包含了一个通用 B 树的完整代码实现[○]。

SQLite 库利用位于 B 树和文件系统模块之间的页面缓存模块来提高性能，避免持续进行磁盘读写。页面缓存抽象了缓存的复杂性，它负责读取、写入和缓存 B 树请求的页面。B 树驱动程序从页面缓存中请求特定页面，并在需要修改页面、提交或回滚更改时通知页面缓存。页面缓存负责处理所有细节，以确保请求能快速、安全、高效地执行。除缓存外，页面缓存还提供了回滚、原子提交和数据库文件的锁定功能。

页面缓存模块的底层是操作系统接口模块，它提供了一种与文件系统进行统一且高效交互的方式，通常称为虚拟文件系统（Virtual File System，VFS）。当 SQLite 需要与文件系统通信时，它会调用 VFS 中的方法（而不是直接对文件系统本身进行操作）。VFS 随后调

○ https://github.com/kodecocodes/swift-algorithm-club/blob/master/B-Tree/BTree.playground/Sources/BTree.swift

用操作系统特定的代码以满足请求。VFS 提供了打开、读取、写入和关闭磁盘文件的方法，以及执行其他操作系统的任务的方法，如获取当前时间或获取随机性以初始化内置的伪随机数生成器。VFS 是一个有用的抽象层，因为当为 SQLite 支持添加新的操作系统支持时，仅需要 VFS 添加对该操作系统的支持。

图 3-11 展示了 SQLite 后端组件如何协同地以高性能和可靠的方式处理 SQL 操作。

图 3-11　SQLite 后端组件及其与虚拟机的交互

3.3　案例：缓存 Photo Stream

退后一步，让我们通过本章讨论的一些持久化选项来看一个实际案例。这个案例的目标是深入思考并记录解决方案，就像你是团队的技术负责人一样。在这个案例中，我们将讨论 Photo Stream 应用程序的持久化层，其中 Photo Stream 是用户可以通过向右或向左滑动来查看的一系列图片。我们的案例有以下限制条件：

1. 我们将从服务器接收图像，并根据最新的时间戳进行显示。
2. 在浏览完所有可用的照片之后，用户界面将返回到初始图像。
3. 我们拥有一支出色的后端团队，他们定义了所有必需的 API。我们甚至能得到一个带有用户和图像元数据的分页请求。
4. 设计时要考虑可扩展性。虽然目前我们只处理少量的元数据和图片，但我们希望确保我们的解决方案能够处理大量的用户数据和多种不同的媒体类型。
5. 用户不应看到他们已经看过的图片。然而，他们可以返回查看之前的未过期图片。
6. 假设服务器具有已查看状态的概念，并且不会显示在其他设备上查看过的图片。我们在这里也不需要涉及向服务器发送已查看状态的情况。
7. 图像在 24 小时后过期。
8. 通过 GraphQL，我们将 payload 定义为

```
{
  "medias": [{
    "image_url": String
    "time_posted": String
    "id": String
  }],
  "cursor": String
}
```

在阅读下面的解决方案之前，请停下来想一想，你将如何设计一个解决方案。你会考虑哪些取舍？

我们有两种类型的数据需要缓存：与媒体相关的文本数据和媒体（目前只有图片）。如果我们要将这些内容添加到设计文档中，那么还需要列出在采用上述解决方案时所考虑的一些权衡因素。设计文件摘录如下。

文档示例

本文档专注于讨论 Photo Stream 应用程序中的缓存部分。为了合理地支持通用的产品需求，缓存解决方案需要在图片过期后（24 小时后）进行删除。此外，在必要时，我们将采用基于游标的分页方法从服务器请求更多数据。其他设计文档将概述我们如何以及何时从服务器请求更多数据。

我们需要支持基于文本的缓存，以满足简略的产品要求，并提供性能良好的用户体验。为此，我们可以

1. ［推荐］使用 Core Data 和 SQLite 作为持久化存储方案。

   a. 对大多数工程师来说，这是一个可以快速理解的解决方案。

   b. 实现相对较快。

   c. 得到了 Apple 的大力支持，且无须引入任何额外的依赖项。

   d. 如果我们的数据映射非常复杂，并且在整个应用程序中有大量使用，那么这种方法可能不太适用。如果后来出现这些问题，那么可以考虑切换到自定义 SQLite 实现。

2. 自定义 SQLite 实现。

   a. 与上述相似，但需要额外的开发设置和维护。

   b. 如果我们的当前解决方案达到了性能瓶颈，那么这将是下一步的最佳选择。

   c. 为特定应用程序的优化提供了更大的灵活性和潜力。随着应用程序规模的不断扩大，我们可能会重新考虑这一方案。

3. 使用第三方库 Realm。

   a. 应用程序二进制大小因包含 Realm 库而增加。

   b. 目前为止，Realm 在这里没有解决实际用例，但这种情况将来可能会改变。

   c. 来自 Realm 这一第三方库的额外维护负担。

4. 从存储在设备上的文件中序列化和反序列化对象。

   a. 将数据以序列化格式（可能是 JSON 或 plist）存储在文件中。虽然这种方法可行，但这将使我们不得不为对象编写序列化和反序列化代码，而且可能无法根据应用程序的未来用例进行扩展。

   b. 由于我们当前的数据之间没有任何关联，因此现在这样做是可行的。但是，我们的应用程序未来计划会扩展到数据关联和更复杂的数据模型，因此我们认为采用这种方案是短视的。

虽然 Core Data 并不完美，而且在多线程情况下可能有些棘手，但性能方面的问题只

会在我们扩展应用程序之后才会显现出来，此时我们可以评估性能方面的最大瓶颈，并按重要性顺序解决这些问题。如果我们愿意，可以改用更强大的解决方案，例如直接访问 SQLite，但这需要额外的时间。

假设我们决定继续使用 Core Data，我们可以开始绘制一个初步的架构图（图 3-12）。

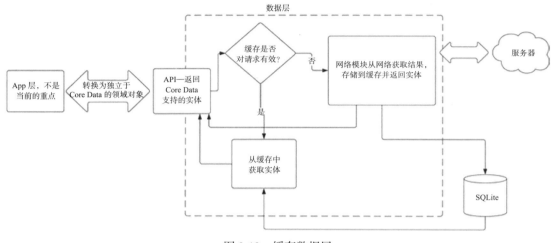

图 3-12　缓存数据层

我们必须自定义网络层、模型对象和仓库包装器，以将提出的解决方案转化为 Swift 代码。为了说明我们的模型对象，我们可以首先定义应用程序层的纯 Swift 对象，用于数据展示。

```swift
struct Photo: ModelProto {
  let albumID: Int
  let id: Int
  let title: String
  let url: URL
  let thumbnailURL: URL
}
```

现在，我们必须定义托管对象，以便与 Core Data 交互，同时也作为 JSON 解码的可编码结构体。简单起见，该可编码结构体在这里还将作为 Core Data 中批量加载数据的属性对象。为此，我们实现了 PhotoProperties 结构体，并遵循了 Codable 协议，以支持从 JSON 解码和编码。

我们也遵循了 ManagedObjectPropertiesProto（用于与 Core Data 交互），以及 ConvertTo-DomainProto（用于将底层数据层对象转换为数据表示层中使用的旧 Swift 对象）。

```swift
// A struct encapsulating the properties of a Photo.
struct PhotoProperties:
    Codable, ManagedObjectPropertiesProto,
    ConvertToDomainProto {
  typealias DomainObject = Photo
  let thumbnailUrl: URL
  let url: URL
```

```
let title: String
let albumId: Int
let id: Int

// The keys must have the same name as the attributes of
the entity.
func getDictionaryValue() -> [String: Any] {
    return [
        "thumbnailUrl": thumbnailUrl,
        "url": url,
        "title": title,
        "albumId": albumId,
        "id": id
    ]
}
}
```

在此，我们定义了 Core Data 所需的数据层对象。在对象内，我们还为 DomainObject 和 PropertiesObject 定义类型别名。这样，我们就可以将网络数据和 Core Data 数据转换为仓库中需要的呈现层数据结构了。

```
import Foundation
import CoreData

// Managed object subclass for user
final class PhotoMO: NSManagedObject {
  typealias DomainObject = Photo
  typealias PropertiesObject = PhotoProperties

  @NSManaged var albumId: Int
  @NSManaged var title: String
  @NSManaged var url: URL
  @NSManaged var thumbnailUrl: URL

  // A unique identifier used to avoid duplicates in the
  persistent store.
  @NSManaged var id: Int
}
extension PhotoMO: ManagedObjectProto {
  static var coreDataEntityRepresentation:
  NSEntityDescription {
  return PhotoMO.entity()
  }
}
```

最后，我们可以添加一个协议用来转换 DomainObject，并为我们的 Core Data 托管对象和网络数据对象添加适当的扩展代码：

```
protocol ConvertToDomainProto {
    associatedtype DomainObject
```

```
func convertToDomain() -> DomainObject
}
```

and func implementation:

```
func convertToDomain() -> Photo {
  Photo(
    albumID: albumId,
    id: id,
    title: title,
    url: url,
    thumbnailURL: thumbnailUrl
  )
}
```

现在已经定义好了数据对象，就可以实现我们的仓库、网络和 Core Data 缓存层了。在这里，我们利用 URLSession API，并将其封装在一个自定义协议中以支持依赖注入（我们将在第 6 章深入讨论这个问题）。网络和 Core Data 层是通用的，可以与任何定义了正确属性的对象一起使用。

```
// Protocol to wrap URLSession for DI
protocol NetworkingProto {
  func dataTaskPublisher(
    for request: URLRequest
  ) -> URLSession.DataTaskPublisher
}
extension URLSession: NetworkingProto {}
final class NetworkManager: NetworkManagerProto {
  private let networking: NetworkingProto

  init(networking: NetworkingProto = URLSession.shared) {
    self.networking = networking
  }

  // This code is light on error handling and logging for
  // illustration purposes these cases should be handled in
  // production code
  public func send<T>(
    request: URLRequest,
    withResponseBodyType responseBodyType: T.Type
  ) -> AnyPublisher<T, Error> where T: Decodable {

    return networking.dataTaskPublisher(for: request)
      .tryMap() { element -> Data in
        guard let httpResponse = element.response as?
        HTTPURLResponse,
          httpResponse.statusCode == 200 else {
            throw URLError(.badServerResponse)
          }
          return element.data
      }
```

```
        .decode(type: responseBodyType.self, decoder:
        JSONDecoder())
        .eraseToAnyPublisher()
  }
}
```

我们还需要利用 Core Data 定义缓存层。

```
import CoreData
import Combine
final class CoreDataManager: LocalStorageManagerProto {
  private let inMemory: Bool
  private let container: NSPersistentContainer
  private var notificationToken: NSObjectProtocol?
  // A persistent history token used for fetching transactions
  // from the store.
  private var lastToken: NSPersistentHistoryToken?

  init(
      persistentContainer: NSPersistentContainer,
      inMemory: Bool = false
  ) {
    self.inMemory = inMemory
    self.container = persistentContainer
    // Observe Core Data remote change notifications on the
    // queue where the changes were made.
    notificationToken = NotificationCenter.default.addObserver(
        forName: .NSPersistentStoreRemoteChange,
        object: nil,
        queue: nil) { note in
          print("Received a persistent store remote change
          notification.")
          Task {
              await self.fetchPersistentHistory()
          }
        }
  }
  deinit {
    if let observer = notificationToken {
      NotificationCenter.default.removeObserver(observer)
    }
  }

  func getAllEntities<T>(
    for entityName: String,
    _type: T.Type) throws -> AnyPublisher<[T], Error> {
    let taskContext = newTaskContext()
    return taskContext.performAndWait {
      let request = NSFetchRequest<NSFetchRequestResult>(
        entityName: entityName)
```

```
    guard let fetchResult = try? taskContext.
    execute(request),
        let getResult = fetchResult as? NSAsynchronous
        FetchResult<NSFetchRequestResult>,
        let mos = getResult.finalResult as? [T] else {
        return Fail(error: CoreDataError.fetchError)
            .eraseToAnyPublisher()
        }

    return CurrentValueSubject(mos).eraseToAnyPublisher()
    }
  }
  // skip methods for deleting and importing data...
}
```

为了将底层网络和 Core Data 栈结合起来，最后让我们来实现仓库。在这里，我们将网络和 Core Data 管理器作为依赖项注入，并利用设计好的缓存计时器来决定是从网络还是缓存中加载数据。

请注意，仓库本身是为特定对象类型而设计的。这样，我们就能遵循 Swift 的类型安全系统，为底层网络和本地存储管理器提供必要的类。此外，通过在网络和存储管理器级别使用依赖注入（Dependency Injection，DI）和范型，我们可以使应用程序框架不受限制。如果我们从 Core Data 更改为 Realm，则无须修改仓库。这样做更可取，因为修改被控制在了最小范围。例如，如果我们用不同的框架替换 Combine，那么我们将需要在每个代码级别上进行更改，这将导致迁移更加复杂和耗时。

```
import Foundation
import Combine

class PhotoRepository: RepositoryProto {
  // For this example we load from the cache if < 5 minutes has
  // gone by.
  // when to use the cache vs. refresh would need to be defined
  // as  a product requirement
  private var lastFetchTime: Date
  private var cancellables: Set<AnyCancellable> = []
  private let localStorageManager: LocalStorageManagerProto
  private let networkManager: NetworkManagerProto

  init(
    localStorageManager: LocalStorageManagerProto,
    networkManager: NetworkManagerProto
  ) {
    self.localStorageManager = localStorageManager
    self.networkManager = networkManager
    // for usage in the example, we are setting to an old time
    // interval to ensure first network fetch
    self.lastFetchTime = Date(timeIntervalSince1970: 0)
```

```
}

func getAll() -> AnyPublisher<[ModelProto], Error> {
  if (NSDateInterval(start: lastFetchTime, end: Date.now).
  duration <
  (5*60)) {
        return try! localStorageManager.getAllEntities(
            for: String(describing: PhotoMO.self),
            _type: PhotoMO.self)
            .compactMap { photos in
                let objs = photos.compactMap { photo in
                    photo.convertToDomain()
                }
                return objs
            }
            .eraseToAnyPublisher()
    } else {
        let sharedPublisher = networkManager.send(
            request: getURLRequest(),
            withResponseBodyType: [PhotoMO.Properties
            Object].self)
        sharedPublisher.sink { [weak self] result in
            switch result {
                case .finished:
                    self?.lastFetchTime = Date.now
                case .failure(let error):
                    print("Error: \(error)")
            }
        } receiveValue: { [weak self] photoProperties in
            let lsm = self?.localStorageManager
            Task { [lsm] in
                try? await lsm?.importEntities(
                    from: photoProperties, for:
                    PhotoMO.self)
            }
        }
        .store(in: &cancellables)

    return sharedPublisher
        .compactMap { photos in
            let objs = photos.compactMap { photo in
                photo.convertToDomain()
            }
            return objs
        }
        .eraseToAnyPublisher()
    }
}

private func getURLRequest() -> URLRequest {
```

```
    // sample data for the example project
    return URLRequest(url:
      URL(string: "https://jsonplaceholder.typicode.com/
      photos")!)
  }
}
```

到目前为止，我们讨论了基于文本的缓存，但图片本身呢？媒体缓存带来了独特的考虑因素，我们需要缓存解决方案能够：

1. 高效地获取图片。

2. 在应用程序启动过程中，高效地持久化缓存图片，并充分考虑可用内存的情况。

3. 封装缓存解决方案。

我们将对每个领域进行讨论，并将它们整合到图 3-13 的最终架构图中。

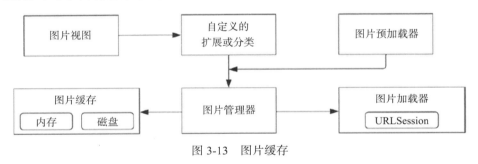

图 3-13　图片缓存

3.3.1　高效地获取图片

制定图片缓存解决方案，必须要了解图片的优先级，以便优先下载和存储最重要的图片。了解图片优先级的重要性在于，我们需要优先处理即将展示给用户的图片。我们可以使用两个队列来实现这一点：一个用于高优先级图片，另一个用于低优先级图片。高优先级队列让急需的图片独享网络。我们可以采用图片预取器的形式来实现这一点。我们还可以进一步实现预加载器，在后台加载我们知道稍后会需要的图片（可能使用低优先级队列）。

3.3.2　在应用程序启动过程中持久化缓存图片

为了确保媒体资源缓存能够在应用程序启动过程中持续存在，缓存被存储在磁盘上。我们需要一种缓存淘汰策略来管理缓存的内存，并确保用户的设备不会因此而耗尽空间。虽然 NSCache 提供了自己的缓存淘汰策略，但为了确保过期资源可以被清除，还需要一个自定义类的淘汰策略。为了避免不必要的磁盘访问，拥有一个内存中的缓存也是有帮助的。默认情况下，UIImage 提供了一个内存中的缓存，我们将在这里利用它。

3.3.3　封装缓存解决方案

作为工程师，我们希望缓存解决方案能与网络请求模块无缝衔接。此外，我们希望将工程师使用缓存的额外工作量尽可能地减少。这样也有助于简化流程，同时增加方案的被采用率。实现该目标的一种方法是扩展现有的媒体类型，使其包含我们的自定义方法（比如 Objective-C 类别或 Swift 扩展），例如

```
imageView.setImageWithURL(imageURL,
    { (image, error?, cacheType, imageURL) in {
      // completion code here ...
    }
)
```

此外，我们还可以提供一个管理器对象，能够请求扩展之外的媒体资源。

```
imageManager.loadImageWithURL(imageURL
                progress:{ (receivedSize, expectedSize) in {
                        // progress tracking code here ...
                }
                completed:{
                  (image, error?, cacheType, finished,
                  imageURL) {
    if (image) {
      // completion code here ...
    }
})
```

3.3.4 小结

前面的示例说明了形成设计文档的思考过程和权衡。前面概述的解决方案通常已经在大多数大公司实施，要么通过定制的解决方案，要么利用著名的第三方库（如用于媒体缓存的 SDWebImage）。作为一名工程师，真正了解这些库提供的服务以及数据存储位置是很有帮助的。如果不了解基本原理，就很容易忽略某些方面，例如当前的解决方案是使用内存缓存，还是一直使用磁盘缓存，有没有可能最重要的图片没有被缓存？如果不首先了解当前的缓存清除策略，就不可能找出问题出在哪里。此外，你的应用程序可能有特别的限制，导致第三方解决方案不是最佳选择。因此，了解默认解决方案是很重要的，只有这样，那些不合适的应用场景才会变得显而易见。

留给读者的问题

1. 还有哪些产品需求可能会影响我们的设计选择？
2. 在一家成熟的公司工作，与在一家资源有限、时间紧迫的初创公司工作，你的设计会有何不同？
3. 考虑到内存有限的用户以及快速浏览大量图片的用户，又该如何管理缓存大小？

3.4 总结

深入探索 SQLite 是对一款精心设计的软件的一次令人兴奋的学习过程。此外，它还提供了宝贵的见解，让我们了解数据库的工作方式，以及如何确保我们的代码以最佳方式使用数

据库。例如，我们多次看到设置合理索引的观点。除了 SQLite，我们还了解了作为通用 API 抽象的 Core Data 以及具有特定用途的其他存储 API（NSUserDefaults 和钥匙串）。接着，我们通过一个构建缓存解决方案的实际案例，展示了我们在本章中讨论的不同存储选项的权衡和常见用途。无论你使用的是 SQLite 的不同包装器、NSUserDefaults 还是钥匙串，围绕这些解决方案如何为你提供最佳服务的核心概念仍然适用。NSUserDefaults 带来的安全风险也是本章的重点。这是一个很好的例子，说明作为工程师，我们必须仔细权衡不同的解决方案，充分了解代码库中的依赖关系，否则就有可能有引入错误、安全漏洞的风险。

3.4.1　本章要点

1. 安全性与隐私至关重要。确保你了解所需的安全级别，并采取相应行动（使用钥匙串）。
2. 除了安全性之外，了解存储解决方案对于应用程序的性能、可靠性以及最终提供优质的用户体验至关重要。虽然存储解决方案听起来并不高深，但使用错误的存储方案可能会导致程序出现故障和性能下降。
3. 了解底层存储框架。NSUserDefaults 是一个很好的例子；如果不了解数据是如何存储的，就很难推断出其安全隐患。
4. SQLite 至关重要，因为它是 iOS 应用程序主要数据库，也是实际使用最多的数据存储系统。即使其内部结构已被 Core Data 框架抽象了，了解底层实现也有助于优化解决方案。

3.4.2　扩展阅读

1. 首选项和设置指南
   https://developer.apple.com/library/archive/documentation/Cocoa/
   Conceptual/UserDefaults/Introduction/Introduction.html#//apple_ref/
   doc/uid/10000059i
2. SQLite 文档：
   www.sqlite.org/
3. SQLite 与 Core Data 实现：
   www.objc.io/issues/4-core-data/SQLite-instead-of-core-data/
4. Apple 文件系统：
   https://developer.apple.com/library/archive/documentation/
   FileManagement/Conceptual/FileSystemProgrammingGuide/
   FileSystemOverview/FileSystemOverview.html#//apple_ref/doc/uid/
   TP40010672-CH2-SW1
5. Core Data 指南：
   https://developer.apple.com/documentation/coredata

第 4 章　Chapter 4

并发编程

4.1　概述

并发编程对于应用程序开发至关重要，它允许 iOS 应用程序在执行多项操作的同时，还能够无缝地响应用户的交互行为。然而，巨大的能力也带来了巨大的责任，因为并发编程表现出应用程序开发中的一些最具挑战性的问题。为了减轻并发编程的挑战，拥有并发编程能力并设计友好的生态系统至关重要。

本章概要

本章将介绍不同类型的并发编程，并简要讨论它们在 iOS 生态系统中的表现形式；然而，了解如何使用 Apple 提供的工具只是成功的一半。当构建大型库和复杂的 iOS 应用程序时，了解基本的并发范例和系统设计原则更为重要。正确的架构可以帮助减轻不必要的代码复杂性和不确定性错误。针对这些主题，本章的后半部分内容包括：

1. 常见陷阱。

2. 基于真实案例的并发系统设计。

在本章中，我们将提到一些术语，为了避免混淆，我们在这里对它们进行定义：

1. 线程：用于执行顺序计算过程的独立执行路径。其底层实现基于 POSIX 线程 API。

2. 进程：运行中的可执行文件，它可以包含多个线程。

3. 任务：需要执行的工作的抽象概念。

4. 信号：一种进程间通信机制，用于在特定事件或条件下通知或中断其他进程或线程。它允许进程或线程异步地相互通信并协调它们的行为。

5. 互斥量：并发编程中的一种用于同步的原子化操作，用于保护共享资源，防止多个线程或进程同时访问。它确保在任何给定时间内，只有一个线程或进程可以访问受保护的资源，防止了多个线程同时修改同一资源时可能发生的数据竞争和不一致性问题。

4.2　并发、并行还是异步

"并发""并行"和"异步编程"这三个术语经常被人提起，令人惊讶的是，它们之间经常被混淆。接下来，我们将给它们下一个定义。

4.2.1　并发

在最简单的意义上，并发是指交错执行多个任务，而不是顺序执行每个任务。在编程中，"多个任务"与多个逻辑控制线程同义。这些线程可以并行运行，也可以不并行运行。

4.2.2　多线程

多线程特指使用多个控制线程进行计算。线程创建后，通过执行程序指定的指令序列来执行计算，直至终止。程序启动主线程后，主线程可以创建或产生其他线程，并使用各种同步机制与其他线程同步，包括锁、同步变量、互斥和信号。

图 4-1 将多线程计算表示为有向无环图（Directed Acyclic Graph，DAG）。每个顶点代表一条指令的执行（加法操作、内存操作、线程启动操作等）。

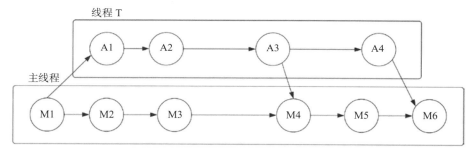

图 4-1　多线程执行的有向无环图

4.2.3　并行

并行是指多个任务并行执行。并行程序可以有多个线程，也可以没有。并行的形式可以是在处理器上使用多个内核，也可以是使用多个服务器。这样，我们就可以利用结构化的多线程结构编写并行软件。图 4-2 比较了并发执行与并行执行。在这个例子中，可以将并行执行视为两个独立的进程。

并行和并发是相互交叉的。有些应用程序是并发的，有些则不是，而许多并发程序都利用了并行。例如，一个并发的 iOS 应用程序可能会使用并行算法来执行系统或用户级别的特定任务。我们在代码中实现并行的一种方式是通过 fork-join 系统。

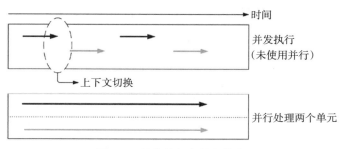

图 4-2 并发执行与并行执行

要实现 fork-join 并行，需要指定特定的点来 fork 成多个逻辑进程或执行线程（分支点）。当所有分支完成后，程序会将分支 join 回主执行点。图 4-3 展示了一种利用 fork-join 方法的并行执行示例。

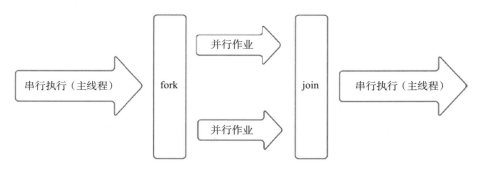

图 4-3 fork-join 方法的并行

4.2.4 异步编程

异步编程是一个独立的概念，通常与两个事件可能在不同时间发生有关。图 4-4 展示了同步执行和异步执行之间的区别。在下面的例子中，**actor** 对应的是线程；不过，它也可以是进程或服务器。在 iOS 中，异步编程最常见的用例是使用 GCD（Grand Central Dispatch）将网络调用分派给后台线程，同时允许主线程保持无阻塞状态以进行 UI 更新。

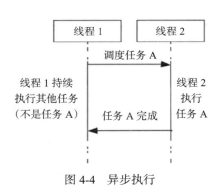

图 4-4 异步执行

4.2.5 这将通往何方

自面向对象革命以来，软件开发领域最大的变革正在悄然来临，它的名字就是并发。

——Herb Sutter[⊖]

⊖ www.gotw.ca/publications/concurrency-ddj.htm

作为 iOS 开发人员，并发和并行现在已成为我们工作的核心。在 iOS 开发中，通过并行方式执行计算任务来提高应用程序性能几乎是一个隐性的要求了。在实践中，开发人员通常使用 GCD 进行并发编程，因为 GCD 提供了一个易于使用的封装。要充分理解 GCD，需要对并发、并行及其实现有基本的了解。加深对底层组件的理解，能够让我们更好地使用 GCD，以构建出更好的软件，无论是开发应用程序还是底层库。

4.3　并发成本

在深入研究如何在 iOS 中实现并发之前，我们先来看看其中涉及的一些需要权衡的问题。尽管并发是现代 iOS 应用程序必不可少的，因为它允许应用程序在后台处理任务，为用户在主线程的交互解除了阻塞，但它确实存在一些缺点和性能方面的问题，我们必须对此认真考虑。

4.3.1　线程成本

创建线程会在内存使用和性能上为你的程序带来开销。每个线程都需要在内核内存空间（用于线程管理和调度的核心结构）和程序的内存空间（线程特定数据）中分配内存。内核内存的需求是 1KB。除主线程外，子线程还会增加内存成本，子线程的最小栈大小为 16KB。然而，实际的栈大小可能会根据具体情况而变化，如下面的代码示例所示：

```
let current = Thread.current
print("current thread", current, current.stackSize)

let newThread = Thread()
newThread.name = "secondary"
print("second thread with default size",
    newThread,
    newThread.stackSize)

let newThreadTwo = Thread()
newThreadTwo.name = "tertiary"
// stack size must be a multiple of 4kb
newThreadTwo.stackSize = 4096 * 512
print("third thread",
    newThreadTwo,
    newThreadTwo.stackSize)
```

此外，多线程涉及的一些额外工作是由操作系统及其内存管理方式造成的。对于内存，大多数操作系统都使用内存换页（又称内存分页或虚拟内存分页）技术来管理计算机系统的内存资源。它允许系统将物理内存划分为固定大小的区块（称为页面），并将其存储在被称为页面文件或交换空间的磁盘中，从而有效地分配物理内存。

在使用并发编程时，内存分页对性能影响可能非常显著，尤其是当发生页面错误时。当进程或线程试图访问当前不在物理内存中的页面时，就会发生页面错误。这会导致执行延迟，因为操作系统必须从页面文件中检索所需的页面，从而导致额外的磁盘 I/O 操作。在并行执行时，页面错误会中断多个任务的执行，造成同步开销，降低并行的整体优势。

总的来说，内存分页是一个单纯的积极因素，因为它能使系统拥有比可用物理内存更大的内存容量。这对并行执行是有利的，因为它允许多个进程或线程同时执行，每个进程或线程都有自己的虚拟内存空间。此外，通过将内存划分为若干页面，每个进程或线程都可以拥有自己专用的虚拟内存空间。这种隔离可以防止并行任务之间的干扰，增强系统的稳定性和安全性。具体影响取决于并行任务的性质、内存访问模式和操作系统内存管理算法的效率等因素。

这里要提到的线程创建的最后一个影响是创建时的启动成本，因为需要进行上下文切换。具体的启动时间会因 iOS 设备而异，值得在应用程序中进行跟踪（第 14 章将介绍）。

4.3.2　管理状态共享

使用线程需要管理共享资源和共享状态。无论使用哪种机制来管理资源共享，都必须发生一些固有的上下文切换。这种上下文切换以及潜在的死锁和竞态条件会产生内存和延迟开销，在规划时必须平衡和考虑这些因素。

4.3.3　难以调试

编写和测试并发程序可能会很困难，尤其是因为许多错误都是由代码的非确定性执行造成的。幸运的是，Xcode 提供了可以帮助识别线程问题的工具，包括 Thread Sanitizer（可检测线程间的竞态条件）和 Main Thread Checker（可验证必须在主线程执行的系统 API 是否确实在主线程上运行）。不过，即使使用了这些工具，调试并发相关的错误仍然可能需要花费大量时间阅读栈追踪和添加额外的日志记录。

4.4　实现并发

在本节中，我们将介绍几种不同的并发模型，从线程和锁的最基本实现开始。在每个小节，我们都将把实现与架构的最佳实践相结合。

4.4.1　线程和锁

每当讨论并发的实现时，话题都会从线程和锁开始。利用线程和锁是最著名的并发实现方式。这里的概念是 GCD 和许多其他更抽象的并发模型的基础。在这种模型中，线程由用户创建，用户必须：

1. 创建和销毁线程，并根据系统条件的变化动态调整线程数量。
2. 利用互斥量、锁和信号量等同步机制来协调线程之间的资源访问，这会给应用程序增加更多的代码量。

锁的概述

锁提供了一种同步访问线程和保护访问特定代码区域的方法。存在不同的锁：

1. 信号量：允许最多 N 个线程同时访问指定的代码区域。

2. 互斥锁：确保在给定代码区域内一次只有一个线程处于活动状态。

3. 自旋锁：使试图获取锁的线程在循环中等待，同时检查锁是否可用。如果等待很少发生，则这种方法就很有效，但如果等待很常见，则这种方法就会造成浪费。

4. 读写锁：为只读操作提供并发访问权限，但为写操作提供独占访问权限。在读取频繁而写入较少的情况下效率较高。

5. 递归锁：同一个线程可以多次获取的互斥锁。

直接使用线程为程序员提供了最大限度的控制，也因此带来了最多的 bug 风险。如果一开始没有很好地规划，就很容易出现竞态条件和死锁问题。让我们来看一个编程示例，这是一个接受取款的银行应用程序。我们可以简单地编写代码，使其有 name 和 balance 字段。

```swift
class Bank {
  let name: String
  var balance: Int

  init(name: String, balance: Int) {
    self.name = name
    self.balance = balance
  }

  func withdraw(value: Int) {
    print("\(self.name): Checking balance")
    if balance > value {
      print("\(self.name): Processing withdrawal")
      // sleeping for some random time, simulating a
      // long process
      Thread.sleep(
        forTimeInterval: Double.random(in: 0...2))
      balance -= value
      print("\(self.name): Done: \(value) withdrawn")
      print("\(self.name): Current balance: \(balance)")
    } else {
      print("\(self.name): Insufficient balance")
    }
  }
}
```

当只有一个银行出纳员同步执行所有交易时，我们的程序运行得非常好。然而，在任何一家大型银行中，都会有多个出纳员同时进行交易的情况，所以让我们测试一下程序是如何处理这种情况的。

使用线程来模拟多个出纳员，我们可以创建一个类来驱动程序的执行，然后创建两个线程来模拟两个出纳员执行交易。

```swift
class ProgramDriver {
  let bank = Bank(name: "PNC", balance: 1200)
  func executeTransactions() {
    let thread = Thread(target: self,
                        selector: #selector(t1),
                        object: nil)
    let thread2 = Thread(target: self,
                         selector: #selector(t2),
                         object: nil)
    thread.start()
    thread2.start()
  }
  @objc func t1() {
    bank.withdraw(value: 1000)
  }

  @objc func t2() {
    bank.withdraw(value: 400)
  }
}

ProgramDriver().executeTransactions()
```

现在，在执行交易时，我们立即发现了一个问题；余额变成了负数！

```
PNC: checking balance
PNC: checking balance
PNC: Processing withdrawal
PNC: Processing withdrawal
PNC: Done: 1000 withdrawn
PNC: Current balance: 200
PNC: Done: 400 withdrawn
PNC: Current balance: -200
```

这是怎么发生的？在我们当前的实现逻辑中，我们没有办法同步交易之间的余额，这意味着当我们的多个线程尝试同时执行取款操作时，它们可能会乱序执行，导致余额变为负数。这就是一个典型的竞态条件的例子。

如何处理多人同时尝试访问同一资源的情况？

为了解决这个问题，我们希望同步对共享资源的访问，从而实现互斥。我们可以通过实现一个 NSLock 来做到这一点，一次只能有一个线程持有它。在下面的代码示例中，我们修改了 Bank 的实现，在有竞争的 **withdraw** 方法中加了一个锁。

```swift
let lock = NSLock()
class Bank {
  let name: String
  var balance: Int
```

```swift
init(name: String, balance: Int) {
  self.name = name
  self.balance = balance
}
func withdraw(value: Int) {
  lock.lock()
  print("\(self.name): checking balance")
  if balance > value {
    print("\(self.name): Processing withdrawal")
    // sleeping for some random time, simulating a
    // long process
    Thread.sleep(
      forTimeInterval: Double.random(in: 0...2))
    balance -= value
    print("\(self.name): Done: \(value) withdrawn")
    print("\(self.name): Current balance: \(balance)")
  } else {
    print("\(self.name): Insufficient balance")
  }
  lock.unlock()
}
}
```

现在，当运行代码时，我们会看到

PNC: checking balance
PNC: **Processing** withdrawal
PNC: **Done**: 1000 withdrawn
PNC: **Current** balance: 200
PNC: checking balance
PNC: **Insufficient** balance

虽然在更大范围内添加锁似乎解决了竞态条件的问题，但这需要在代码库中添加锁，并且通常需要在精确的位置解锁。使用 GCD 通常能提供一个更加健壮、更易用的替代方案。

4.4.2 使用 GCD 和调度队列

幸运的是，Apple 公司推出了 GCD，它属于系统级的线程管理，为上述讨论的银行等应用程序提供了一个强大的解决方案。GCD 提供了队列结构、线程池和并发控制（信号量）来管理并发代码，并提供任务（以闭包的形式）的异步执行。

GCD 关键概念

使用 GCD 可以将代码块添加到队列中，并将工作项（DispatchWorkItem）作为队列中的任务，而不是线程。在底层，GCD 会管理一个线程池，并根据可用的系统资源决定在哪个线程上执行代码。GCD 通过提供一种集中管理线程创建的方法，将一些工作从开发人员手中抽离出来，从而缓解了线程创建昂贵的问题。

GCD 提供了五种不同的队列：

1. 在主线程上运行的主队列。

2. 三个不同优先级的后台队列。

3. 一个优先级更低的后台队列，它会受到 I/O 限制。

除了提供的队列之外，你还可以创建自定义队列，可以是串行的队列，也可以是并发队列。虽然自定义队列是一个强大的抽象概念，但在队列上调度的所有代码块最终都会流向系统的全局队列及其线程池。

GCD 还有更多选项可用于自定义队列的优先级和执行顺序，所有的这些都使 GCD 成为一个非常强大和灵活的并发解决方案。图 4-5 概述了基本的 GCD 系统。有关 GCD API 的更多详情，请参阅 4.6.2 节。

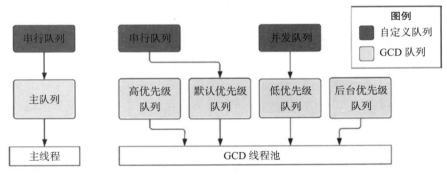

图 4-5　GCD 概述

将 GCD 应用于我们的案例

现在，GCD 并不能立即解决我们所有的并发问题。不过，它确实有助于构建代码，并为串行和异步执行提供了易于使用的设计。为了说明这一点，我们可以通过移除锁并将其替换为串行队列，来轻松地改进我们银行应用程序的并发处理方式。

```swift
// custom dispatch queues are serial by default
let serialQueue = DispatchQueue(label: "Serial Queue")
class Bank {
  let name: String
  var balance: Int

  init(name: String, balance: Int) {
    self.name = name
    self.balance = balance
  }

  func withdraw(value: Int) {
    serialQueue.async {
      print("\(self.name): checking balance")
```

```
        if self.balance > value {
          print("\(self.name): Processing withdrawal")
          // sleeping for some random time,
          // simulating a long process
          Thread.sleep(
            forTimeInterval: Double.random(in: 0...2))
          self.balance -= value
          print(
            "\(self.name): Done: \(value) withdrawn")
          print(
            "\(self.name): Current balance: \(self.balance)")
        } else {
          print("\(self.name): Insufficient balance")
        }
      }
    }
  }
}
```

　　现在，用队列代替基于锁的代码，可以消除许多与锁相关的弊端，并通过减少死锁的风险，更容易地保护共享资源，从而简化剩余代码。最后，队列使代码更易读、更易推理。然而，使用队列并不能防止死锁。例如，从一个串行队列中同步派发一个任务到同一个串行队列，会立即引起死锁，因为调用线程正在等待该代码块的执行，但分派的代码块永远不会继续执行了，因为串行队列被阻塞，无法执行调用代码。此外，使用锁或串行队列一次只能访问一个线程，这样可能会降低应用程序的运行速度。

　　如果共享资源在不同组件间共享，需要被多个线程访问，那么可能会成为性能瓶颈。例如，缓存或 token 会定期变化，需要网络访问才能更新。

　　回到我们的例子，假设我们想添加一个函数来读取银行账户余额。这就产生了一种与缓存类似的情况，我们希望允许读操作并发执行，但写操作需要独占资源。这种场景就是读写器锁的一个例子。

　　要在 iOS 中实现这一点，我们可以使用并发队列，并发队列允许我们同时执行多个任务。即使任务是按特定顺序添加的，它们也可能以不同的顺序完成，因为它们可以同时执行。调度队列为每个任务管理不同的线程，同时运行的任务数量取决于系统环境。

　　除了并发队列，我们还需要使用 GCD 的栏栅（barrier）。GCD 栏栅会在并发队列中创建一个同步点。栏栅用于对特定资源访问的线程安全。这样，我们的并发队列就具有同步写入，并发读取的优势。图 4-6 展示了我们讨论过的串行队列、并发队列和加栏栅的并发队列之间的执行差异。

　　让我们修改之前的例子，加入并发队列和栏栅。

```
let concurrentQueue = DispatchQueue(label: "Concurrent Queue",
attributes: .concurrent)
class Bank {
  let name: String
```

```
var balance: Int

init(name: String, balance: Int) {
  self.name = name
  self.balance = balance
}

func withdraw(value: Int) {
  concurrentQueue.async(flags: .barrier) {
    print("\(self.name): checking balance")
    if self.balance > value {
      print("\(self.name): Processing withdrawal")
      // sleeping for some random time, simulating a
      // long process
      Thread.sleep(
        forTimeInterval: Double.random(in: 0...2))
      self.balance -= value
      print("\(self.name): Done: \(value) withdrawn")
      print("\(self.name): Current balance: \(self.balance)")
    } else {
      print("\(self.name): Insufficient balance")
    }
  }
}
func getBalance() -> Int {
  var tempBalance = 0
  concurrentQueue.sync {
    tempBalance = balance
  }
  return tempBalance
}
}
```

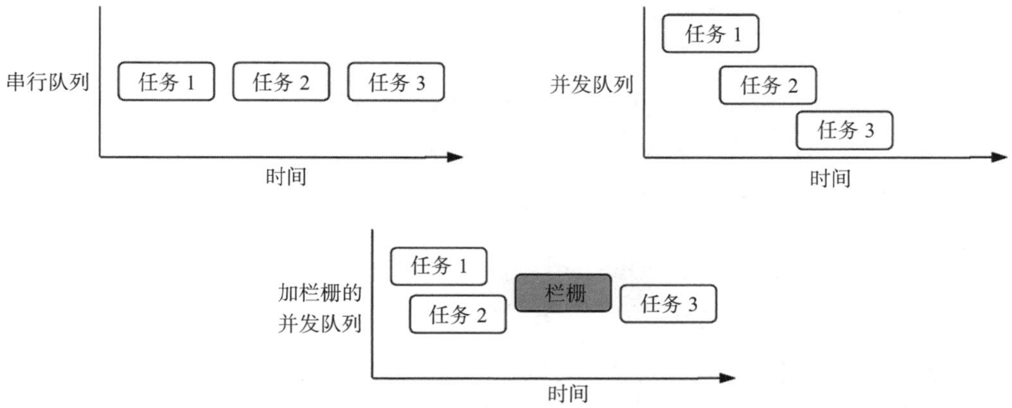

图 4-6 串行队列、并发队列和加栏栅的并发队列之间的执行差异

在所有并发方法中还有一个值得注意的概念是，我们封装了并发代码，这样调用者就不必担心如何管理并发操作了。在我们的示例中，这很简单。但在更复杂的应用程序中，开发程序库时，要将并发代码抽象到应用程序的哪个层次是很重要的设计决策。通常，最好的做法是在库级别进行管理，而不是让 API 用户来管理并发状态。明确注释代码的线程安全级别也很重要。

4.4.3　Operation 队列

Operation 队列是基于 GCD 之上的一种高级抽象。你不需要自己启动操作，而是将操作交给队列，然后，由队列负责调度和执行。

Operation 队列根据对象优先级和先进先出顺序执行队列中的对象，并通过在子线程上直接运行或使用 GCD 间接执行。

Operation 队列的优势

1. Operation API 支持依赖关系。与 GCD 相比，你可以更轻松地在任务间创建复杂的依赖关系。
2. 通过使用键值观察（Key-Value Observing，KVO），你可以跟踪 NSOperation 和 NSOperation-Queue 的各种属性。
3. 你可以监控一个操作或 Operation 队列的状态。
4. Operation 可以暂停、恢复和取消，为操作生命周期提供了更强大的控制能力。使用 GCD 时，对任务执行的控制和可见性较弱。
5. 通过 Operation 队列，你可以设置同时运行的排队操作的数量限制。利用这一功能，你可以轻松管理同时进行的操作数量，或者创建一个用于顺序执行的队列。
6. 与 GCD 不同，它们不遵循先进先出的顺序。

4.4.4　Swift 并发

Swift 引入了 **actor** 机制，并且通过 **async** 及 **await** 关键字支持异步函数，作为并发编程的新方式。**async** 和 **await** 关键字相对简单，且能够让代码重构，避免了完成块的使用。**actor** 类似于类，通过数据隔离保护其内部状态，确保在给定时间内只有单个线程可以访问底层数据结构。

在本节中，我们将深入探讨构成 Swift 并发的不同构件（从 **actor** 和 **async** 开始），然后讨论与 GCD 相比，Swift 并发架构的考量因素及其优势。

异步函数

异步函数的注释有助于构建可读、可维护的并发代码，相比之下，调度队列的完成块则显得没有那么直观。虽然异步函数的语法简单明了，但实际执行起来却有一点复杂。在深入探讨之前，让我们回顾一下同步函数是如何执行的。在同步函数中，运行程序的每个线程都有一个栈，用于存储函数调用的状态。当线程执行一个函数调用时，这个函数会被推入栈中（如第 2 章所述）。现在对于异步函数，我们有一个稍微复杂一些的布局，其中对异步函数（通过 await 关键字标注）的调用被存储在堆上，并且有一个从栈指向堆的指针。

对于异步线程，不能保证开始执行异步函数（在 await 关键字之前）的线程与将继续执行该函数的线程是同一个（破坏了原子性）。实际上，await 是代码中一个明显标识，表明原子性被打破，因为任务可能会自动地取消调度。因此，你应该注意不要在 await 操作中持有锁，正如我们稍后将详细讨论的，这违反了 Swift 运行时合约，该合约保证线程可持续执行，不被阻塞。

actor

actor 是一种多用途且可靠的编程模型，常用于并发任务。它在 Erlang 和 Elixir 等分布式系统中得到了广泛应用。在这个模型中，actor 是并发计算的核心要素。当 actor 收到消息时，它可以做出本地决策、创建其他 actor，并发送消息。actor 可以修改自己的私有状态，但只能通过消息传递间接地与其他 actor 交互，这消除了基于锁的并发的需要。

在 Swift 中，actor 是一种新的基本类型，它在并发编程中有许多好处：

1. actor 可以确保对其状态的互斥访问。
2. 与按先进先出顺序执行的串行队列不同，actor 运行时允许根据优先级对项目重新排序，并有助于避免优先级倒置。这种行为被称为 actor 重入列。
3. actor 模型内的调用是同步的，始终不间断运行，直至完成。

Swift 任务

如前所述，Swift 的结构化并发通过使用 async 和 await 语句，提供了一种可读性更强、更直观的方式来构建并发代码。然而，我们仍然需要一种方式来支持并发执行。为了支持这一点，Swift 引入了任务的概念，多个任务可以并发执行，例如，同时下载多张图片到你的缓存中。

为了并发运行异步代码，任务会创建一个新的执行上下文。这些任务被整合进 Swift 运行时，这有助于防止并发错误并高效地调度任务。值得注意的是，调用一个异步函数并不会自动创建一个新任务，任务必须在代码中明确创建。

结构化任务

Swift 结构化任务具有内置功能，允许取消任务和处理任务的异常退出（因错误或故障导致的）。如果任务异常退出，那么 Swift 会自动将其标记为已取消，并等待任务完成后再退出函数。取消任务并不会停止任务，而是通知任务不再需要其结果。此外，Swift 还会维护结构化任务的映射关系，因此当一个任务被取消时，它的所有子任务也会自动取消。

例如，如果我们用结构化任务来实现 URLSession 来下载数据，当发生了错误，那么该结构化任务将被标记为取消。一旦所有其直接或间接创建的结构化任务都已完成，URLSession 就会出错退出。一旦任务被取消，就需要由你的代码来适当地结束执行并停止。在某些特定情况下这一点很重要，例如如果一个任务正处于一个重要事务的执行阶段，那么立即停止任务是不恰当的。

非结构化任务

到目前为止，我们已经讨论了 Swift 结构化任务，这些任务有很多优点。但是，由于系统会维护任务的生命周期和优先级（基于上下文执行环境），因此这些任务具有局限性。有时，更多的自定义实现是有必要的，这就是非结构化任务的用武之地。非结构化任务提供了创建任务的能力，任务的生命周期不受任何范围限制。因此，非结构化任务可以从任何地方启动（甚至是在非同步函数中），同时需要手动取消、生命周期管理以及开发人员显式等待任务（这些都是 Swift 结构化任务可以帮你处理的）。

最后一种非结构化任务是分离任务（Detached Task），分离任务具有更大的灵活性，完全独立于原始上下文，因此可以进一步控制优先级。

Swift 并发的独特之处在于，我们可以同时利用三种类型的任务，以便在限制它们缺点的同时，利用各自的优势。例如，假设我们在主 actor（主线程）上，并希望使用一个任务将项目存储到我们的缓存中。我们可以使用一个分离任务以较低的优先级将项目添加到缓存中（仅分离任务可用，因为非结构化任务会从周围的代码中取得优先级和上下文）。此外，假设我们想要进行日志记录，以标注缓存写入发生的时间。我们可以创建一堆分离任务，但这意味着我们必须处理所有任务的取消和优先级。这时 Swift 结构化任务便成了更好的选择，然而，即使是使用结构化任务，我们仍然需要单独考虑每个子任务。为了解决这个问题，我们可以使用任务组，并将每个后台作业作为子任务加入该任务组。使用任务组意味着我们可以通过取消顶层的分离任务来取消所有子任务。

此外，子任务会自动继承父任务的优先级，这样我们就能很容易地将所有作业保留在后台队列中，不必担心因为忘记设置后台优先级而意外地阻塞 UI 作业。

```
let objs = fetchObjs(for: ids)
Task.detached(priority: .background) {
 withTaskGroup(of: Void.self) { group in
  group.async { writeToCache(objs) }
  group.async { logResult() }
}
```

这就形成了图 4-7 所示的易于取消的任务层次结构。

应用 Swift 并发

既然我们已经讨论了 Swift 并发的基础知识，那就让我们把之前的银行示例转化为一个 actor：

```
actor Bank {
 let name: String
 var balance: Int

 init(name: String, balance: Int) {
```

图 4-7　分离任务的层次结构

```
      self.name = name
      self.balance = balance
    }

    func withdraw(value: Int) {
      print("\(self.name): checking balance")
      if self.balance > value {
        print("\(self.name): Processing withdrawal")
        // sleeping for some random time, simulating a
        // long process
        Thread.sleep(
          forTimeInterval: Double.random(in: 0...2))
        self.balance -= value
        print("\(self.name): Done: \(value) withdrawn")
        print("\(self.name): Current balance: \(self.balance)")
      } else {
        print("\(self.name): Insufficient balance")
      }
    }

    func getBalance() -> Int {
      return balance
    }
}
```

现在，我们还必须改变调用 **withdraw** 的方式，以适应新的框架。

```
class ProgramDriver {
  let bank = Bank(name: "PNC", balance: 1200)

  func executeTransactions() async {
    let thread = Thread(target: self,
                        selector: #selector(t1),
                        object: nil)
    let thread2 = Thread(target: self,
                         selector: #selector(t2),
                         object: nil)
    thread.start()
    thread2.start()
  }
  @objc func t1() {
    Task.detached {
      await self.bank.withdraw(value: 1000)
    }
  }

  @objc func t2() {
    Task.detached {
      await self.bank.withdraw(value: 400)
    }
  }
}
```

```
}
Task{
      await ProgramDriver().executeTransactions()
}
```

与 GCD 对比

我们回过头来比较一下使用 GCD 构建系统的架构与使用 Swift 并发的不同之处。这需要我们再次回顾第 3 章中讨论的案例，当时我们探讨了为照片流设计的缓存层及其整体架构。在那个例子里，我们设计了包括用户界面层、缓存、数据库以及用于获取数据并更新数据流的网络模块。通过 GCD，我们能够搭建起如图 4-8 所展示的并发工作环境：

1. 异步调度串行队列访问数据库缓存：

　　a. 调度队列使主线程保持空闲。

　　b. 通过串行队列访问数据库保证了数据库写操作的互斥性。

2. 网络模块：

　　a. URL 会话回调是一个并发队列。

　　b. 同步更新数据库缓存的任何更新。

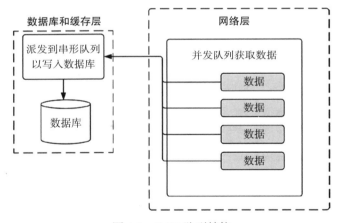

图 4-8　GCD 队列结构

注释　互斥是指确保在特定时间内只有一个进程或线程可以访问共享资源。这是一种用于防止并发访问和潜在冲突的技术，这些冲突可能会在多个进程或线程尝试同时修改共享资源时出现。

互斥的目的是维护数据完整性并防止竞态条件，在竞态条件下，操作结果取决于并发执行的特定时序。

通过强制实施互斥，可以避免共享资源的冲突或状态不一致的情况，确保每个进程或线程都能以序列化的方式访问资源。

现在，我们可以使用大部分标准 iOS 库勾勒出相关的伪代码：

```swift
let urlS = URLSession(configuration: .default,
                      delegate: self,
                      delegateQueue: concurrentQueue)
// later
for item in downloads {
  let dataTask = urlS.dataTask(with: item.url) {
    data, response, err in
  guard let data = data else { return }
  do {
    let deserializedItem = try deserialize(from: data)
    databaseQueue.sync {
      updateDB(with: deserializedItem)
    }
  } catch { }
  dataTask.resume()
}
```

在前面概述的基于 GCD 的模型中，线程将阻塞访问数据库队列，导致网络层中的线程增多。在这种情况下，会发生更多的上下文切换，导致应用程序运行速度减慢，并可能导致崩溃。这个问题被称为线程爆炸，并将在 4.4.5 节进一步讨论。现在要在 GCD 中解决这个问题，我们可以通过信号量来限制创建的线程数量。虽然这看起来很简单，但在实际应用程序中可能会更加复杂，而且无论我们选择如何管理线程爆炸，都必须手动实现。

在下面的代码示例中，我们将把 GCD 代码转换为 Swift 并发代码。为此，我们将使用任务组从服务器获取数据，并将 **updateDB** 方法更改为异步方法。

```swift
await withThrowingTaskGroup(of: [Item].self) { g in
  for item in downloads {
    g.async {
      let (data, response) =
        try await URLSession.shared.data(from: item.url)
      let items = try deserialize(from: data)
      await updateDB(with: items)
      return items
    }
  }
}
```

现在有了 Swift 并发，我们就不必手动实现线程爆炸的解决方案，运行时会处理这个问题。Swift 并发运行时环境会将线程数限制在 CPU 内核数的范围内，因为在 Swift 并发环境中，线程只在延续之间切换（不执行完整的上下文切换），因此开销较少。

不完善的边缘情况

尽管 Swift 并发带来了许多亮眼的新功能，但它仍然存在一些固有的成本，包括额外的内存分配和管理开销。虽然 Swift 并发具有更易用的语法，但这并不意味着它可以被过度使用。

最后，在使用 **NSLock**、**DispatchSemaphore** 和 **NSCondition** 等不安全原子操作时要谨

慎，因为这些原子操作会向 Swift 运行时隐藏依赖关系，使运行时调度程序无法做出正确的决策。例如，下面的代码示例可能会无限期地阻塞，直到另一个线程将其解锁，这就违反了 Swift 并发可持续执行的约定。

```swift
func updateFoo() {
  let semaphore = DispatchSemaphore(value: 0)
  Task {
    await asyncUpdateFoo()
    semaphore.signal()
  }
  semaphore.wait()
}
```

关于 Swift 并发的结论

Swift 并发的几个主要优势：

1. 协同线程池——Swift 的底层基础架构将线程数量限制在 CPU 内核数范围内，并进行其他优化以防止线程爆炸。
2. 在默认运行时环境中，能够透明地控制并发。
3. 编译时安全。
4. 保持线程的运行时约定，确保线程始终可持续执行。
5. actor 重入列有助于解决优先级倒置的问题。

Swift 并发功能套件包括：

1. async 和 await 关键字支持异步函数，为编写并发代码提供了结构化的基础。
2. 提供数据隔离的 actors，可创建不受数据竞争影响的并发系统。
3. AsyncSequence 包括任务组和其他功能，为处理异步数据流提供了一个标准接口。

总体来说，这些功能的结合使得在 Swift 中编写并发代码变得简单而安全，同时消除了与 GCD 相关的一些挑战。不过，值得注意的是，Swift 的并发仍然是非常新的东西，可能不会在所有应用程序中引入，或涵盖所有用例。这儿有一个很好的例子，就是从零开始的项目与现有应用程序之间的区别：对于前者，你可以从头开始推动所有技术决策（通常使用最新、最强大的功能）；而对于后者，维持现状或需要一个坚实的数据驱动的理由来执行成本高昂的迁移可能是最佳选择。

4.4.5　深入探讨：实现并发的挑战

竞态条件

当一个线程正在创建数据资源或读取数据时，另一个线程正在访问或写入该数据，这时就会发生竞态条件。任何你在多个线程之间共享的东西都是潜在的冲突点，你必须采取安全措施来防止这些冲突。我们已经在涉及银行账户的并发的示例中演示了这个问题。

假设线程 A 和线程 B 都从内存中读取余额，假设余额为 1000。然后，线程 A 将钱存入账户，将计数器递增 200，并将结果 1200 写回内存。与此同时，线程 B 将计数器递增 400，并将 1400 写回内存，紧随线程 A 之后。此时数据已损坏，因为余额在从 1000 递增两次后仍保持 1400（如图 4-9 所示）。

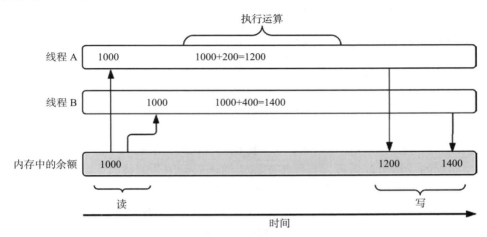

图 4-9 竞态条件

为了限制竞态条件的威胁，我们可以利用锁、信号量和 GCD 队列来设计并发操作。避免因竞态条件形成死锁。

死锁

按照银行业务的例子，为了解决竞态条件，我们可以引入锁。然而，锁会带来死锁的可能性。当多个线程相互等待对方完成而陷入等待时，就会形成死锁。

为了演示死锁，我们将使用一个常见的学术例子，即"哲学家就餐"问题。想象四个哲学家围坐在一张桌子旁，桌上摆放着四根（而不是八根）筷子，如图 4-10 所示。

哲学家要么在思考，要么在饥饿。如果他们饥饿，就会拿起两边的筷子吃一会儿。吃完后，他们就放下筷子。我们可以用信号量来简单地模拟这个问题的解决方案。

```
struct Philosophers {
  let left: DispatchSemaphore
  let right: DispatchSemaphore
  var leftIndex = -1
  var rightIndex = -1

  init(left: DispatchSemaphore,
       right: DispatchSemaphore) {
    self.left = left
    self.right = right
  }
  func run() {
    while true {
```

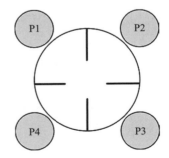

图 4-10 哲学家们（P）坐在一张只有四根筷子的桌子旁

```
        left.wait()
        right.wait()
        print("Start Eating…")
        sleep(100)
        print("Stop eating, release lock…")
        left.signal()
        right.signal()
      }
    }
}
```

现在，我们在电脑上运行这个程序，它会成功运行一段时间，最终停止工作。这是因为，当所有的哲学家同时决定吃饭，他们都会先拿起左边的筷子，然后发现自己陷入了一个僵局，每个人都有一根筷子，并且都在等待他们右边的哲学家。

一个简单的规则可以保证，当你按照固定的全局顺序获取锁时，就不会再遇到死锁。听起来虽然简单，但想要在几乎无法了解全局状态的大型应用程序中实现起来却是难上加难。关于更健壮的无死锁解决方案，请参阅 Ray Wenderlich 算法俱乐部解决方案：https://github.com/raywenderlich/swift-algorithm-club/blob/master/DiningPhilosophers/Sources/main.swift。

优先级倒置

优先级倒置是指优先级较低的任务阻止优先级较高的任务执行，从而有效地倒置任务的优先级。更具体地说，当一个高优先级任务和一个低优先级任务共享一个公共资源，且低优先级任务优先占用了该公共资源时，就会发生优先级倒置。低优先级任务本应快速完成并释放锁，允许高优先级任务执行。但是，在低优先级任务执行后，中优先级任务有一小段时间可以优先运行，因为中优先级任务现在是当前所有可运行任务中优先级最高的。此时，中优先级任务会阻止高优先级任务获取锁，从而进一步阻止高优先级任务运行。GCD 会让应用程序面临这种风险，因为不同的后台队列有不同的优先级（其中一个队列甚至有 I/O 节流）。作为 iOS 工程师，我们需要注意优先级倒置。优先级倒置如图 4-11 所示。

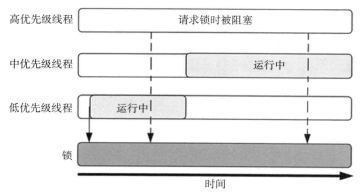

图 4-11　优先级倒置，虚线表示尝试获取锁

优先级倒置很难避免。根据具体情况，我们可以使用 async 来避免阻塞。另外，虽然这并不总是理想的方法，但在创建私有队列或派发全局并发队列时坚持使用默认优先级，可以最大限度地减少优先级倒置的情况。

线程爆炸

在阅读完有关 GCD 队列的章节后，你可能很想创建大量队列，以便在应用程序中获得更好的性能，而不必担心创建过多线程。不幸的是，这会导致创建过多的线程。当有以下情况时，可能会导致过度创建线程：

1. 过多的阻塞任务被添加到并发队列中，迫使系统创建额外的线程。

2. 存在太多占用线程资源的私有并发调度队列。

线程爆炸可能会导致死锁，即主线程在等待线程池中的一个线程，而线程池中的所有线程又都在等待一个资源——主线程。它们互相等待对方，双方都不会放弃那个资源，于是就出现了死锁。

一个可能的解决方案是使用全局异步队列。然而，这并不是万能的，对于你的应用程序来说，完全异步执行可能是不切实际的。当需要同步执行时，你可以使用少量的调度队列，避免使用 DispatchQueue.global()。在任何性能优化情况下，我们都建议衡量变化，并针对具体问题选择最佳方案。

一种谨慎的方法是从串行队列开始。然后，可以对应用程序进行性能分析，看看是否有任何部分需要更快的性能，可以从并行执行工作中受益，特别是在设计这些工作时，要妥善管理，避免线程爆炸。

另一个方法是使用具有并发限制的 NSOperation 队列。

4.5 现实应用程序中的考量

到目前为止，我们已经介绍了并发系统的底层细节，并通过一个示例熟悉了并发编程的构建块和原理。但是，要了解如何使用并发来构建实际应用，示例还不够。为了介绍这部分内容，我们将回顾两个现实案例，以及其设计决策的思考。

4.5.1 案例 1：扩展 Meta 的 NewsFeed

在大型应用程序中工作意味着已经有了处理常见并发组件的固定方法，包括缓存、网络请求和 UI 的高效率更新。想要在给定的系统中顺利工作并改进系统，了解底层并发结构是至关重要的一点。系统可能会使用一些不太常见的工具（如自旋锁）来优化性能。通过熟悉这些深层次的概念，你将很快理解这些提升时间受限的原因，并增加你提出改进建议的可能性。

Meta（当时的 Facebook）如何改进其 NewsFeed（新闻推送）性能就是一个例子。2012 年，Meta 将其 NewsFeed 从 HTML5 迁移到原生 iOS，以优化性能。但随着时间的推移，随着群组和页面等其他版块迁移到原生应用，NewsFeed 的性能也随之下降。Meta 工程师利用性能日志帮助调试和确定问题的根本原因。对于 NewsFeed 的性能，工程师确定根本原因在于数据层，特别是庞大的 Core Data 实体。

为了解决 Core Data 实体的问题，模型层采用了三个原则进行了重写：

1. 不变性：在新的数据层中，模型在创建后不可改变。即使是修改一个字段，也必须创建一个新的对象。因为对象不可变，所以不需要锁，线程安全问题也就变得简单了。这也使得编写函数式、响应式代码成为可能，减少了程序员的错误也使代码更加清晰。

2. 非规范化存储：为了将这些模型序列化到磁盘，Meta 选择使用 NSCoding。由于应用程序的每个部分都被分配了自己的缓存，因此就不再存在对共享的单一 Core Data 存储的争用。这也确保了不希望将缓存存储到磁盘的产品设计师无须这样做。

3. 异步、可选的一致性：在默认情况下，Meta 不提供一致性保证。Meta 将一致性设置为可选项（opt-in）而非必选项（opt-out），从而确保在不需要一致性的场景不会使用数据库索引。需要一致性时，开发人员可将一个模型传递给一个一致性控制器，当控制器检测到模型内部的一致性字段发生变化时，就会将包含这些更新的新模型交给开发人员。一致性控制器使用 GCD 后台队列来计算这些更新，确保主线程不会被阻塞⊖。

这也意味着要摒弃 Core Data 框架，该框架保证了数据的高度一致性，却是以牺牲性能为代价。Meta 工程挑战的讨论和结果和以下两个原因关系密切：

1. 它展示了不变性原则和异步编程的重要性。

2. 它展示了第 3 章讨论的 Core Data 转移的过程。我们提到，Core Data 是一个很好的起点，然而，它有一些性能上的权衡。在链接的论文中，Meta 的工程师们概述了他们如何因 Core Data 中的瓶颈而看到性能下降，然后采用了我们讨论过的相同的权衡策略，加上良好的监控，并决定从 Core Data 迁移到非规范化存储方案。这种思考过程和从 Core Data 迁移的过程是卓越工程领导力的完美范例，而本书的目标旨在教你如何获取、分析，并根据数据做出这些决策，以便为你的应用程序做出合理的决策。

关键要点：面向规模化的设计

在进行规模化设计时，应创建适用于整个应用程序的最佳实践，并将核心组件抽象到一个（或多个）的库中。这样可以进行有针对性的优化，同时提高易用性。你将负责定义应用程序的并发模式，并确保这些模式能够创建一致性的状态。例如，如果你的应用程序有直接与数据库交互的底层库或可能实现自身并发的大型 C 语言库，那么你有责任确保这些库集成在一起后具有良好的性能。即使它们有不同的并发实现库，互斥、限制锁定和分离共享状态的原则仍然适用。此外，如果你想了解如何实现并发功能，那么不妨参考一下 iOS

⊖　https://engineering.fb.com/2014/10/31/ios/making-news-feed-nearly-50-faster-on-ios/

标准库的做法，从中汲取灵感。

最后，在构建库时，并发范式必须标准化，否则库的使用者可能无法在正确的线程上组织调用，并可能导致死锁或其他线程问题。制定全团队范围的标准和实践，可以像不变性一样帮助以及检查应用程序是否在主线程上。这有助于确保在高人员流动率的情况下保持最佳实践，因为在这种情况下，无法保证库的使用者对之前的设计决策有很好的了解。

4.5.2 案例2：构建 Swift 并发

在 Lattner 关于 Swift 并发的提案中，他概述了 Swift 结构化并发的提案，以及在 Swift 中建立一流并发模型的重要性，特别是对于异步操作而言，他指出异步操作是 Swift 必须解决的下一个基本的抽象问题[⊖]：

1. 设计
2. 维护
3. 安全性
4. 可扩展性
5. 性能（挑战目标）
6. 卓越性（提供比其他语言更优的解决方案）

在整个提案中，Lattner 阐述了核心原则，以及为什么提出的 actor 模型能满足这些原则。他明确提到了共享可变状态的坏处，以及 actor 模型如何防止这种情况发生。总体来说，Lattner 谈到了与本章概述相同的原则：

1. 避免共享可变状态。
2. 可靠性。
3. 可扩展性。

关键要点：原则胜过实现细节

在本章一开始，我们主要讨论了实现细节和一些需要考虑的权衡因素。虽然对于技术能力强的团队领导来说，了解实现细节和具体的应用程序接口非常重要，但了解整体并发范例和架构权衡对于确定整个项目的方向也至关重要。在更高的层面上，技术负责人要制定项目的总体方向，并勾勒出关键的里程碑、交付成果以及构建可扩展、可维护解决方案的原则。在上述提案中，Lattner 很好地总结了系统的整体愿景。

4.6 总结

为了提高开发人员使用并发编程的效率，可以添加许多更高级别的抽象封装。不同的公司甚至可能在 GCD 上增加更多定制的封装，或者使用具有自己的 API 和并发管理方式的

⊖ https://gist.github.com/lattner/31ed37682ef1576b16bca1432ea9f782#overall-vision

定制 C 语言级别的框架。作为一名工程师，了解并发编程的基础知识、如何最好地利用所提供的抽象概念，以及可能出现潜在问题的场景是非常重要的。一些最复杂和不一致的错误是与并发编程中的错误有关的。通过了解基础知识和 iOS 的抽象概念，可以帮助减少自己的代码或你审查的代码中的错误。

　　此外，当你开始设计更加复杂的系统时，这些系统可能会与外围设备或客户端定制的基础设施之外的 iOS 框架进行交互，管理并发将变得更加重要且更具挑战性，这将需要依赖于基本原则，并可能需要深入到锁的底层机制中。

4.6.1　本章要点

1. 在 iOS 应用程序中，几乎所有操作都需要多任务处理，即使是像网络请求这样简单的操作也不例外。通过本章对不同并发选项的深入分析，你应该能够选择出最适合的方案。无论是使用 NSURLSession 进行简单的网络请求，还是使用复杂的自定义的多层网络库。
2. 并发基本原则不仅是确保应用程序性能的关键，也是确保其正确性的关键。不遵循这些原则会导致复杂的非确定性错误。
3. 熟悉并发编程的优化技术将使你能够优化应用程序的模型和业务逻辑层，并为新功能提出最佳解决方案。

4.6.2　扩展阅读

1. Apple 文档中的调度队列的文档：
   https://developer.apple.com/documentation/DISPATCH
2. 精通 GCD：
   https://cocoacasts.com/series/mastering-grand-central-dispatch
3. 基于系统层面出色的概述（非 iOS）：
   a. https://go.dev/blog/waza-talk
   b. www.youtube.com/watch?v=cNICGEwmXLU
4. Swift 并发：
   a. https://developer.apple.com/videos/play/wwdc2021/10134/
   b. https://developer.apple.com/videos/play/wwdc2021/10254/

第二部分 *Part 2*

应用程序架构和设计模式

Chapter 5 第 5 章

优质架构的重要性

5.1 概述

在前几章中，我们讨论了对正确编写代码至关重要的 Swift 和 iOS 生态系统概念。如果没有这些基础，程序就无法正确执行。然而，作为一名负责开发应用程序的高级工程师，仅仅编写代码是不够的，还需要一个定义良好的架构。一个定义良好的架构可以让代码修改更容易、测试更方便、开发人员体验更好。在第二部分中，我们将讨论应用程序架构，从组件开始一直到整个应用程序构建。

作为软件工程师，我们的目标是在应用程序中实现功能架构，并在我们的代码中执行最佳实践。虽然我们可以通过多种方式实现这种架构（正如我们将在模块化案例研究中看到的），但几乎所有高质量架构都遵循一些基本原则，这些原则可以为创建具有优质架构的应用程序提供一个模板。

本章将讨论：

1. 什么样的架构是实用且优质的。

2. 为什么优质架构至关重要。

3. 实现优质架构的基本原则是什么。

4. 大型企业中的一些优质架构案例。

接下来我们将深入探讨不同行业的最佳实践中所用到的设计模式，以及这些设计模式如何与编码最佳实践相结合，进而影响普通程序员和首席工程师的编码习惯。

5.2 定义优质架构

优质架构有很多定义，在这里，我们将其描述为可测试和模块化的。首先，模块化应用程序支持单一职责的概念，即每个对象只负责完成一项任务。其次，模块化要求应用程序的不同部分（例如新手引导流程）能够成为独立的模块单元。这大大提高了应用程序的灵活性，因为它使在不同应用程序层中替换组件变得容易——无论是新日志记录依赖项还是新手引导流程。最后，我们希望我们的应用程序是可测试的，因为这将使我们能够对代码的更改充满信心并快速迭代。

为了实现应用程序模块化和可测试性，应遵循软件设计常用的 SOLID 原则。SOLID 的定义如下：

1. 单一职责原则（Single-Responsibility Principle，SRP）：每个类应该只承担一项职责。
2. 开闭原则（Open-Closed Principle，OCP）：软件实体应该可以扩展，但不能修改。
3. 里氏替换原则（Liskov Substitution Principle，LSP）：使用基类指针或引用的函数必须能够使用派生类的对象，而无须知道它是派生类。
4. 接口隔离原则（Interface Segregation Principle，ISP）：客户端不应该被迫依赖它们不使用的接口。
5. 依赖倒置原则（Dependency Inversion Principle，DIP）：依赖抽象，而不是具体实现[⊖]。

将模块化和可测试框架应用于 SOLID 原则

SOLID 原则一直是软件架构的黄金标准。让我们看看模块化和可测试的思想是如何融入这些原则的。

单一职责原则

通过让每个类只承担一项职责，我们可以避免庞大的视图控制器（以及类），实现组件的解耦。我们可以将其视为微观层面上的模块化代码，其中每个类都是一个执行特定任务的模块。

这也适用于测试我们的代码。通过让每个类承担单一职责，我们可以轻松定义类的行为以进行测试，然后编写测试。编写单元测试也有助于我们直观地确保遵循单一职责原则。

开闭原则

模块应该具有可扩展性，以适应新的需求变化。然而，由于变化，模块源代码不应该进行任何修改。考虑一个方法只做一件事。假设它调用了某个 API，该 API 的名称被硬编码到方法中。如果需求发生变化或 API 在不同情况下发生变化，那么我们需要开放该方法来更改 API。如果将 API 作为参数传递，那么方法的行为就可以在不改变源代码的情况下进行修改，从而使其保持封闭。我们可以使用协议来支持类似于这样的更复杂的模块设计。

⊖ Martin,R.C.(2003). *Agile software development:principles,patterns,and practices*.Prentice Hall PTR.

在创建模块化代码时，重要的是考虑代码未来可能发生的变化以及这可能带来的下游影响。在一个代码库中工作，即使看似只是微小的改动也可能花费数周时间，因为它会对代码的其他部分产生额外影响，需要对不相关的模块进行构建和严格测试，这种情况非常令人沮丧。

开闭原则允许我们限制对不相关模块的意外更改。例如，在为修改编写测试时，我们只需要创建单元测试来测试和捕获新功能的行为，我们不需要为那些未发生变化的其他类添加任何新的测试。

里氏替换原则

里氏替换原则（LSP）的核心是超类及其子类的行为。LSP 的目标是允许应用程序用子类对象的实例替换超类对象的实例，而不会破坏应用程序。为了实现这一点，子类对象的行为必须与超类对象的行为一致。这意味着子类需要遵循以下规则：

1. 不要对输入实施任何更严格的验证规则。

2. 至少对所有输出参数应用与父类相同的规则。

为了遵循这些规则，我们必须利用对象组合策略（例如面向协议的编程）或继承来进行实践。为了说明 LSP 原则，我们可以回到之前提到的动物示例。假设我们拥有一个犬科动物类（Canine），一些犬吠叫（bark），而另一些（如狼，Wolf）则嚎叫（howl）。我们可以这样设计：

```
public class Canine{
    public void bark(){}
}
public class GoldenRetriever extends Canine{}
```

GoldenRetriever（金毛寻回犬）能够吠叫，因为它属于犬科，但是有这样一个问题：

```
public class Wolf extends Canine{}
```

之前模型的问题在于，虽然狼是一种犬科动物，但它会嚎叫而不是吠叫。Wolf 类是 Canine 的子类，但是它应该不能使用 bark 方法，这意味着我们违反了 LSP 原则。我们可以通过以下方式定义更好的模型来描述这种关系：

```
protocol Canine{}
class BarkingCanines: Canine {
    public void bark(){}
}
class GoldenRetriever: BarkingCanines {}
class Wolf: Canine{}
```

在这个新示例中，我们通过将 Canine 类拆分成额外的子类型，从而允许它们在发声方式上具有更大的灵活性。通过这种方式，我们使设计更具模块化。我们将犬科动物的概念分解成更小的代码块，然后可以用这些模块化的部分来组合成复杂的犬科动物行为。

从单元测试的角度来看，遵循 LSP 原则带来的影响类似于遵循开闭原则带来的影响。

只需要针对新功能编写单元测试，因为遵循 LSP 原则的代码，应用程序的其他部分应该不会受到影响，保持稳定。

接口隔离原则

接口隔离原则易于理解，旨在防止客户端被迫依赖于它们不需要的接口。接口隔离原则减少了副作用和频繁更改的需要，因为它将软件分为独立的部分。尽管如此，随着软件的改进和添加新功能，重要的是记住正确确定新方法和功能的归属位置，以及如何将它们分隔到模块中。

依赖倒置原则

依赖倒置原则（DIP）确保包含复杂逻辑的高层模块可以重用，而不受提供实用功能的低层模块更改的影响。为了实现这一点，DIP 提倡使用抽象层来区分高层和低层模块，并强制执行这种分离，遵循以下原则：

1. 高层模块不应该依赖低层模块，两者都应该依赖抽象层。

2. 抽象层不应该依赖细节，细节应该依赖抽象层。

依赖倒置原则并不改变依赖的方向，而是通过创建抽象层来处理不同模块之间的交互。

从测试的角度来看，使用依赖倒置原则可以大大提高代码的可测试性。注入模拟依赖对象可以确保测试类按预期运行。此外，为了测试更复杂的行为或进行集成测试，我们可以注入测试依赖项到更高层级并测试交互。

相反，为了测试，我们可以使用针对单个类级别的模拟对象或创建模拟对象的模拟框架。虽然模拟是一种快速简便的方法，但随着使用量和变化的增加，它会累积成技术债务。因此，为了提高可测试性，依赖倒置原则是更好的选择。

我更喜欢将优质的应用程序架构定义为模块化和可测试的，而不是死记硬背 SOLID 所代表的所有原则。这是因为无论我们现在使用或可能使用的设计模式、架构范式或发布策略是什么，考虑到未来的创造，我们总是希望遵守这些基本原则。我们可以轻松理解如何将应用程序组件抽象成模块化单元以及如何测试所有内容来构建设计决策。这些测试方法包括隔离测试（单元测试）、集成测试和实际用户测试（内部测试或某种 alpha/beta 测试）。一旦确定了设计决策，我们就可以着眼于应用经过验证的设计模式，以可扩展的方式实现我们的目标。最后，为了确保可测试性和应用程序的正确性，我们希望将开发运营基础设施纳入整体计划中。这将允许分发构建版本并从测试中收集可操作的数据（日志记录和错误报告），并通过使用这些基础设施来实现我们的目标。

5.3　模块化

模块化原则超越了 SOLID 设计原则，并包含了构建器模式和外观模式等设计模式。无论你是在设计组件还是在设计更广泛的应用程序，都必须在每个应用程序级别（设计模式、不同的框架和整体应用程序架构）考虑模块化。

如果一切都耦合到一个框架或库中，那么应用程序也会变得难以管理，即使使用最好的设计模式。这种耦合会导致大型软件团队的构建速度慢、合并冲突复杂、所有权模式复杂。让我们看看 Uber 在拆分其打车应用程序方面的案例研究，以更好地说明紧耦合应用程序的缺陷。

5.3.1 模块化案例研究

Uber 的规模化重设计

2009 年，Uber 决定完全重新设计打车应用程序。当时，Uber 在扩展其代码库时遇到了问题，这些问题与之前的设计决策有关，Uber 认为与持续妥协相比，重新设计可以使其更自由地构建更适合架构的新功能。具体来说，Uber 表示，行程模块变得过于复杂，难以测试。合并小改动可能会破坏应用程序的其他部分，这样就不得不对其他模块进行调试，从而阻碍了 Uber 的未来增长步伐[⊖]。

为了缩小模块规模，Uber 摒弃了传统应用程序架构模式，创建了 RIBLETS。每个 RIBLETS 包含一个路由器、交互器、构建器以及可选的展示器和视图。在 RIBLETS 内部，路由器和交互器处理业务逻辑，而展示器和视图处理视图逻辑。通过这种方式，RIBLETS 实现了模块化，然而它们也需要彼此交互。为了实现这一点，RIBLETS 的交互器会进行服务调用来获取数据。数据流是从服务到模型流再从模型流到交互器的单向流动。模型流会产生不可变的模型，从而强制交互器类使用服务层来更改应用程序的状态。

通过这种方式，在功能层面上，一个使用 RIBLETS 的工程师在编写司机评分模块时，默认会将业务逻辑、视图逻辑、数据流和路由分开，从而构建出一个模块化组件。在整个应用程序层面上（一个负责开发日志库的工程师团队），这个框架为 Uber 中不同流（由 RIBLETS 构成）的关注点提供了清晰的分离，帮助防止应用程序未来的复杂性日益增加。

虽然 RIBLETS 不是传统的 iOS 应用程序架构（尽管它确实遵循函数响应式编程数据流），但它确实通过明确分离关注点来实施模块化，从而为整个公司的工程师提供了可扩展的基础。即使工程师们完美地使用了 Gang of Four 设计模式，他们仍然会遇到同样的问题，即由于大型模块而变得越来越复杂，需要一种更好的方法来实施模块化。

创建 ComponentKit

Meta（前身为 Facebook）通过创建用于复用 iOS 视图的 ComponentKit，再次展示了模块化的重要性。

ComponentKit 的创建是为了解决需要大量命令式代码的用户界面构建问题。它强调从不可变模型到不可变组件的单向数据流，并描述了视图应该如何配置。ComponentKit 采用

⊖ https://eng.uber.com/new-rider-app-architecture/

了一种函数式、声明式的方法来构建用户界面[⊖]。

最初，ComponentKit 在 Facebook 上推出，带来了许多好处，包括以下几点：

1. 通过移除手动和复杂的布局代码，将渲染代码的规模缩减了 70%。

2. 通过创建更扁平、更优化的组件视图层级，显著提高了滚动性能。

3. 通过简化模块化 UI 的构建，使其易于独立测试，从而提高了测试覆盖率。

虽然 ComponentKit 最初的目标是通过以声明式的方式构建视图层次结构来减轻命令式代码的负担，但将 ComponentKit 抽象成可重用模块的最终结果为性能优化提供了绝佳方式。现在，ComponentKit 网站[⊜]提供了一个性能出色的声明式布局框架，具有以下特点：

1. 异步布局能够提前对 UI 进行布局，而不会阻塞 UI 线程。

2. 更扁平的视图层次结构减少了 UI 包含的 UIView 数量，并提高了内存和滚动性能。

3. 细粒度的视图回收减少了对多个视图类型的需求，并改善了内存使用和滚动性能。

Meta 将 ComponentKit 拆分成独立的模块，使得一个专门的工程师团队能够优化其性能。这也让公司内的其他工程师能够利用所提供的功能。这是模块化的又一大胜利！

Airbnb 为提高生产力而设计

Airbnb 的 iOS 应用程序不断增长，给其移动工程师带来了许多挑战。工程师很难找到通用功能的现有实现，因为他们的大部分代码都集中在一个文件夹的模块中。此外，随着越来越多的工程师不断迭代复杂功能，应用程序本身也越来越庞大。代码库的扩大导致了许多与 Xcode 相关的问题。随着 Xcode 项目文件数量的增加，Airbnb 发现审查它们变得越来越困难，由此导致的合并冲突和竞态条件阻碍了团队快速迭代。当加载包含所有源代码的工作区时，Xcode 需要 1 ～ 2 分钟才能变为可交互状态。iOS 工程师开始将大部分时间花在等待代码编译和构建上，而不是开发新功能[⊛]。

为了解决这些问题，Airbnb 进一步模块化了其代码：

1. 采用 Buck 作为现代构建系统。Buck 提供了构建产物的网络缓存、构建图的查询接口，以及一种无缝添加自定义步骤作为依赖项的方式，从而大大提高了构建速度。

2. 将代码从扁平文件夹移动到具有模块类型（语义上有意义的模块组）的层次结构中。每个模块类型都有一组严格的可见性规则，定义允许的依赖项，包括不能相互依赖的功能模块。严格的可见性规则强制执行封装，并进一步模块化 Airbnb 应用程序。

3. 创建 Dev App。Airbnb 对 Buck 的使用和它强大的模块化功能使得创建 Dev App 成为可能。Dev App 是一个按需的、临时的 Xcode 工作区，用于单个模块及其依赖项。将 IDE 范围最小化，仅限于需要编辑的文件，通过限制构建和编译时间，大大减少了开

⊖ https://engineering.fb.com/2015/03/25/ios/introducing-componentkit-functional-and-declarative-ui-on-ios/

⊜ https://componentkit.org/

⊛ https://medium.com/airbnb-engineering/designing-for-productivity-in-a-large-scale-ios-application-9376a430a0bf

发大型应用程序的难度。

采用模块类型使得 Airbnb 得以打破功能单元之间的高成本依赖关系。现在模块之间的依赖关系被最小化，这确保了构建单个功能模块及其所有依赖项的成本远远低于构建整个 Airbnb 应用程序。由于功能模块不能依赖于其他功能模块，因此不存在可以传递构建整个应用程序的超大功能模块的可能性。引入现代构建系统进一步允许 Airbnb 创建 Dev App，这提高了代码所有权和开发人员的生产力，使工程师摆脱了大型应用程序开发的限制。

5.3.2 模块化总结

在设计整个应用程序时，设计是各个子系统设计的总和。虽然每个子系统都应该利用优质的架构原则和设计模式，但如果仅仅是将这些子系统简单地混合在一起，这是不够的。模块化的总体目标就是避免这种混合，以便轻松地从子系统构建应用程序、缩短构建时间、实现更好的代码复用（例如，共享的 UI 库或优化的网络栈）。

5.4 可测试性

良好的实用架构易于扩展和迭代，并能够快速构建和迭代功能以实现业务目标。对功能进行构建和迭代很大程度上取决于更改和测试其正确性的便利性。一个架构良好但没有经过测试的应用程序会导致进程缓慢，因为所有的更改都需要大量的手动测试。在理想情况下，工程师可以做出无副作用的简洁代码更改。但是，为了确保万无一失，我们仍然需要进行验证。

通过集成测试套件和高质量的自动化单元测试，开发人员可以非常确信他们的修改是正确的。然而，可测试性并不止于此——无论我们做出什么修改，都必须确保它不会影响应用程序的整体体验。此外，用户界面的修改必须遵守所有设计规范，这有时需要人工评估。为了加快这一过程并确保良好的覆盖率，团队可以使用以下方法来收集用户反馈：QA 资源、用户界面快照测试和内部测试。为了简化这三种功能，需要开发运维基础设施，例如，自动构建 / 分发管道和高保真日志记录。这些评估完全属于可测试性领域，同样对于构建高质量架构至关重要。

5.4.1 测试案例研究

大规模测试与 Meta 的 Sapienz

Meta 在移动应用程序的集成测试方面投入了大量精力和关注。Meta 对回归检测框架进行了大量投资，包括 Sapienz。为了支持这些工作，Meta 创建了一个大型分布式测试框架，允许工程师通过访问数据中心中可用的数千台移动设备来运行测试。

此外，Meta 还构建了一个名为 One World 的全新统一资源管理系统，用于托管这些设备和其他运行时，如网络浏览器和模拟器。Facebook 的工程师可以使用单个 API 与测试和其他自动化系统中的这些远程资源进行通信。One World 的目标是支持工程师可能想要与远程运行时一起使用的任何应用程序，并且只需对代码或环境进行最少的修改，即可提供远程设备在本地连接的错觉。为了支持这一点，Meta 构建了一个由以下四个主要组件构成的系统：

1. 运行时工作服务：每种资源类型都有自己的运行时工作服务，该服务在管理资源的机器上运行。工作服务管理资源的生命周期，并响应客户端请求以使用其资源。

2. One World 守护进程：这个轻量级服务运行在将要连接到远程资源的机器上，并创建环境，以允许本地进程与远程资源进行通信。

3. 调度器：调度器将客户端与满足其指定要求的可用工作服务进行匹配。

4. Satellite：工作服务的最小部署，允许工程师将本地资源连接到全球 One World 部署[○]。

此外，Meta 还大力投入了 Sapienz 系统。Sapienz 利用自动化测试设计技术，使测试过程更加快速、全面和高效。Sapienz 最初源于一篇研究论文，它利用机器学习来理解并设计最适合持续运行的集成测试。Sapienz 系统显著加快了测试进程，并且误报率极低。其中 75% 的 Sapienz 报告都是可操作的，并会最终修复问题[○]。

Meta 花了很多时间和精力来设计 iOS 应用程序生态系统，以支持自动化集成测试，这种低成本、成功率高的测试让工程师对自己的代码更改充满信心。正如 Meta 所表明的，对可测试性的投资本身就可以成为庞大的项目。

Ziggurat Square 的可测试架构

Ziggurat 是一种分层的、可测试的架构模式，它采用了不可变的视图模型和单向数据流，由 Square 开发，旨在提高可测试性并避免庞大的视图控制器。

为了实现这一目标，Ziggurat 引入了一系列组件：

1. Service 组件包含应用程序的大部分业务逻辑，并且是唯一更改底层状态的层。这种分离保证了所有后续层的不可变性。

2. Repository 组件抽象了输入 / 输出的细节。

3. Presenter 组件通过 Service 对象来生成 ViewModel。它本身没有状态。

4. ViewModel 被传递给 ViewController 以进行更新。ViewModel 是一个包含简单类型的不可变结构。

5. ViewController 管理视图层级并响应用户操作。遵循单向数据流，ViewController 不能查询其他对象。相反，当新数据可用时，它们会用新数据更新。

---

6. View 以 UI 样式为中心，由 ViewController 拥有并管理其生命周期。

7. Renderer 侦听状态变化信号并协调应用程序更新。

8. Context 是一个懒加载对象，内部是一个图结构，用于存放上下文依赖。

将上下文作为主要设计原则纳入，表明 Square 致力于利用依赖注入并遵守依赖反转原则。因此，Square 的工程师能够通过发现依赖关系图中的循环依赖来解决最初设计中的缺陷。之后，Ziggurat 模式引入了依赖注入，这使添加测试变得更加简单。例如，我们将结构体作为预期输出与视图模型层进行比较。在 MVC 中，这是不可行的⊖。

5.4.2 可测试性总结

尽管测试在软件工程中并不是最引人注目的任务，但它仍然非常重要。正如 Meta 所做的，测试不仅可以影响我们的架构，还可以发现更多可能性。正如 Square 在开发 Ziggurat 架构时所做的，测试变得越来越重要，包括分布式系统和研究支持的机器学习工具，以确保应用程序的正确性。

5.5 选择一个架构

虽然我们讨论了优质的架构原则，但我们没有讨论如何选择正确的架构。事实上，选择架构模式并不那么重要，重要的是遵循架构最佳实践来达到理想状态。通过花时间了解想要解决的问题，你可以集中精力在应用程序架构的最有影响力的方面。这些问题中的许多将是独特的，正如 Square 开发 Ziggurat。但是，通过了解系统设计的原则，你可以将它们应用于任何用例。

在应用系统设计原则之前，我们仍然需要评估架构决策。这需要倾听我们周围的人及他们的问题，并积极思考如何改进，以确定我们试图解决的关键问题。例如：

1. 为什么本应小的重构经常比预估的时间要长得多？

2. 工程师是否经常复制他人的代码，发现自己在编写相似的代码？

3. 简单的更改是否经常会破坏生产代码中无关的部分？

4. 工程师在代码库中工作时感觉效率高吗？

5. 代码库难以理解吗？

此外，利用项目复盘这个有用的工具，可以帮助挖掘这些信息。

5.6 总结

一旦我们收集了应用程序架构所需的信息，就可以利用本章讨论的最佳实践知识和系统设计原则来创建最佳解决方案。本章是我们首次涉足应用程序架构领域。在第二部分的

⊖ https://developer.squareup.com/blog/ziggurat-ios-app-architecture/

剩余章节中，我们将进一步回顾设计模式，为定义和实施优质架构奠定基础。

在第二部分的后续章节中，我们将进一步讨论架构，其中包括常见应用程序架构模式和特定设计模式。这些设计和架构模式是整个应用程序开发的重要组成部分，是模块化应用程序的构建基石。

5.6.1 本章要点

1. 优质架构可以采用多种形式，无论是使用通用的 iOS 架构模式，如 MVVM 或 VIPER（视图、交互者、演示者、实体、路由器，View，Interactor，Presenter，Entity，Router），还是采用定制化的解决方案，如 Uber 的 RIBLETS 或 Square 的 Ziggurat。
2. 无论采用何种架构模式，始终保持模块化和可测试性的关键原则至关重要。遵循这些原则，无论你构建什么应用程序，都将以可扩展性、灵活性和具有最大限度的可测试性完成。
3. 为了使应用程序能够持续扩展，必须考虑开发者和测试者生态系统，这是审查应用程序架构时经常忽视的一个重要因素。

5.6.2 扩展阅读

1. *Design Patterns:Elements of Reusable Object-Oriented Software*
2. *Clean Architecture:A Craftsman's Guide to Software Structure and Design*

常见的设计模式

6.1 概述

我们已经讨论了优质架构的重要性并将其定义为模块化且可测试的。现在，我们应该开始实现。为了实现优质架构，我们需要从正确的构建基础开始，而优质架构的基石是设计模式。设计模式为创建可扩展、可读和可维护的软件奠定了基础。设计模式使用已验证的最佳实践来使代码易于理解并防止代码变成难以维护的"意大利面条式"代码，我们可以将设计模式扩展到应用程序级别的架构模式。

本章概要

本章将帮助你创建完美的应用程序。我们将重点介绍一些应用于 iOS 开发的最普遍和最著名的设计模式。基于本章的内容，后续章节将讨论应用程序级设计模式（我们称为应用程序架构模式）。本章我们将介绍设计模式的类型以及具体的设计模式，包括：

1. 代理模式
2. 外观模式（伪代码作为示例）
3. 工厂模式
4. 单例模式
5. 依赖注入（伪代码作为示例）
6. 建造者模式
7. 协调器模式（伪代码作为示例）
8. 观察者模式

为了让你更好地理解上述设计模式，我们已将 Swift 代码包含在与此相关的 GitHub 仓库中。为了使部分设计模式更容易理解，我们将相关代码以伪代码形式展示。尽管伪代码无法编译和运行，但它可以让你更容易理解代码的结构和逻辑。

伪代码专门用于需要从整体上看待系统才能显示其价值的设计模式。这些模式将在其他章节中作为完整功能应用程序示例的一部分进行实现，这些章节将作为参考资料进行标注。

6.2 为什么设计模式是程序设计的基石

正如前面提到的那样，我们希望我们的 iOS 应用程序是模块化的且可测试的。这使我们能够将代码拆分成可重用的对象，并将大型应用程序拆分成独立构建的模块（库和框架），以减少构建时间和大小，并促进更快的开发和代码重用。实现这一点需要大量的经验和知识，并且通常需要多次重新设计。软件工程师必须经常进行软件重新设计，但了解最佳实践可以减少需要重新设计的次数。通过使用设计模式，我们可以利用更广泛的工程社区过去积累的经验，避免经常需要重新设计的情况。

移动工程师的特定需求

作为 iOS 工程师，我们的主要工作集中在开发以用户为中心的应用程序，我们将其定义为应用程序级开发（专注于用户交互的 iOS 开发层——模型视图控制器层）。在应用程序层，我们最关心代码的重用性、可维护性和可扩展性，以加快迭代。设计模式有助于代码重用，简化开发过程，并帮助分离底层库和框架。

然而，将 iOS 开发归类为应用程序层开发是不够全面的。将组件抽象成库和框架至关重要，以保持可控的编译时间并利用共享或现有框架来加快开发速度。大规模的 iOS 开发更关注管理栈中不同层级的众多框架并确保它们以结构化方式协同工作。

为了创建具有优质架构的框架应用程序，我们首先需要确保框架本身具有优质架构。将框架分为不同的设计模式可以实现这一点。事实上，由于框架必须适用于所有应用程序，并且与其他框架以及常见的 iOS 应用程序架构良好交互，因此它几乎比面向用户的应用程序设计更重要。

注释 框架是一组类或库，构成了特定软件类别的可重用设计，例如 UiKit，它提供了构建应用程序所需的核心对象。

6.3 设计模式

6.3.1 总体主题

设计模式通常被划分为创建型、结构型或行为型，其中：

1.创建型设计模式专注于对象创建过程。

2.结构型设计模式关注于类或对象的组合。

3.行为型设计模式关注类或对象如何相互作用及分配职责。

除了传统的设计模式外，我们还引入了委托、协调器和依赖注入等概念。我们认为，这些概念应该与经典设计模式并列，因为它们在 iOS 开发中广泛使用，并且非常适用于设计模块化和可测试的 iOS 应用程序。尽管如此，*Design Patterns: Elements of Reusable Object-Oriented Software* 未包含这些概念。

创建型设计模式

创建型设计模式有助于构建系统，使其独立于对象创建和组合。典型的面向对象创建型模式将实例化任务分配给另一个对象。随着移动应用的增长，创建型模式变得重要，因为它们增加了管理系统复杂性和模块化。

创建型设计模式需要编写比直接实例化类更多的样板代码来创建具有特定行为的对象，因此需要更少的行为来定义对象，并通过组合这些对象来实现更复杂的功能，这有助于构建更模块化的系统。值得注意的是，使用创建型设计模式创建具有特定行为的对象需要编写更多的样板代码。

每个创建型设计模式都包含其所使用的特定类的信息。大多数应用程序只能使用 Swift 协议或基类定义的接口来访问对象。这为接口背后存在的行为提供了很大的配置空间和灵活性。对象行为可以在编译过程中静态确定（如果使用结构体）或动态确定（如果使用类）。第 2 章提供了有关 Swift 内存管理的更多信息。

结构型设计模式

基于对象的结构型设计模式依赖于对象组合，而基于类的模式依赖于继承。我们将主要关注基于对象的结构型设计模式，因为它描述了如何组合对象以创建更大的结构和新功能，同时保持这些结构的灵活性和高效性。

行为型设计模式

行为型设计模式描述了对象之间的通信，并根据对象如何相互连接来描绘复杂的控制流。在 iOS 开发中，最常见的一种行为型设计模式是责任链模式，它支持 iOS 响应者链（例如点击等用户界面交互）。责任链模式通过向一系列（链）候选对象发送请求来实现松耦合，其中任何一个候选对象都可能在运行时满足请求。

6.3.2 代理模式

一种促进对象组合的继承替代方案

问题

假设有一个类 **Oracle**，它实现了一个 **whatIsTheMeaningOfLife** 方法。现在在我们的程序中，我们想要一个自定义版本的这个方法，如果我们处于银河系漫游指南模式，它能够回答 42[42 是道格拉斯·亚当斯所作的小说《银河系漫游指南》（*The Hitchhiker's Guide to the Galaxy*）中"生命、宇宙以及任何事情的终极答案"]。为了解决这个问题，我们创

建了一个名为 **HitchhikersOracle** 的 **Oracle** 的特殊子类，在这个子类中，我们将重写 **whatIsTheMeaningOfLife** 方法来自定义其行为。

由于它在 **Oracle** 中引入了子类和基类之间复杂的关系，这可能会带来问题。子类继承了 **Oracle** 能够处理的所有信息，因此我们必须将子类中的方法与 **Oracle** 中的方法结合起来。这需要对 **Oracle** 有一个详细的了解，从而使这两个实体紧密联系在一起。这种耦合使代码不易修改，并可能产生不可预测的后果。

解决方案

可以使用代理模式来解决上述问题，代理模式的目的是允许一个对象以解耦的方式与其拥有者进行通信。通过不要求一个对象知道其拥有者的具体类型，我们可以编写出更容易复用和维护的代码。代理在某种程度上类似于继承，其中子类将行为推迟到父类，同时提供更松散的耦合。

架构

在代理模式设计架构图（见图 6-1）中，概述了以下内容：

1. 委托对象通常是需要将某些行为委托给其他对象的类。委托通常以弱引用的形式持有，以避免循环引用问题。例如，委托对象持有委托，而委托又持有委托对象，这样就会形成循环引用，导致内存泄漏。
2. 代理协议定义了代理对象需要实现的方法。
3. 代理对象是实现委托协议的辅助对象。

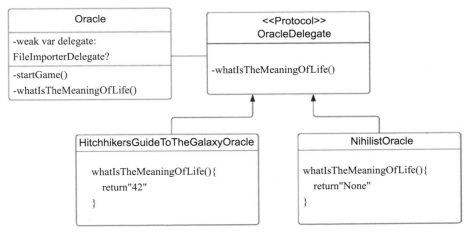

图 6-1 代理模式架构

当使用代理协议而不是具体对象或子类时，代码更加灵活。

示例代码

为了使用代理模式实现我们的代码，我们首先需要创建一个代理协议，然后让需要代理的对象对其持有一个弱引用。

```swift
protocol OracleDelegate: AnyObject {
  func whatIsTheMeaningOfLife() -> String
}

class Oracle {
  weak var delegate: OracleDelegate?

  func whatIsTheMeaningOfLife() {
    guard let d = delegate else { return }
    print(d.whatIsTheMeaningOfLife())
  }
}
```

我们同样也会在《银河系漫游指南》版本中应用代理模式。

```swift
class HitchhikersGuideToTheGalaxyOracle {
  func whatIsTheMeaningOfLife() {
    return "42"
  }
}
```

最后，我们可以将代理连接到 Oracle，以便 Oracle 可以适当地委托其行为。

```swift
let h = HitchhikersGuideToTheGalaxyOracle()
let oracle = Oracle()
oracle.delegate = h
oracle.whatIsTheMeaningOfLife()
// 42
```

当然我们也可以通过使用闭包来实现类似的代理行为。以下是使用闭包实现 Oracle 的
代码示例：

```swift
class OracleClosure {
  private let meaningOfLife: () -> Void

  init(predicate: @escaping () -> Void) {
    self.meaningOfLife = predicate
  }

  func whatIsTheMeaningOfLife() {
    meaningOfLife()
  }
}
// playing on nihilist mode
let meaningOfLife = {
  print("there is none")
}
let newOracle = OracleClosure(predicate: meaningOfLife)
newOracle.whatIsTheMeaningOfLife()
// there is none
```

代理模式总结

代理模式是 Apple 生态系统的重要组成部分，因为它对于使用许多内置功能（如 **UITable-VieweControllers**）至关重要，所以在许多情况下是理想的选择。

1. 代理模式简化了行为的组合，并且可以轻松改变它们的组合方式。
2. 如果协议代理缺失，则会导致不明确的决策。
3. 尽管委托的耦合性不如继承，但仍然会产生对象之间的耦合，这些耦合可以通过使用闭包来避免。
4. 大多数 iOS 开发人员都熟悉基于协议的代理模式。

6.3.3　外观模式（结构型）

问题

作为一名工程师，你正在为新组件视图添加显示朋友照片的新功能。除了创建组件并将其与各种应用程序导航链接之外，你还需要创建一个新的网络请求。当前的网络库非常复杂，需要初始化大量必要的对象，这些对象用于缓存和其他定制的网络请求库部分，并且必须以特定的顺序执行。

第二天在站会上，你说进度比预期慢，并将截止日期推迟到下一个迭代。你还解释说，延迟的原因是需要了解网络库的内部工作原理，而不是只关注你的组件的业务逻辑。

解决方案

使用外观模式。外观是一个对象，它为复杂的子系统提供了一个简单的接口。外观将复杂子系统的功能包装在一个易于使用的外部 API 中，但它应该只包含客户端真正关心的功能，从而极大地提高开发速度和总体可维护性。

使用外观模式将使我们能够将新图像组件与复杂的网络库集成在一起，而无须了解其内部机制。

外观模式架构

外观模式为子系统的功能提供了便捷的访问方式。使用外观模式，底层库利用其自身的类和子系统来实现所需的功能，并了解如何引导客户端的请求。

为了避免使用子系统库，客户端直接使用外观模式。在这种情况下，复杂的子系统是一个由数十个与缓存和网络请求相关的对象组成的网络库。在外观模式背后，对象被正确地编排，允许你作为网络库的用户调用方法，而不是直接编排网络请求的所有对象。如图 6-2 所示，客户端只需要关心发起请求，其他细节被抽象到复杂的子系统中。

外观模式伪代码

本章不提供任何代码示例，因为这种模式主要涉及与子系统的链接。然而，第 3 章提供了 Repository 模式的实践例子，这是一个外观模式的例子。此外，第 7 章将利用外观模式实现模型视图控制器架构模式。你可以参考这些代码示例。在本章中，我们概述了这种模式，但不涉及其实现的全部细节。

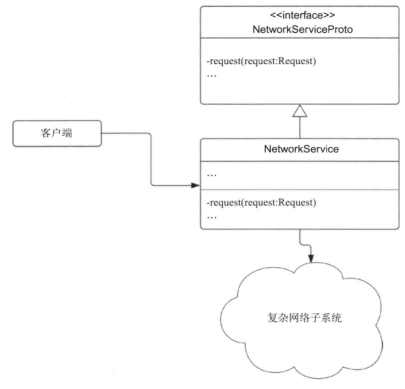

图 6-2 外观模式

```
class NetworkFacade {
  // local vars required for the Facade
  //potential examples
  let cache: CacheProto
  let socket: SocketProto
  let mediaUploader: MediaUploaderProto

 //skip init, could use dependency injection here
  func request(request: Request) -> RequestCompletion {
    // fulfill network request
  }
}
```

客户端只需要调用如下方法：

```
networkFacade.request(request: myNetworkRequest)
```

外观模式总结

通常来说，外观模式在隔离代码与子系统的复杂性方面表现出色，促进了弱耦合。这可以加速开发，并且在子系统的组件发生变化时，外观的用户不会受到影响，这有助于区分关注点。

除了加速开发，外观模式带来的松耦合还有助于构建系统层次结构。在 iOS 开发中，使用外观模式将数据层和应用程序层分开是常见的。减少对象之间的依赖以及能够独立编译应用程序层和子系统是这样做的好处之一。通过减少这种编译依赖，可以减少整个系统中的局部改动导致的重新编译时间。

外观模式的另一个好处是它并不固有地阻止子系统中的类访问，这让用户可以选择易用性和可定制性。

外观模式的一个常见问题是，如果管理不当，那么外观可能会变成一个与应用程序的所有类耦合的全能对象。这会使外观失去与特定子系统的联系，并倾向于管理所有子系统。因此，定义外观的职责至关重要。

注释　在 iOS 应用程序中，仓储模式是外观模式的一个常见应用。外观模式也称为"仓储模式"，专门用于处理数据层。

6.3.4　建造者模式

创建型模式

问题

假设你正在一家移动游戏初创公司工作，并在其现有游戏引擎之上构建一个全新的、前所未有的《大富翁》扩展包。游戏引擎包含许多复杂的对象，并且由于这些对象被用于许多不同类型的游戏，因此需要逐步初始化许多字段和嵌套对象。初始化代码隐藏在一个包含许多参数的庞大构造函数中，当你尝试构造和子类化适用于你的回合制游戏的适当对象时，推理变得困难。

随着扩展包的推出，《大富翁》游戏版图仍将保持一个主题、一个起始余额以及许多其他与目前的游戏板类相同的属性。然而，随着新扩展包的推出，它们还将增加地产、新的地产颜色以及更高的起始余额。为了解决这个问题，你应该扩展基础游戏板类并创建一组子类来覆盖所需参数的组合。一些其他游戏的开发者已经开始这样做，但随着新参数的增加，应用程序变得臃肿。

在寻找替代方法时，考虑在基类中直接创建一个巨大的构造函数，包含控制对象的所有可能参数。这种方法避免了对子类的需要，但它带来了另一个可能更危险的问题。例如，一个构造函数可能包含许多可能不会使用的参数，标准《大富翁》游戏中没有扩展包选项。

解决方案

使用建造者模式。建造者模式是一种创建型设计模式，允许以逐步的方式构建复杂对象，并允许使用相同的底层构造代码创建对象的不同类型和表现形式。这减少了保持可变状态的需要，导致对象更简单且通常更可预测。此外，通过使对象变得无状态并允许创建对象的不同表现形式，建造者模式使测试更容易。

注释 显式建造者模式在应用程序级别上更为常见，尽管它在 Apple 平台上不常见。

建造者模式的架构

建造者模式包括三个核心模块：

1. 产品类是由建造者模式生成的复杂对象类型。在示例中，这就是《大富翁》游戏棋盘。
2. 建造者协议定义了创建对象所需的所有步骤的抽象表示。包含的 build() 方法用于返回最终产品。
3. 具体建造者实现。相关的具体子类实现了协议中定义的行为。任意数量的具体建造者类可以实现建造者协议。这些类包含了创建一个特别复杂产品所需的必要功能。

在 iOS 中还有一个不太常见的第四实体，即导演类（Director）。导演类控制调用构建步骤的顺序，以便你可以创建和重用特定配置的构建器。导演类对象包含一个参数，以捕获用于生成的构建器对象。此外，导演类可以与客户端代码一起工作，允许使用相同的构建步骤创建多种产品变体。图 6-3 显示了所有四个实体。

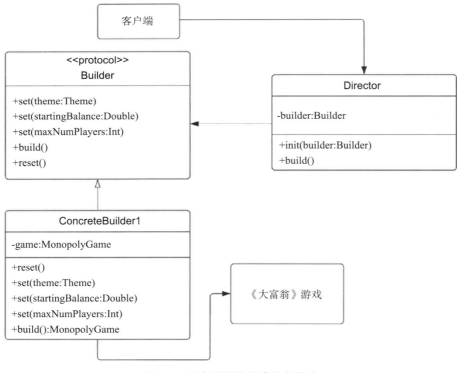

图 6-3　具有导演类的建造者模式

建造者模式示例代码

```
enum Theme: String {
  case `default`, darkMode, monopoly
```

```swift
}
// Monopoly does not share a common protocol with other games
struct MonopolyGame {
  let maxNumPlayers: Int
  let theme: Theme
  let startingBalance: Double

  init(maxNumPlayers: Int,
       theme: Theme,
       startingBalance: Double) {
    self.maxNumPlayers = maxNumPlayers
    self.theme = theme
    self.startingBalance = startingBalance
  }

  func printObj() {
    print("maxNumPlayers: \(maxNumPlayers), " +
          "theme: \(theme), " +
          "startingBalance: \(startingBalance)")
  }
}

protocol MonopolyGameBuilderProto {
  func setTheme(_ theme: Theme)
  func setStartingBalance(_ startingBalance: Double)
  func setMaxNumPlayers(_ maxNumPlayers: Int)
  func reset()
  func build() -> MonopolyGame
}

class MonopolyGameBuilder: MonopolyGameBuilderProto {
  public private(set) var maxNumPlayers: Int = 0
  public private(set) var theme: Theme = .default
  public private(set) var startingBalance: Double = 200
  func setTheme(_ theme: Theme) {
      self.theme = theme
  }

  func setStartingBalance(_ startingBalance: Double) {
      self.startingBalance = startingBalance
  }

  func setMaxNumPlayers(_ maxNumPlayers: Int) {
      self.maxNumPlayers = maxNumPlayers
  }

  func reset() {
      self.theme = .default
      self.maxNumPlayers = 0
      self.startingBalance = 200
  }
```

```
    func build() -> MonopolyGame {
        return MonopolyGame(
          maxNumPlayers:maxNumPlayers,
          theme: theme,
          startingBalance: startingBalance
          );
    }
}

// The director which is responsible for executing the building
steps in sequence.
class MonopolyGameDirector {
        let builder: MonopolyGameBuilderProto
        init(builder: MonopolyGameBuilderProto) {
          self.builder = builder
        }

    func buildStandardMonopolyGame() {
      // separate enum not documented here that
      //contains UI theme information
      builder.reset()
      builder.setTheme(.monopoly)
      builder.setStartingBalance(200)
      builder.setMaxNumPlayers(8)
    }

    // the director allows for the building of
    // product variations such as the expansion pack
}
// client code creates the builder object,
// passes it to the director and initiates
// the construction process.
class GameManager {
    func makeMonopolyGame() {
      let monopolyBuilder = MonopolyGameBuilder();
      let gameBuilder = MonopolyGameDirector(
          builder: monopolyBuilder);

      gameBuilder.buildStandardMonopolyGame();
      // Here final object is retrieved from the builder
      // object directly since the director isn't
      // aware of and not dependent on concrete
      // builders and products.
      let game = monopolyBuilder.build()
      game.printObj()
    }
}
GameManager().makeMonopolyGame()
// maxNumPlayers: 8, theme: monopoly, startingBalance: 200.0
```

注：一个更简单的建造者

尽管传统的建造者模式提供了更多的抽象层和结构，但我们也可以看到更精简的建造者模式。这个版本保留了模式的基本原则，但删除了一些样板代码。然而，如果没有导演类，那么每个客户端都必须了解建造流程，这在拥有大量工程师的代码库中可能会导致问题。以下建造者模式的例子位于 Swift 标准库的 URL 和 Regex 库中，记录在提案 56607 中[⊖]。

```swift
enum Theme: String {
  case `default`, darkMode, monopoly
}
struct MonopolyGame {
  var maxNumPlayers: Int = 0
  var theme: Theme = .default
  var startingBalance: Double = 200

  func printObj() {
    print("maxNumPlayers: \(maxNumPlayers), " +
        "theme: \(theme), " +
        "startingBalance: \(startingBalance)")
  }
}
class MonopolyGameBuilder {
  private var maxNumPlayers: Int = 0
  // separate enum not documented here that contains
  // UI theme information
  private var theme: Theme = .default
  private var startingBalance: Double = 200

  func set(maxNumPlayers: Int) -> Self {
    self.maxNumPlayers = maxNumPlayers
    return self
  }

  func set(theme: Theme) -> Self {
    self.theme = theme
    return self
  }

  func set(startingBalance: Double) -> Self {
    self.startingBalance = startingBalance
    return self
  }

  func reset() {
      // reset builder values
```

⊖ https://forums.swift.org/t/url-formatstyle-and-parsestrategy/56607

```
    }
    func build() -> MonopolyGame {
      return MonopolyGame(
        maxNumPlayers:maxNumPlayers,
        theme: theme,
        startingBalance: startingBalance
      );
    }
}
let monopolyGame = MonopolyGameBuilder()
      .set(maxNumPlayers: 10)
      .set(theme: Theme.default)
      .set(startingBalance: 100)
      .build()
monopolyGame.printObj()
// maxNumPlayers: 10, theme: default, startingBalance: 100.0
```

建造者模式总结

当对象构造函数包含大量字段时，建造者模式是一个不错的选择。

优点

1. 构造函数的大小被缩减，参数通过高度可读的方法调用提供。

2. 建造者模式消除了需要大量可选参数以及在构造函数中传入 nil 的需求。

3. 正在构建的对象始终以完整状态实例化。

4. 建造者模式提供了一种简便的方法来创建不可变对象。

5. 灵活性和可读性得到了提升。

缺点

1. 它增加了创建对象所需的样板代码量，因为每个类型都需要一个 ConcreteBuilder。

6.3.5 工厂模式

创建型模式

问题

假设你是一名新工程师，你的第一个任务是使用新开发的内部日志记录器来替换一个不再可用的旧的第三方日志记录器。这两个日志记录器都使用几乎相同的方法，然而，旧的记录器还包含有关广告活动的归因跟踪的额外功能，因此在新的记录器能够支持这一功能之前，旧记录器不能完全移除。

目前，日志记录功能散布在代码中，有时初始化方式略有不同，这使得代码与日志记录器的使用紧密耦合，你必须在代码中添加大量的 if 语句来实现所需的功能。为了让自己的工作更容易，你将两个日志记录器封装在一个共享协议中，该协议定义了两者的功能，这样当第三方记录器被弃用时，你就可以轻松地移除它。但是，你注意到在整个代码库中，你必须多次实例化每个日志记录器，并且初始化过程有些漫长且重复，只有一些小的变化。当你看到这一点时，你开始思考如何描绘一些这样的逻辑。

解决方案

使用工厂模式。工厂模式是一种创建型设计模式，允许我们创建对象与其使用解耦，并将复杂的实例化逻辑封装在一个地方，这样我们可以抽象化我们的代码，因此当我们对一个类进行修改时，客户端可以继续使用它而无须进行任何修改。每个工厂模式的目标都是将对象创建逻辑隔离在自己的构造函数中。抽象工厂模式在这里是一个很好的选择，因为我们可以将日志行为封装在一个共享协议后面，并将我们的实例化逻辑保持在一个共享位置。

普通工厂方法

如果我们选择使用工厂方法来实现我们的解决方案，那么我们可以在日志记录器上声明一个方法，该方法以特定的方式处理每个日志记录器的创建（如图6-4所示）。创建后，日志记录器将对同一方法拥有不同的实现细节，这些细节对调用者来说是抽象的。

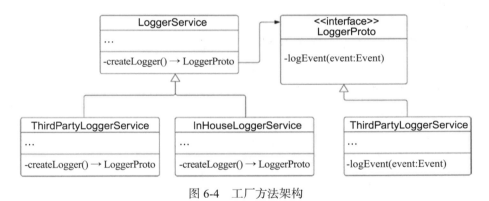

图6-4 工厂方法架构

抽象工厂模式

工厂方法成功地将日志记录器实现的具体细节抽象化。然而，我们仍然需要处理实例化逻辑。为了解决这个问题，我们可以使用抽象工厂。通过使用抽象工厂，我们可以创建一个特定的类来初始化日志记录器实现的特定细节，以避免在调用位置使用特定的 if 语句（如图6-5所示）。

注释 工厂方法模式与迭代器一起使用是一个更常见的用例，允许集合子类返回与集合兼容的各种迭代器。

工厂模式的架构

在工厂模式中，我们有一个工厂负责处理我们的对象创建，并创建符合通用接口的对象的具体实现。

对于工厂方法，创建逻辑存在于公共接口中定义的特定创建方法中。

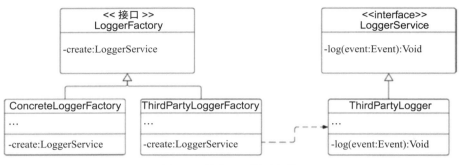

图 6-5 抽象工厂模式架构

在抽象工厂模式中，我们将创建逻辑抽象到其自身的实体中。在这种模式中，工厂及其创建的实体都遵循特定的共同协议。创建逻辑发生在一个特定的类中，该类负责决定实例化哪个具体的实现。在 Swift 中，通常在工厂级别使用 switch 语句。

工厂模式示例代码

普通工厂模式

为了实现工厂方法，我们将在类中声明一个静态方法，该方法了解如何创建自身。我们还为服务制定了协议，并引入了 ID 作为识别不同服务的方式。

```swift
protocol LoggerService {
  var id: String { get }
}

// MARK: Factory Method
class ThirdPartyLogger: LoggerService {
  var id: String = "ThirdParty"
  // implement class methods ...

  // factory method
  public static func create() -> LoggerService {
    return ThirdPartyLogger()
  }
}

class InHouseLogger: LoggerService {
  var id: String = "InHouse"
  // implement class methods ...

  // factory method
  public static func create() -> LoggerService {
    return InHouseLogger()
  }
}
```

抽象工厂模式

我们将不直接在客户端代码中使用静态方法。相反，我们将使用中间工厂对象。为了将我们之前的代码转化为抽象工厂，我们首先需要创建我们的各个工厂。

```swift
protocol LoggerFactory {
  func create() -> LoggerService
}

class InHouseLoggerFactory: LoggerFactory {
  func create() -> LoggerService {
    return InHouseLogger()
  }
}

class ThirdPartyLoggerFactory: LoggerFactory {
  func create() -> LoggerService {
    return ThirdPartyLogger()
  }
}
```

我们现在可以将各自的工厂连接到抽象工厂中间对象。此外，我们在这里定义了一个枚举，以区分以类型安全的方式创建哪个工厂。

```swift
// abstract factory
class AppLoggerFactory: LoggerFactory {

  enum Logger {
    case thirdParty
    case inHouse
  }

  var logger: Logger

  init(logger: Logger) {
    self.logger = logger
  }

  func create() -> LoggerService {
    switch self.logger {
      case .thirdParty:
        return ThirdPartyLoggerFactory().create()
      case .inHouse:
        return InHouseLoggerFactory().create()
    }
  }
}
```

最后，我们可以利用我们的工厂来模拟创建我们的服务并检查创建的服务 ID。

```swift
let factory = AppLoggerFactory(logger: .thirdParty)
let service = factory.create()
print(service.id)
// ThirdParty
```

工厂模式总结

1. 更多样板——通过抽象我们的工厂，我们为每个新模型创建了更多的样板代码。

2. 为了确定最适合你的情况的创建型模式，你可能想要考虑其他创建型模式。例如，如果你需要创建具有复杂或冗长的初始化模式的对象，那么建造者模式是一个更好的选择。相反，当对象共享一个公共接口并且与依赖注入结合得很好时，工厂模式更为有用。

3. 在对抽象工厂和工厂方法进行比较时，必须考虑到抽象工厂模式会影响整个应用程序的逻辑，而工厂方法只影响局部。

注释　建造者模式和工厂模式是不同的。建造者模式将构建的对象与相关的建造者类绑定没有共同接口，而工厂模式使用同一接口的不同实现。

6.3.6　单例模式

创造型模式

问题

假设在一家大型银行的内部工具团队中，你正在努力将每个员工与他们所在楼层的打印机连接起来，这是现代办公室的一部分。然而，通过仔细研究代码，你发现每个员工都需要一个打印机实例才能打印。我们不希望为每个员工提供打印机实例的两个原因是：

1. 这并不能模拟现实世界的行为。

2. 由于代码中每个打印机的实例都提供了一个不完整的视图，这可能会使人们难以轻松理解物理打印机队列中所有作业的状态。

将打印机实例限制为一个并将其包含在系统的主要上下文中是更好的选择。

```
void steve = Employee("Steve", "CTO")
Printer printer = new Printer()
steve.printCurrentAssignment(printer)
```

尽管这解决了当前的问题，但它也允许从任何地方初始化类。此外，公共构造函数也构成了系统的一个潜在风险。例如，如果一个开发者在代码的另一个模块中没有打印机对象可用怎么办？他们可以就此初始化类并使用它在代码中创建两个打印机对象。然而，在现实世界，拥有多个打印机对象是不现实的。因此，我们开始失去跟踪全局打印机状态的能力（例如，跟踪最后一小时内完成的所有队列或页面）。

解决方案

使用单例模式。单例模式通过确保一个类只能有一个全局实例来解决这个问题。它还提供一个统一的访问点来实现对整个应用程序中共享的资源或服务的访问。

单例模式可以简化我们的设计，因为拥有一个打印机对象的唯一实例将更好地模拟现实情况，并使数据更容易理解，例如打印机队列中有多少任务。

注释　单例模式是一个有争议的设计模式。然而，Apple 公司（如 **UIApplication** 和 **NSURLSessionManager** 等）经常使用它。

单例模式架构设计

图 6-6 详细说明了基本的单例模式。单例类声明了一个共享静态属性，该属性是单例对象访问的唯一方法。单例类的构造函数是私有的，对客户端代码隐藏。

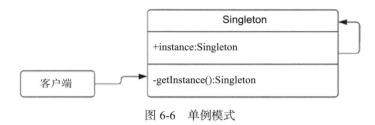

图 6-6　单例模式

单例模式示例代码

在 Swift 中，我们可以使用静态类型属性创建单例。这个静态类型属性会进行懒加载初始化，并且即使在多个线程同时访问时，也只会初始化一次。

```
class Printer {
  static let shared = Printer()
}
```

如果你的对象的设置更复杂（超过简单初始化的范围），那么我们可以使用相同的静态属性，但使用闭包来封装复杂的初始化逻辑，然后将闭包的结果赋值给全局常量。

```
class Printer {
  static let shared: Printer = {
      let instance = Printer()
      // setup code
      return instance
  }()
  func printAssignment(text: String) {
    print(text)
  }
}
```

接下来，我们可以在整个代码库中访问共享实例。

```
let printer = Printer.shared;
printer.printAssignment(text: "assignment");
// assignment
```

单例模式总结

单例模式是一个有争议的设计模式，在使用时需要仔细考虑。

优点

1. 使用单例模式可以轻松确保你的类只有一个实例。

2. 单例模式为类的一个实例提供了一个全局访问点。

3. 单例模式有效地控制了共享资源的访问。

缺点

1. 在多线程环境中，必须慎重考虑单例模式，以确保多个线程不会同时创建或访问单例对象。
2. 由于单例的构造函数是私有的，因此测试单例通常需要一个创造性的模拟解决方案。
3. 单例模式可能导致隐藏的依赖，因为单例可以随时访问。

6.3.7　依赖注入

问题

让我们回顾一下以前的日志记录示例。在这里，我们在整个代码库中使用并实例化了一个日志记录器。这种方法使我们很难替换新的日志记录器。此外，由于我们需要使用模拟对象，因此测试变得更加复杂。分散在不同类中的日志代码如下所示：

```
class ModuleA { // High Level
    let foo: Logger // Low Level
}
```

依赖反转原则，即 DI 的基础原则，禁止一个模块直接依赖于另一个模块。这种情况会导致高层模块与低层模块之间的紧密耦合。在这种情况下，高层模块必须反映低层模块发生的任何变化，正如日志示例所示。

解决方案

使用依赖注入。依赖注入提供了一种方式，用于分离我们在构造和使用对象时的关注点。依赖注入是一种确保程序中控制反转的方式，它可以通过提供一种注入完全可测试类的方法来提高可测试性，并且无须修改客户端代码即可轻松替换新的具体实现。

依赖注入架构

在示例中，我们将让认证器需要一个日志服务。这个日志服务可以在应用程序委托（或应用程序启动期间的类似位置）中创建。图 6-7 显示了我们基于依赖注入的新架构。

为了在应用程序中实现这种层级依赖映射，我们将依赖关系提升到顶层模块并向下注入。这意味着任何需要访问日志记录器的类都可以在其构造函数中添加该依赖项并从更高级别的模块中拉取它。对于更大的应用程序来说，使用构造函数来完成这一操作会有些烦琐。为了解决这个问题，我们可以使用依赖注入容器。

依赖注入容器是一个框架，它帮助我们的应用程序管理依赖，使我们不必手动创建和管理对象。该框架管理依赖的创建和生命周期，并在运行时通过创建函数、属性或方法将依赖注入特定类中。此外，DI 容器还可以在适当的时候销毁依赖对象。

依赖注入伪代码

这些代码旨在展示实现依赖注入的方法，而不包含在示例代码中。在我们的应用程序架构示例的第 7 章～第 9 章中，我们将使用依赖注入来详细展示其好处。

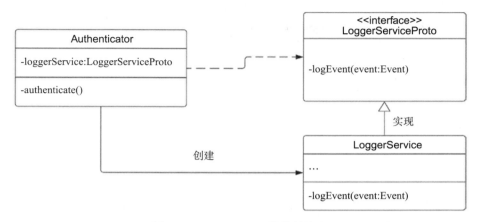

图 6-7 LoggerService 的依赖注入

为了更好地理解如何实施依赖注入，假设我们有一个名为 **Authentication** 的框架，需要使用我们的日志记录器来验证认证流程的功能。对于我们的认证流程，我们在验证框架中有一个类，名为 **Authenticator**，用于用户认证。

```
public protocol AuthenticatorProto {
  public func authenticate()
}

public class Authenticator: AuthenticatorProto {
  public init() { }
  public func authenticate() { }
}
```

在认证过程中，我们还想使用我们的日志记录器来记录错误信息。

```
public class LoggerService {
  func logEvent(event: Event) {
    // log event
  }
}
```

到目前为止，一切都很好。但是，我们应该避免在注入 **LoggerService** 依赖时使用特定类型，因为这会使切换日志框架变得复杂，并且需要直接修改代码。我们可以创建一个 **LoggerServiceProto**，它定义了所有日志服务都将遵循的契约。

```
public protocol LoggerServiceProto {
  func logEvent(event: Event)
}
```

现在，我们可以使用该协议将我们的日志服务（**LoggerService**）集成到验证器（**Authenticator**）类里。

```
public class Authenticator: AuthenticatorProto {
  private let loggerService: LoggerServiceProto

  public init(loggerService: LoggerServiceProto) {
    self.loggerService = loggerService
  }

  func authenticate() {
    // authentication code ...
    // log associated event
    loggerService.log(event: event)
  }
}
```

因此，依赖关系被倒置为一种新的协议，称为 LoggerServiceProto。它的引入是安全的，我们可以将 LoggerService 导入任何模块中。为了在应用程序中正确使用 LoggerServiceProto，我们必须在需要它的最顶层实例化 LoggerService。我们可以在 ApplicationDelegate 中进行实例化。考虑到这是一个日志记录器，我们可以安全地假设它在许多地方都是需要的。因此，这样做可以让我们将日志记录器沿着可能复杂的依赖树转移到需要的地方。

```
let loggerService = ThirdPartyLoggerService()
let authenticator = Authenticator(loggerService: loggerService)
```

在我们之前的例子中，我们只在构造函数中添加了日志记录器。但是，对于需要多个依赖的应用程序，init 语句可能会变得相当大。因此，我们可以使用一个框架来容纳我们的注入行为，而不是在每个 init 语句中添加它们，这种框架通常称为依赖注入框架。

依赖注入框架有多种形式和潜在的实例化方法。在这里，我们介绍一种使用属性观察者的方式。

```
@Injected(.loggerService)
var loggerService: LoggerService

@InjectedSafe(.by(type: FetchService.self, key: "network"))
var networkService: FetchService?

@Injected
var printerService: ExternalService
```

依赖注入总结

1. 通过构造函数实现依赖注入可能会使构造函数变得更加复杂，并且可能需要在许多其他类中进行微调。
2. 使用依赖容器框架可以解决这个问题，但这意味着你的应用程序现在需要添加另一个框架，这可能会增加维护成本。
3. 依赖注入提高了可测试性，增加了样板代码，并可能通过依赖注入框架增加应用程序的总依赖数量。

6.3.8 协调器模式

结构型设计模式

问题

想象一下，你正在开发 Facebook 应用程序。你从一个简单的新闻订阅源开始，主要在视图控制器中编码。导航很简单，用户进入应用程序，浏览一些帖子，然后点击进入一个基本的详情视图。除了主流程外，还有一个简单的认证和个人资料页面。你迅速编写了额外的路由逻辑，因为只有几个页面和不同的流程，你认为这是可行的，而且考虑到截止日期，这样做是最好的。

```swift
private func routingUtil(param: String) {
  if param == "group" {
    router.groupController()
  } else if param == "auth" {
    router.openAuthController()
  } else if param == "newsfeed"  {
    router.openNewsfeedController()
  }
  // and it goes on and on...
}
```

一切都运行得很好，直到你的项目经理告诉你，你的应用程序需要添加群组功能。群组是为特定群体的人设计的，并且与信息流相同，但它针对特定群体的人。你将能够从群组页面访问帖子的配置文件流、身份验证流和详细信息视图。当你检查应用程序时，你发现代码开始变得像意大利面一样乱，如图 6-8 所示，你的路由功能似乎没有更好的方法。

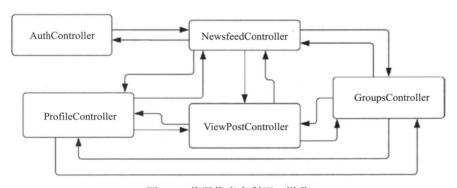

图 6-8 代码像意大利面一样乱

解决方案

使用协调器模式。协调器模式帮助封装应用程序中的不同的页面流程，最初从应用程序命令模式改编而来，并在 iOS 社区中被称为协调器模式。它的主要功能如下：

1.将应用程序拆分为不同的应用程序段，使其模块化。

2. 由于导航逻辑从视图控制器转移到协调器，因此应用程序可以更有效地控制导航。

3. 协调器控制导航逻辑，这有助于重用视图控制。

4. 协调器可以通过与依赖注入结合来提高可测试性。

5. 在全局应用程序模式下使用协调器时，基础应用程序协调器提供了一种管理深度链接和通知导航的好方法。

协调器的独特之处在于这种模式既可以作为应用程序的一部分，也可以作为全局应用程序的架构模式（定义整个应用程序的结构）。将协调器作为现有应用程序的一部分引入是一个出色的功能，因为它使将旧的应用程序过渡到基于协调器的应用程序变得更加容易。首先，一旦团队接受了新概念并习惯了流程，应用程序的旧部分就可以重构，直到整个应用程序使用协调器。

要在我们之前的例子中使用协调器，我们可以简单地为群组的流程添加一个 **Groups-Coordinator**，而无须修改现有应用程序。一旦熟悉了这种模式，我们就可以重构基础应用程序和 Newsfeed，以包含协调器。

协调器的架构

基本协调器

在最基本的层面上，协调器是一个引用视图控制器并控制导航流程的类。此外，它还可以为应用程序中的其他流程实例化子协调器，如图 6-9 所示，以新闻源和帖子详细信息视图为例。

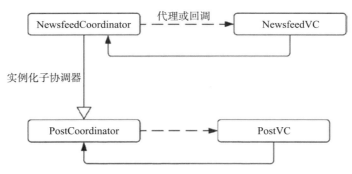

图 6-9 协调器流程。实线代表强引用，而虚线代表弱引用

为了提高协调器的可测试性，通常采用通过协议实现依赖注入的方法。这种方法解耦协调器、路由器（如果可能）和视图控制器的具体实现。依赖注入还提供一个额外的好处，即父协调器可以通过一个属性持有多个特定的子协调器，这得益于泛型和协议一致性。图 6-10 展示了一种常见的协调器协议。

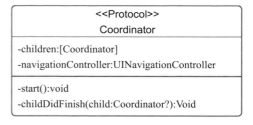

图 6-10 常见的协调器协议

在协调器协议中，我们有以下内容：

1. 子视图控制器。子视图控制器彼此之间没有联系，相反，它们将转场处理任务交给协调器。

2. 导航控制器负责协调流程的路由处理。

3. `start` 方法负责触发协调器管理的流程。

4. `childDidFinish` 方法负责在流程完成时执行特定操作。

虽然这个基本的协调器可以很好地工作，但我们让协调器控制视图控制器和导航的展示。此外，由于没有注入依赖，因此测试的能力受到限制。为了解决这个问题，我们可以利用工厂来进一步抽象依赖，更好地遵循单一职责原则，如图 6-11 所示。

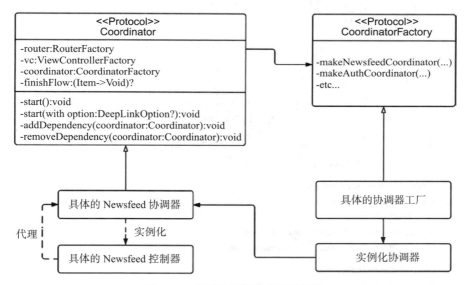

图 6-11　应用协调器及其子协调器

现在我们有以下内容：

1. 协调器工厂。它了解如何创建视图控制器以及它们应该显示的顺序。

2. 路由器工厂。路由器控制应用程序的导航过程，并知道何时展示和关闭视图控制器。协调器会告诉路由器应该展示哪个视图控制器。

3. 视图控制器工厂。视图控制器之间互不了解。相反，它们将转换处理任务委托给协调器。

4. 当协调器拥有的视图控制器完成其指定功能时，回调会处理功能。在这种情况下，可以使用基于协议的委托模式。然而，由于回调消除了对协调器本身的依赖，因此它有助于更松散的耦合。

5. `start` 方法指定并初始化协调器的流程，`remove` 方法移除子协调器及其依赖。

应用程序级别的协调器

现在我们知道了协调器的基本逻辑，我们可以从一个简单的应用程序控制器开始，将其应用到整个应用程序中。这样做的好处是它允许我们在整个应用程序中模拟路由，并提供一种简单的方法来"协调"来自通知和深层链接的复杂状态变化。图 6-12 显示了这在我们的 Newsfeed 应用程序中可能是什么样子。

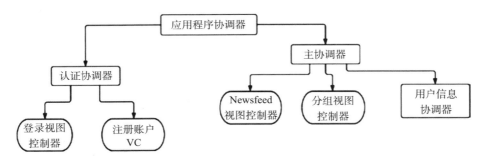

图 6-12　应用程序协调器及其子协调器

协调器伪代码

现在我们已经了解协调器模式的整体流程了，让我们探索一个伪代码实现。我们将在第 7 章和第 8 章中展示一个完整的工作应用程序架构，其中包括协调器。

在创建我们的协调器之前，让我们先设置我们的依赖项。为了简洁，我们只展示了协调器工厂（CoordinatorFactory），但所有工厂都遵循相同的模式。

```
protocol CoordinatorFactoryProtocol {
  func makeAuthCoordinator(
    router: RouterProto,
    coordinatorFactory: CoordinatorFactoryProto,
    vcFactory: VCFactoryProto) -> AuthCoordinator

  func makeMainCoordinator(
    router: RouterProto,
    coordinatorFactory: CoordinatorFactoryProto,
    vcFactory: VCFactoryProto) -> MainCoordinator

  func makeNewsfeedCoordinator(
    router: RouterProto,
    coordinatorFactory: CoordinatorFactoryProto,
    vcFactory: VCFactoryProto) -> NewsfeedCoordinator
}

final class CoordinatorFactory:
  CoordinatorFactoryProtocol {

    func makeAuthCoordinator(
      router: RouterProto,
      coordinatorFactory: CoordinatorFactoryProto,
      vcFactory: VCFactoryProto
    ) -> AuthCoordinator {
```

```
    return AuthCoordinator(
        router: router,
        coordinatorFactory: coordinatorFactory,
        vcFactory: vcFactory)
    }
// cont for other coordinators...
```

现在我们可以开始进行实际的实现了。

```
protocol Coordinator: class {
  var vcFactory: VCFactoryProto { get set }
  var router: RouterProto { get set }
  var coordinatorFactory: CoordinatorFactoryProto { get set}
  var finishFlow: (Item -> Void)?

  func start()
  func start(with option: DeepLinkOption?)
}
```

我们还可以创建名为 BaseCoordinator 的基类，以便简化样板代码。BaseCoordinator
可以添加和移除协调器。children 数组存储活跃的协调器。如果没有强引用，那么它们将从
内存中移除。

```
// using a base class to provide some sensible defaults
class BaseCoordinator: Coordinator {
  var children: [CoordinatorProto]
  // skipping initialization

  func add(_ coordinator: Coordinator) {
    for element in childCoordinators {
      if element === coordinator { return }
    }
    childCoordinators.append(coordinator)
  }
  func remove(_ coordinator: Coordinator?) {
    guard childCoordinators.isEmpty == false,
      let coordinator = coordinator else { return }

    for (index, element) in
      childCoordinators.enumerated() {
        if element === coordinator {
          childCoordinators.remove(at: index)
          break
        }
    }
  }

  func start() {
    start(with: nil)
  }
}
```

```
    // optional for deep link functionality
    func start(with option: DeepLinkOption?) {}
}
```

为了完成协调器流程，我们需要在应用程序代理中初始化 applicationCoordinator
并启动它。

```
class AppDelegate: UIResponder, UIApplicationDelegate {
    // instantiate coordinator and other vars
    func application(_ application: UIApplication,
      didFinishLaunchingWithOptions launchOptions:
      [UIApplicationLaunchOptionsKey: Any]?) -> Bool {
        // start with could include deeplink
       // or notif options we pass to our coordinator
        self.applicationCoordinator.start(with: nil)
        return true
    }
}
final class ApplicationCoordinator: BaseCoordinator {
    private let coordinatorFactory: CoordinatorFactoryProto
    private let router: RouterProto
    private let vcFactory: VCFactoryProto

    override func start(with option: DeepLinkOption?) {
      if option != nil {
        // utilize deeplink or notif options
      } else {
        switch launchInstructor {
          case .auth: runAuthFlow()
          case .main: runMainFlow()
        }
      }
    }

    // methods to instantiate flows
    private func runMainFlow() {
      let coordinator =
        self.coordinatorFactory.makeMainCoordinator(
          router: self.router,
          coordinatorFactory: CoordinatorFactory(),
          vcFactory: VCFactory())
      coordinator.finishFlow = {
        [unowned self, unowned coordinator] in
          self.removeDependency(coordinator)
          self.launchInstructor =
              LaunchInstructor.configure()
          self.start()
      }
      self.addDependency(coordinator)
```

```
        coordinator.start()
    }
    private func runAuthFlow() {
        // instantiate auth flow...
    }

    init(router: Router,
         coordinatorFactory: CoordinatorFactory) {
        self.router = router
        self.coordinatorFactory = coordinatorFactory
    }
}
```

我们可以通过前面的代码启动应用程序并使用协调器导航到主要流程。现在，当我们想添加具有访问权限的群组标签页时，我们只需创建所选协调器的一个新实例。

```
final class GroupsCoordinator:
BaseCoordinator,
CoordinatorFinishOutput {

    private func showProfile(module: GroupsVC) {
        // instantiate coordinator and start the flow
    }
}
```

协调器模式总结

虽然协调器模式很受欢迎，但在现有应用程序中尝试使用它时需要考虑以下问题：

1. 引入开发团队需要时间和一些潜在的沟通工作。

2. 将现有应用程序代码转换为协调器支持的过程既复杂又耗时，且几乎没有商业价值，因此重构总是难以优先考虑的。

一般来说，协调器模式允许我们将导航角色从视图控制器中分离出来，同时支持依赖注入。这样做可以更好地区分关注点并封装导航逻辑。

6.3.9 观察者模式

行为型模式

问题

你的团队正在开发一个成熟的 iOS 应用程序，采用模型视图控制器架构模式。最近，为了促进盈利，你的团队添加了一个新的购物功能。该功能是允许当商品添加到购物车列表时，商品的数量必须在购物车徽章图标和任何其他跟踪购物车商品计数的视图中增加。这意味着需要更新多个视图。

解决方案

使用观察者模式。观察者模式通过在对象之间建立一对多的依赖关系来实现这一点，因此它允许依赖对象自动获得变更通知。我们可以将其想象为一个发布者和许多订阅者，其中订阅者会通知发布者状态的变化。

观察者模式使我们能够更新一个对象（我们的项目），并使更改传播到所有跟踪项目更改的视图。通过观察者模式我们无须知道需要更新的对象的细节，我们也不需要对更改的对象的实现细节做出任何假设或理解，这有助于松耦合。

观察者模式架构

如图 6-13 所示，我们创建的观察者模式包含两个对象：

1. 订阅者——观察者对象并接收更新。
2. 发布者——可观察对象并发送更新。

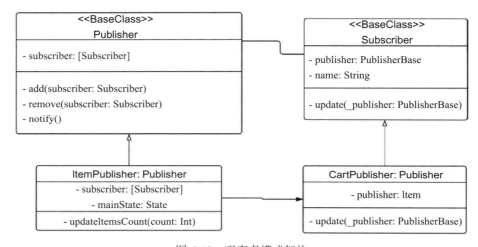

图 6-13　观察者模式架构

此外，对于观察者值，我们关注的是发生变化的特定值，即我们正在观察的值。在具体实现中，我们正在监控 **updateItemsCount**，并在物品数量发生变化时通知购物车。

观察者模式示例代码

由于泛型类型约束包含自身，实现纯协议导向的方法是不可能的。因此，我们将利用继承的唯一模式，因为我们存储了对发布者（**publisher**）的引用和对订阅者（**subscriber**）数组的引用。

让我们首先定义订阅者基类。在这里，我们实现了 **Equatable** 方法，以便在数组集合中使用我们的类。

```
// Base class for the Subscriber (also called observer)
class SubscriberBase: Equatable {
  static func == (lhs: SubscriberBase,
                  rhs: SubscriberBase) -> Bool {
    lhs.name == rhs.name
```

```
  }
  var name: String
  var publisher: PublisherBase

  init(name: String, publisher: PublisherBase) {
    self.name = name
    self.publisher = publisher
  }

  // The subject passed to the Update operation
  // lets the observer determine which subject
  // changed when it observes more than one
  public func update(
    _ changedPublisher: PublisherBase) {
    // update based on item count
    // updateUIForItemCount(context.itemCount)
    fatalError("must implement in subclass")
  }
}
```

接下来，我们来定义基础发布者，它将向订阅者发布更新。在这里，我们实现了添加和移除功能，以更新订阅者列表并通知所有订阅者有关更新的信息。

```
// Base class for the Publisher (also called subject)
class PublisherBase {
  private var subscribers: [SubscriberBase] = []

  func add(subscriber: SubscriberBase) {
    subscribers.append(subscriber)
  }

  func remove(subscriber: SubscriberBase) {
    guard let i = subscribers.firstIndex(of: subscriber)
    else { return }
    subscribers.remove(at: i)
  }

  func notify() {
    for s in subscribers {
      s.update(self)
    }
  }
}
```

现在我们可以为商品购物车关系实现观察者模式。

```
// Item is a concrete subscriber for our shopping cart
class Cart: SubscriberBase {
  let _publisher: Item

  init(name: String,
       publisher: Item) {
```

```
        _publisher = publisher
        super.init(name: name, publisher: publisher)
    }

    override func update(
        _ changedPublisher: PublisherBase) {
        if type(of: changedPublisher) ==
            type(of: _publisher) {
            print("Updated item count: " +
                "\(_publisher.itemsCount)")
        }
    }
}

// Cart is our concrete publisher or subject
class Item: PublisherBase {
    var subscribers: [SubscriberBase] = []
    var itemsCount = 0

    func updateItemsCount(_ count: Int) {
        itemsCount = count
        notify()
    }
}
```

在这里，我们实例化商品发布者和订阅商品数量更新的购物车。

```
var item = Item()
var cart = Cart(name: "cart", publisher: item)

item.add(subscriber: cart)
item.updateItemsCount(5)
// Updated item count: 5
```

现在我们已经完成了观察者模式的一个示例实现，可以使用键值观察（Key-Value Observing, KVO）和结合框架来模拟相同的行为。

为了监控 KVO 的变化，我们可以使用 observe(_:options:changeHandler:) 方法设置一个闭包，该闭包处理属性的任何变化。这个闭包接收一个 NSKeyValueObservedChange 对象，该对象描述了变化事件并检索了变化的属性[⊖]。

```
class Item: NSObject {
    @objc dynamic var count: Int = 0
}
@objc var item = Item()
var observation: NSKeyValueObservation?
// later in code
```

⊖ https://developer.apple.com/documentation/combine/performing-key-value-observing-with-combine

```
observation = observe(\.item.count, options: [.new]) {
    object, change in
        print ("updated item count")
}
```

为了结合使用 KVO 和 Combine，我们还可以将 Observe(_:options:changeHandler:) 方法替换为 KVO Combine publisher(NSObject.KeyValueObservingPublisher)。我们可以通过在发布者对象上调用 publisher(for:) 来获取这个 KVO Combine publisher。

```
//...everything stays the same, but we add a
// cancellable var for Combine usage
var cancellable: Cancellable?
//...later on in our code we can use combine
cancellable = item
        .publisher(for: \.count)
        .sink() {
count in print ("updated item count")
        }
```

一个关键区别在于，Combine KVO publisher 产生被观察类型的元素，而 KVO 闭包返回一个封装类型（NSKeyValueObservedChange），这需要解包才能访问底层改变的值。我们将在第 8 章进一步讨论 Combine，届时我们将讨论响应式编程范式。

观察者模式总结

运行时行为

在观察者模式中，行为变化分布在多个对象之间，这使得跟踪状态变化变得困难（一个对象通常会影响许多其他对象）。

此外，由于观察者模式必须在通知对象运行时进行检查，我们无法充分利用 Swift 编译器和静态类型检查的优势。

内存管理

我们必须意识到，如果发布者被删除，那么可能会产生空引用。我们可以让发布者通知订阅者，以便订阅者适当调整引用计数来避免空引用。我们不建议删除观察者，因为其他对象可能会引用它们。

复杂状态管理

由于观察者模式的特性，订阅者不能保证按相同的顺序收到通知，而且可能会被多次通知某一变化。当发布者和订阅者之间存在复杂的关系时，就会发生这种情况。为了解决这个问题，我们可以使用一个称为 ChangeManager 的中间对象。在图 6-14 中，ChangeManager 的作用是封装复杂的更新逻辑。

1. 创建并维护一个从发布者到订阅者的映射，消除了发布者对订阅者的直接引用，反之亦然。
2. 定义更新策略。

3. 根据主体的请求更新所有依赖观察者。

在引入 ChangeManager 之后，发布者通过自身的 add、remove 和 notify 方法，调用 ChangeManager 来进行注册、注销和通知操作。

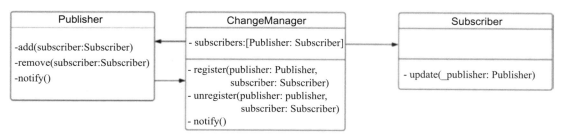

图 6-14 带有 ChangeManager 对象的观察者模式

6.4 总结

本章介绍了一些在 iOS 应用程序开发中最常见的设计模式，我们专注于四个关键点：

1. 设计模式解决的问题是什么。
2. 该设计模式如何解决这个问题。
3. 该设计模式的架构。
4. 该设计模式的优缺点。

在考虑应用程序架构和评估架构优缺点时，根据这些原则做出决定将很有帮助。这些原则有助于明确你试图解决的问题以及特定设计模式的好处。虽然我们不可能详细地描述所有设计模式，但我们可以提供一个框架（SOLID 原则）来评估未来的设计模式和架构选择。

6.4.1 本章要点

1. 使用经过验证的设计模式可以解决许多常见的软件工程问题，并提高应用程序的质量。
2. 围绕问题来构建架构决策、阐述解决问题的解决方案、这一过程的技术细节，以及决策所涉及的权衡，有助于明确架构决策并保持高代码质量标准。

6.4.2 扩展阅读

1. *Design Patterns:Elements of Reusable Object-Oriented Software*

第 7 章 *Chapter 7*

MVC 架构

7.1 概述

在第 6 章中，我们讨论了 iOS 中常见的基础设计模式，以及它们如何通过组织代码并提高模块化和可测试性帮助构建优质的架构基础。除了之前提到的设计模式外，还有一种针对 iOS 应用程序层设计的设计模式，即应用程序范围设计模式。该设计模式涉及应用程序层结构、模块化、控制流程和数据流程。在本章中，我们将从最基本的模式（即模型视图控制器）开始。

本章概要

本章主要讨论 MVC 模式，是对这种应用程序范围架构模式的首次深入研究。本章包括对该模式的详细了解、如何使用它并考虑哪些因素，以及我们如何在实际应用程序中使用它。

7.2 深入探讨 MVC

MVC 架构由三个主要组成部分构成：

1. 模型管理数据及其相关的业务逻辑。
2. 视图负责 UI 布局和显示。
3. 控制器是模型和视图之间的纽带，它通过向视图路由命令、更新模型以及观察模型变化来发挥作用。

此外，MVC 设计模式是 Apple 提供的默认模式。MVC 模式旨在通过在模型、视图控制器和视图之间划分明确的职责来分离我们的关注点。这种分工方式提高了维护性。此外，

MVC 模式是其他设计模式的基础。这些模式包括 MVP（模型、视图、表示者，Model，View，Presenter）模式和 MVVM 模式，将在后续章节中讨论。

图 7-1 显示了 MVC 组件如何相互协作，以创建一个功能强大的应用程序。

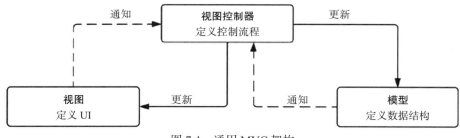

图 7-1 通用 MVC 架构

图 7-2 概述了 Photo Stream（照片流）应用程序的 MVC 层次结构，我们将在 7.2.3 节应用。我们假设此图只想在用户界面中显示照片模型的基本信息。

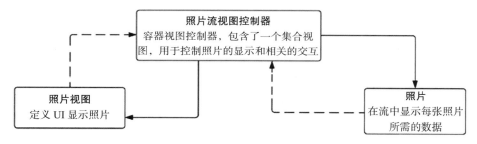

图 7-2 应用于 Photo Stream 应用程序的 MVC 架构

7.2.1 MVC 组件

我们已经回顾了整个模式。现在，让我们仔细研究每个部分及其与我们的 Photo Stream 应用程序的关系。

模型

模型对象是一种 Swift 类，封装了与应用程序相关的数据和业务逻辑。在 Photo Stream 应用程序中，模型为列表中的每行提供了说明、标题和描述。

视图控制器

视图控制器对象是视图和模型之间的中介，控制器通常是 **UIViewController** 的一个子类，用于控制应用程序的逻辑流程。在示例中，视图控制器管理视图和模型之间的交互，通过我们创建的反应组件显示照片和更新。

视图

视图对象的职责是定义 UI 布局，并向用户显示模型对象中的数据。视图对象通常是

UIView 的子类，可以与 storyboard 或 XIB 文件关联。在我们的例子中，视图对象定义了用户界面布局以及向用户展示我们 Photo Stream 中的每张照片以及哪些其他用户界面组件可供交互。

7.2.2　组件间的交互

既然我们已经描述了组件，接下来就需要描述它们是如何相互交互和构建的。

对象的构建

对象构建通常由一个上级控制器开始，该控制器加载并使用模型相关信息配置视图。该控制器还可以显式地创建并拥有模型层，或者通过注入依赖访问模型。

模型的更新

目标行动机制和代理是控制器接收视图事件的主要方式（图 7-2 中的虚线）。在示例中，我们通过代码构建了所有视图，使用 Storyboard 或 SwiftUI 对架构模式几乎没有影响，仅影响代码中的实现。无论设置如何执行，控制器都知道它与视图相关的类型。然而，视图不知道它当前的控制器类型。当出现视图事件时，控制器可以改变模型。

更新视图

在实现 MVC 的过程中，我们希望采用单向数据模型。单向数据模型的主要优势包括其简单性、更好的数据流控制以及较少的对象耦合。因此，使用单向数据模型意味着将视图操作转化为模型更改，而模型则发送消息以显示视图更新。

此外，当模型进行视图更改操作时，控制器不应直接更改视图层次结构。相反，控制器会向模型发送消息，并在模型收到消息后更改视图层次结构。

视图控制器的角色

回顾前面 Photo Stream 的示例，我们将允许用户通过控件对照片表示喜欢或不喜欢。这些操作需要更新模型。当视图中的用户交互触发更新时，结果会被发送到视图控制器。视图控制器通过适当地操作模型并将模型更新发送到视图，从而完成更新。

或者，你的控制器可以更新视图以显示数据以不同的格式，例如，将照片的排序从朋友更改为显示新内容。在这种情况下，控制器可以直接处理状态更改，无须更新模型。

视图状态的存储与更新

视图状态通常作为视图和控制器上的属性进行存储。

更新应用程序的视图状态通常需要互联网连接和特定于网络的代码来处理网络连接。在 MVC 中，网络职责没有明确的定义，这使视图控制器和模型都成为常见的位置。尽管这两种方法都可以达到类似的结果，但我们的实现利用了网络服务和模型拥有的网络功能。

图 7-3 概述了 MVC 架构及其组件交互的细节。

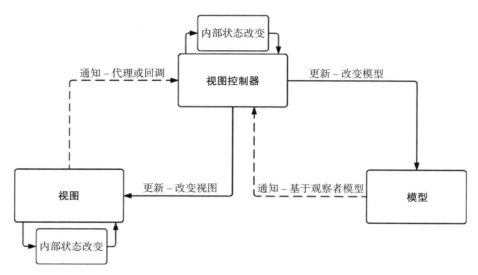

图 7-3 MVC 架构及其组件交互的细节

7.2.3 MVC 示例

在这个实际例子中，我们使用 Combine 创建了一个单向数据管道。我们本可以选择使用 **NSNotification** 框架、回调或代理，但我们选择 Combine 因为它提供了一个可观察的结构，并且比通知提供更多的控制。

关键架构决策 我们决定使用 Combine 来控制应用程序的单向数据流，因为它提供了一个比 **NSNotification** 更可控的可观察框架。

在第 3 章的 iOS 应用程序示例中，我们实现了一种基于控制器的网络通信方式。在这个示例中，我们显式地触发网络请求，通过在视图控制器中调用仓库中的底层网络方法。

```
// MobileDevAtScale/Chapter 3/NetworkingLayer
photoRepository.getAll()
  .receive(on: DispatchQueue.main)
  .sink { result in
    // potential area to handle errors and edge cases
    switch result {
    case .finished:
      break
    case .failure(let error):
      print("Error: \(error)")
      break
    }
  } receiveValue: { [weak self] photos in
    guard let sSelf = self else {
      return
    }
```

```
    sSelf.photos = photos.compactMap{ $0 as? Photo }
    self?.tableView.reloadData()
  }
  .store(in: &cancellables)
```

通过使用基于控制器的网络编程，我们可以减少总代码量并快速提高开发速度。然而，这样做使我们变得不灵活，限制了代码的重用，并导致了大量的视图控制器。

本章介绍的基于模型的网络编程有助于进一步抽象问题，并区分网络逻辑与控制器。此外，它还可以轻松更新其他可能监听模型变化的页面或组件的状态。

为了将此转移到基于模型的网络编程中，我们已经在模型本身中实现了网络编码。为了确保模型发布更新得到控制器的支持，我们将利用 Combine，并通过 @Published 关键字使所有照片属性都可见。

关键架构决策 使用基于模型的网络。这是我们在此定义的并将在整个应用程序中强制执行的原则，因为它提供了更大的灵活性，并将逻辑从 **ViewController** 中抽象出来。

```
    // Protocol for usage with dependency injection
protocol PhotoModelProto {
  // Cannot use the @Published annotation in a
  // protocol so we expose the type
  var allPhotosPublished:
  Published<[PhotoModel.Photo]>.Publisher { get }
  func getAllPhotos()
}
class PhotoModel: PhotoModelProto, ObservableObject {
  // nested struct representing the model properties
  struct Photo: ModelProto {
    let albumID: Int
    let id: Int
    let title: String
    let url: URL
    let thumbnailURL: URL
  }

  var allPhotosPublished:
  Published<[Photo]>.Publisher { $allPhotos }
  @Published private var allPhotos:
  [PhotoModel.Photo] = []
  private var cancellables: Set<AnyCancellable> = []

  private let photoRepository: RepositoryProto

  // dependency injection is used to inject the photos
  // repository which handles networking
  init(photoRepository: RepositoryProto) {
    self.photoRepository = photoRepository
  }
```

```swift
// Method exposed by the model to get all photos for
// display
func getAllPhotos() {
  photoRepository
    .getAll()
    .receive(on: DispatchQueue.main)
    .sink { result in
      // potential area to handle errors
      // and edge cases
      switch result {
      case .finished:
        break
      case .failure(let error):
        print("Error: \(error)")
      }
    } receiveValue: { [weak self] photos in
      guard let sSelf = self else {
        return
      }
      sSelf.allPhotos = photos
        .compactMap{ $0 as? PhotoModel.Photo }
    }.store(in: &cancellables)
  }
}
```

　　我们现在可以在控制器中执行 get 请求，然后在 viewDidLoad 上订阅 allPhotos 变量，以便在 allPhotos 请求返回时接收模型更新。此外，这个代码示例包含一个基本的集合视图，用于根据我们之前为 Photo Stream 应用程序制定的 UI 规范展示数据。提供的用户界面绝不是一个生产就绪的界面。它的唯一用途是描述组件的编排和交互。

```swift
import UIKit
import Combine

class PhotoStreamViewController: UIViewController {
  private let photoModel: PhotoModelProto
  private var photos: [PhotoModel.Photo] = []
  private var cancellables: Set<AnyCancellable> = []

  private lazy var collectionView: UICollectionView = {
    let collectionView = UICollectionView(
      frame: .zero,
      collectionViewLayout: flowLayout)
    collectionView.register(
      PhotoStreamCollectionViewCell.self,
      forCellWithReuseIdentifier: "cell")
    collectionView.dataSource = self
    collectionView.delegate = self
    return collectionView
```

```swift
  }()
  private lazy var flowLayout:
  UICollectionViewFlowLayout = {
    let layout = UICollectionViewFlowLayout()
    layout.minimumInteritemSpacing = 5
    layout.minimumLineSpacing = 5
    layout.sectionInset = UIEdgeInsets(
      top: 5,
      left: 5,
      bottom: 5,
      right: 5)
    layout.scrollDirection = .horizontal
    return layout
  }()

  // The photo model is injected
  init(photoModel: PhotoModelProto) {
    self.photoModel = photoModel
    super.init(nibName: nil, bundle: .main)
  }
  required init?(coder: NSCoder) {
    fatalError("init(coder:) has not been implemented")
  }

  override func viewDidLoad() {
    super.viewDidLoad()
    // subscribe to updates
    photoModel
      .allPhotosPublished
      .sink { [weak self] ret in
        self?.photos = ret
        self?.collectionView.reloadData()
      }
      .store(in: &cancellables)

    photoModel.getAllPhotos()
  }

  override func loadView() {
    view = collectionView
  }
}
```

请注意，在这两个例子中，我们使用初始化器重写来使用依赖注入。每个变量都由一个协议支持，并通过初始化器注入。这使我们能够轻松地在测试或第三方依赖发生变化时替换我们的依赖项。在这两个例子中，我们在场景代理初始化了顶层依赖项。

关键架构决策　为了提高可测试性，我们采用依赖注入。由于它们的简单性，我们选择使用初始化器重写来实现这一目标。我们在这里定义了这一原则，并将在整个应用程序中强制执行。

```swift
func scene(
  _ scene: UIScene,
  willConnectTo session: UISceneSession,
  options connectionOptions: UIScene.ConnectionOptions
) {
  guard let _ = (scene as? UIWindowScene)
    else { return }
  guard let windowScene = scene as? UIWindowScene
  else { return }
  let window = UIWindow(windowScene: windowScene)
  // setup dependencies for injection here
  let coreDataManager = CoreDataManager(
    persistentContainer: container,
    inMemory: false)
  let networkManager = NetworkManager(
    networking: URLSession.shared)
  let repository = PhotoRepository(
    localStorageManager: coreDataManager,
    networkManager: networkManager)
  let photoModel = PhotoModel(
      photoRepository: repository)
  let vc = PhotoStreamViewController(
    photoModel: photoModel)
  window.rootViewController = UINavigationController(
    rootViewController: vc)
  self.window = window
  window.makeKeyAndVisible()
}
```

视图控制器显示数据的能力与模型的定义紧密耦合，这是 MVC 模式的一个问题。为了展示这一点，我们将在示例中添加 reactions 字段。

要添加 reactions 字段，我们首先需要向模型添加一个 Reaction 对象。由于 reactions 与特定的照片相关联，让我们假设我们有一支摇滚明星般的后端工程师团队，他们已经按照 JSON API 标准⊖添加了 reactions，供我们作为 included 部分中的子资源使用。

```json
"included": [{
    "type": "reactions",
    "id": "9",
    "attributes": {
      "thumbsUpCount": "0",
      "thumbsDownCount": "0"
    },
}]
```

⊖ https://jsonapi.org/

现在我们可以向 PhotoModel 添加 reactions 了。我们将把它添加到模型中，并创建一个模拟更新方法，该方法在更新时修改 reactions 计数，以模仿服务器请求（因为我们的示例 API 中没有 reactions）。

首先，我们创建 reactions 模型，并使用从网络请求中捕获的数据填充它。

```swift
class ReactionModel {
  var thumbsUpCount: Int
  var thumbsDownCount: Int
  init(
    thumbsUpCount: Int = 0,
    thumbsDownCount: Int = 0
  ) {
    self.thumbsUpCount = thumbsUpCount
    self.thumbsDownCount = thumbsDownCount
  }

  // creates a mutable function so we can mock updates,
  // ideally models are immutable
  func update(upCount: Int, downCount: Int) {
    thumbsUpCount = thumbsUpCount + upCount
    thumbsDownCount = thumbsDownCount + downCount
  }
}
```

现在我们可以将 reactions 附加到 PhotoModel 上，包括更新方法来伪造服务器更新以获得 reactions。

```swift
struct Photo: ModelProto {
  // skip other params...
  let reactions: ReactionModel

  init(
    albumID: Int,
    id: Int,
    title: String,
    url: URL,
    thumbnailURL: URL,
    // Default value to allow fake results
    reactions: ReactionModel = ReactionModel()
  ) {
    self.albumID = albumID
    self.id = id
    self.title = title
    self.url = url
    self.thumbnailURL = thumbnailURL
    self.reactions = reactions
  }
}
```

```
// ...
// fake update reactions on photo, just updates all
// photos uniformly
func updateReactionCount(
  upCount: Int, downCount: Int) {
    // we would send an update to our network layer,
    // instead loop through and
    // update all reactions. This is purely for
    // illustration purposes
    for photo in allPhotos {
      photo.reactions.update(
        upCount: upCount, downCount: downCount)
    }
    allPhotos = allPhotos
}
```

最后，我们打算在用户界面上展示所有的 **reactions**。我们想让用户对照片点赞或点踩，并跟踪总的 **reactions** 数量。但是，服务器没有告诉我们想要向用户展示的 **reactions** 计数的方式，这意味着我们需要在 iOS 应用程序中创建这个功能。

我们可以在模型中格式化这个字符串并将属性暴露给用户，或者我们可以在视图中格式化这个字符串，但这两种解决方案都有问题。改变模型意味着模型不再代表我们的服务器数据，而在视图中进行更改使得测试变得更加困难，这违反了视图应该描述一个与控制器无关、不包含复杂格式化的容器的原则（其他反应组件可能不希望以相同的方式显示值）。

我们将在模型上添加格式化字符串作为一个属性，以提高我们更改的可测试性。然而，如果我们继续对一个复杂的视图层次结构这样做，我们可能最终会得到一个非常庞大的模型对象，它现在处理了许多任务（服务器数据表示和视图格式化逻辑——这并不模块化）。

关键架构决策 将格式化代码从视图转移到模型中，以提高可测试性并从视图中移除依赖。我们在此定义这一原则，并将在整个应用程序中强制执行。

```
// added to our reactions model
var reactionsLabelText: String {
  return "\(thumbsUpCount) 👍 and \(thumbsDownCount) 👎"
}
```

第 8 章将讨论使用 MVVM 架构来解决此类问题的更以视图为中心的方法。这种方法非常适合具有许多 UI 组件和交互的复杂应用程序，例如添加评论和分享等附加功能。通过转向以视图为中心的方法并避免庞大的模型文件，我们使应用程序更容易扩展，因为这允许更多工程师跨应用程序工作，减少编辑共享文件的冲突，并使代码库更易于理解。

我们必须将 **reactions** 视图与 **cell** 连接起来，以便能够完成 **reactions** 功能。

```
// PhotoStreamCollectionViewCell.swift
func configureCell(
  title: String,
  reactionsLabelText: String,
```

```
    thumbsUpCount: Int,
    thumbsDownCount: Int,
    target: Any?,
    sel: Selector
) {
    self.title = title
    reactionsView.thumbsUp = thumbsUpCount
    reactionsView.thumbsDown = thumbsDownCount
    reactionsView.reactionsLabelText = reactionsLabelText
    reactionsView.thumbsUpButton.addTarget(
      target,
      action: sel,
      for: .touchUpInside)
    reactionsView.thumbsDownButton.addTarget(
      target,
      action: sel,
      for: .touchUpInside)
}
```

最后，为了显示，我们需要将视图连接到视图控制器。请注意，我们使用了一个辅助方法来模仿一些视图配置逻辑。

```
// PhotoStreamViewController.swift
func collectionView(
  _ collectionView: UICollectionView,
  cellForItemAt indexPath: IndexPath
) -> UICollectionViewCell {
  guard let cell = collectionView.dequeueReusableCell(
            withReuseIdentifier: "cell",
            for: indexPath
    ) as? PhotoStreamCollectionViewCell else {
            return UICollectionViewCell()
    }
  cell.configureCell(
    title: photos[indexPath.row].title,
    reactionsLabelText: photos[indexPath.row]
            .reactions
            .reactionsLabelText,
    thumbsUpCount: photos[indexPath.row]
            .reactions
            .thumbsUpCount,
    thumbsDownCount: photos[indexPath.row]
            .reactions
            .thumbsDownCount,
    target: self,
    sel: #selector(updateReactionCount))
  return cell
}
```

我们做出的另一个架构决策是利用视图层次结构和辅助方法来配置复杂视图。鉴于集合视图单元格实现的复杂性，我们可以将其实现为一个独立的视图控制器。例如，如果我们的主 PhotoStreamViewController 开始承担过多其他职责，那么直接管理单元格的实现可能会使控制器变得臃肿。通过创建一个专门的 ViewController 来管理 CollectionViewCell，我们可以解决这个问题。

然而，这本身也带有挑战。我们需要管理 ViewController 的状态，并确保通过回收 ViewController（类似于 Apple 对 CollectionView 单元格所做的）来实现这一点。决定是否创建独立 ViewController 的另一个因素是参与组件开发的工程师数量。如果工程师众多，那么模块化功能将减少合并冲突和重复更改。

关键架构决策 我们选择了一个简单的设计，即视图通过辅助方法自行配置，这样既抽象又易于开发。我们认为，现在使用独立的视图控制器来进行这种改变还为时过早。我们在此做出这个设计决策，希望为未来的维护者记录下来，并将其作为未来决策的先例。

在大规模应用程序中工作的一个很好的例子是将视图控制器进行抽象化的最后一个架构决策。作为一名高级工程师，你必须能够识别问题和潜在解决方案。大多数日常工作是基于公司的最佳实践和需求优化现有设计而不是开发新应用程序或完全重写架构。

虽然我们很少从头开始设计应用程序，但我们仍然需要了解现有的基础架构和设计模式，以便开发新功能。如果出现问题，那么你可以提出新的设计模式或架构更改来解决这些问题。例如，如果代表网络数据的模型与视图状态不匹配，导致逻辑复杂、模型臃肿和开发速度减慢，那么你可以建议不再使用 MVC 模式。

7.2.4 讨论

在 7.2.3 节，我们详细介绍了 Photo Stream 应用程序的应用程序层，并讨论了在应用程序设计和示例构建过程中做出的一些重要决定。本节将讨论与 MVC 相关的一些权衡、潜在的对测试和模块化的影响，以及在实际规模应用中的现实情况。

MVC 总结

我们已经开始讨论在示例应用程序中添加交互控件时可能出现的权衡。还有几个领域是 MVC 模式特别不擅长覆盖的，包括以下几点：

1. 如何模块化复杂应用交互？
   a. 在哪里添加路由逻辑？
   b. 数据应该在哪里处理？模型数据应该保持不变吗？
   c. 我们如何使用网络和其他复杂的库？
2. 我们可以如何测试我们的部件？我们可以测试控制器吗？

然而，这并不意味着 MVC 模式无效。实际上，MVC 模式允许应用程序将其主要关注点分开并封装对象功能。它有一些缺点，就像任何其他应用程序设计模式一样。本节将讨论 Photo Stream 应用程序的这些缺点。

首先，MVC 可以通过模块化复杂的应用交互来引导我们的应用程序进入一种状态。在这个状态下，路由、复杂的库交互以及数据模型更新集中到一个或两个核心位置，例如视图控制器。图 7-4 概述了这一潜在问题，包括所有三个部分。

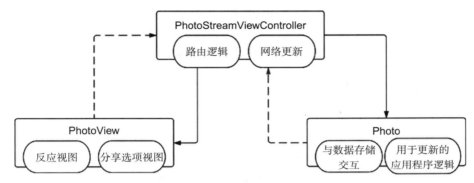

图 7-4　Photo Stream 应用程序中的每个组件承担了过多的职责

尽管几乎不可能有一种模式能够在不显式指出的情况下解决所有这些问题，但在设计整个应用程序时，通常会忽略这些问题。因此，我们将仔细研究这些问题，并为模块化提供解决方案。

模块化

我们希望模块化应用程序在设计上遵循单一职责原则。然而，如果严格遵循 MVC 并仅使用模型、视图和控制器，通常会导致与网络和路由相关的代码最终位于模型或控制器类中。此外，由于相关的模型数据操作与模型位于同一个类中，因此模型最终会变得可变并且状态更新不一致。这可能会导致组件之间的紧密耦合和庞大的复杂文件，这通常被称为庞大的视图控制器问题。

因为没有明确指定的位置来放置应用程序的业务逻辑，庞大的视图控制器可以很快出现在 MVC 模式中。这种情况导致许多开发人员将与数据修改相关的代码放置在控制器中。虽然这是视图控制器超出其核心目的的一个例子，但由于 MVC 模式缺乏结构，这种情况很常见。最终，这可能导致以下情况：

1. 共享数据会带来一些棘手的问题，例如谁在修改数据，何时修改？如果没有仔细设计，几乎任何人都可以在任何时候修改数据，并产生未知连锁的副作用。
2. 由于很难区分行为，当一个对象承担过多责任时，代码测试变得困难。
3. 由于文件的体积以及 MVC 的限制性，许多开发者可能会试图修改同一批文件，这可能会导致复杂的合并冲突发生在大型团队中。

庞大的视图控制器问题普遍存在，尤其会影响大型应用程序，因为这涉及众多工程师的协作和应用程序的悠久历史。例如，Firefox 的浏览器视图控制器需要超过 2000 行代码！

与此形成鲜明对比的是 Kickstarter 的 iOS 应用程序，它通过将依赖项从视图控制器中抽象出来，避免了视图控制器随时间增长的问题。因此，工程师必须花时间进行代码审查，并确保新功能经过架构审查。

没有一种应用程序范围的设计模式可以解决所有可能的问题。我们必须积极地检查任何应用程序的架构，以发现和解决潜在的缺陷。我们可以使用第 6 章介绍的一些设计模式来解决上述问题。

1. 我们可以使用外观模式将复杂的商业关注点抽象到底层库中，例如网络库。
2. 通过使用依赖注入，我们可以避免单例模式并为我们的代码创建一个可测试的环境。
3. 我们可以加入协调器来管理整体路由。
4. 为了防止代码膨胀，我们可以将逻辑组件拆分出来，例如将数据源和代理分别放到它们自己的文件中。

如图 7-5 所示，MVC 应用程序可以通过这些模式扩展以更好地满足我们的应用程序需求；然而，对于具有复杂用户界面和业务逻辑的大型应用程序来说，MVC 仍然不适合。

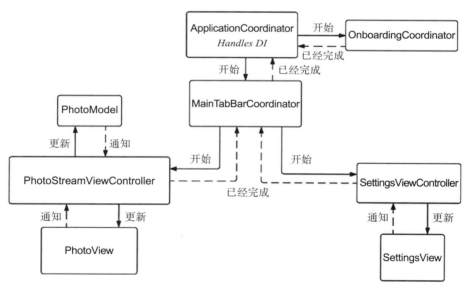

图 7-5　使用协调器和依赖注入为网络库及 PhotoModel 提供支持的 Photo Stream 应用程序

为了说明目的，我们将从 **PhotoStreamViewController** 中抽象出数据源和代理类，并启动协调器模式。

为了抽象我们的 **CollectionViewDataSource**，我们可以创建一个新的类。我们需要传入照片数组和一些我们在视图控制器中使用的值。

```
final class PhotoStreamUICollectionViewDataSource:
  NSObject, UICollectionViewDataSource {
  // array we need for processing the results
  private var photos: [PhotoModel.Photo] = []
```

```swift
// properties for instantiating our reactions
// button component
private let target: Any?
private let selector: Selector

init(target: Any?, selector: Selector) {
  self.target = target
  self.selector = selector
  super.init()
}
// helper method to set the photos var
func update(photos: [PhotoModel.Photo]) {
  self.photos = photos
}

func collectionView(
  _ collectionView: UICollectionView,
  cellForItemAt indexPath: IndexPath
) -> UICollectionViewCell {
  guard let cell = collectionView.dequeueReusableCell(
    withReuseIdentifier: "cell",
    for: indexPath
  ) as? PhotoStreamCollectionViewCell else {
    return UICollectionViewCell()
  }
  cell.configureCell(
    title: photos[indexPath.row].title,
    reactionsLabelText: photos[indexPath.row]
      .reactions
      .reactionsLabelText,
    thumbsUpCount: photos[indexPath.row]
      .reactions
      .thumbsUpCount,
    thumbsDownCount: photos[indexPath.row]
      .reactions
      .thumbsDownCount,
    target: target,
    sel: selector
  )
  return cell
}

func collectionView(
  _ collectionView: UICollectionView,
  numberOfItemsInSection section: Int
) -> Int {
  return photos.count
}
}
```

现在，我们能够实例化对象，并把它设置为集合视图（**CollectionView**）的数据来源。

```
private lazy var collectionViewDataSource:
  PhotoStreamUICollectionViewDataSource = {
    return PhotoStreamUICollectionViewDataSource(
      target: self,
      selector: #selector(updateReactionCount))
  }()
```

为了处理 **DelegateFlowLayout**，我们可以使用类似的方法。我们从 **PhotoStreamView-Controller** 复制代理方法并传入 **UICollectionViewFlowLayout** 的实例。这样我们就可以在视图控制器和代理类中都使用它。

```
//final directive used to show the class is closed
//to extension.Also reduces dynamic dispatch.
final class PhotoStreamCollectionViewDelegateFlowLayout:
NSObject, UICollectionViewDelegateFlowLayout {
  private let flowLayout: UICollectionViewFlowLayout

  init(flowLayout: UICollectionViewFlowLayout) {
    self.flowLayout = flowLayout
    super.init()
  }

  func collectionView(
    _ collectionView: UICollectionView,
    layout collectionViewLayout: UICollectionViewLayout,
    sizeForItemAt indexPath: IndexPath
  ) -> CGSize {
    let width = collectionView.bounds.width
    let numberOfItemsPerRow: CGFloat = 1
    let spacing: CGFloat =
      flowLayout.minimumInteritemSpacing
    let availableWidth = width - spacing *
      (numberOfItemsPerRow + 1)
    let itemDimension = floor(
      availableWidth / numberOfItemsPerRow)
    return CGSize(
      width: itemDimension,
      height: itemDimension)
  }
}
```

为了增加协调器，我们将在第 6 章的示例基础上进行扩展，使 Photo Stream 在 **MainTabBar-ViewController** 内显示。此外，我们从第 6 章的协调器示例中复制了引导流程和设置页面，以演示协调器的好处。

为了在第 6 章的示例中启用我们的 **PhotoStreamViewController**，我们首先需要创建一个 **PhotoStreamCoordinator**。协调器还包含 **PhotoModel** 作为一个依赖项。这样我们就可以将其注入我们的 **PhotoStreamViewController** 中并从网络获取我们的照片。

```
final class PhotoStreamCoordinator: BaseCoordinator {
    // save our dependency for injection
    private let photoModel: PhotoModelProto

    init(
        router: RouterProto,
        photoModel: PhotoModelProto
    ) {
        self.photoModel = photoModel
        super.init(router: router)
    }
}
```

接下来，在我们的启动函数中，我们通过使用工厂方法实例化视图控制器，并利用路由管理器，将该视图控制器配置为标签的起始模块。

```
override func start() {
    let photoStreamVC = PhotoStreamViewController(
        photoModel: photoModel)
    router.setRootModule(photoStreamVC, hideBar: false)
}
```

通过将 **UINavigationController** 设置为根模块，我们可以配置用于导航的标签。配置导航控制器允许使用 **UINavigationController** 的基于栈的导航功能附加到标签栏的不同项目。

为了将我们的协调器接入当前的协调器层级，我们首先需要调整我们的依赖项以适应 **PhotoStreamViewController** 对 **PhotoModel** 的使用。为此，我们在场景代理中修改当前的应用程序协调器设置，并实例化我们的依赖项以支持注入 **PhotoModel**。

```
func scene(
    _ scene: UIScene,
    willConnectTo session: UISceneSession,
    options connectionOptions: UIScene.ConnectionOptions
) {
    // skip some setup code...
    // setup dependencies for injection here
    let coreDataManager = CoreDataManager(
        persistentContainer: container,
        inMemory: false)
    let networkManager = NetworkManager(
        networking: URLSession.shared)
    let repository = PhotoRepository(
        localStorageManager: coreDataManager,
        networkManager: networkManager)
    let photoModel = PhotoModel(
        photoRepository: repository)
```

```
let vc = UINavigationController()
window.rootViewController = vc
self.window = window
window.makeKeyAndVisible()

applicationCoordinator = ApplicationCoordinator(
  router: Router(rootController: vc),
  // force to onboarding to show coordinators action
  launchState: .onboarding,
  childCoordinators: [],
  photoModel: photoModel)
// no deeplink support
applicationCoordinator?.start()
}
```

最后，我们需要在 **MainTabCoordinator** 的启动函数中修改功能，以显示更新后的
PhotoStreamViewController。为此，我们为每个标签创建两个导航控制器和一个新路由
器实例，允许我们在标签内部使用导航。

```
override func start() {
  let tabBar = MainTabBarViewController()
  let photoStreamNavController = setupPhotoStreamNav()
  let settingsNavController = setupSettingsNav()

  tabBar.viewControllers = [
    photoStreamNavController,
    settingsNavController]
  router.setRootModule(tabBar, hideBar: true)
}
```

关于避免过早优化的说明

添加协调器是一个很好的方法，来抽象我们的关注点并进一步模块化我们的应用程序。
然而，由于我们最初只有一个屏幕，即 **PhotoStreamViewController**，我们意识到所做的
所有协调器实现工作都效果甚微。因此，我们认为添加协调器是一种过早的优化。

协调器在我们的应用程序中没有解决任何特殊问题，因此仅仅添加它们只是应用程序
架构中的一个常见陷阱。人们很容易就会对未来的未知问题进行理论化，并花费太多时间
试图为这些问题构建解决方案，而不是完成最初所需的工作。设计可扩展系统与过度优化
之间的平衡需要仔细考虑。一个通用的经验法则是：

1. 将模块化和可测试设计原则应用于每个功能的后续调整。

2. 如果在接下来的 6 ~ 12 个月内没有明确的业务用例，那么就不要做出任何改变。

如果我们过度优化不存在的使用场景，就有可能创建错误的系统，并因为额外的开发
工作需求而推迟公司重要功能的交付日期。

可测试性

正如之前提到的，我们的基础 MVC 应用程序可以通过整合依赖注入、外观模式和协

调者模式来改进。这些模式进一步将关注点抽象到它们自己的模块中，增强了我们测试应用程序各个组件的能力。此外，通过依赖注入抽象我们的依赖关系，我们可以更容易地在集成测试中模拟控制器中的逻辑。尽管依赖注入在一定程度上解决了我们的测试问题，但MVC仍然使测试变得更加困难，因为它没有提供一个明确的地方来操作数据，例如从服务器基础表示转到视图状态。在MVC中，大多数情况下，这些变化所需的逻辑最终出现在控制器或视图本身中，这两者都很难进行单元测试。

为了解决单元测试应用程序的困难，我们可以更多地依赖集成测试。然而，集成测试的设置可能很复杂，运行起来也很耗时。在一个庞大的应用程序中，代码上线前的自动化测试可能只能运行一部分，以避免花费太多时间。因此，选择单元测试是一种更快地获取变更反馈的方法。在后续章节中讨论的MVVM和VIPER帮助将更多的交互从视图控制中抽离出来，从而提供一个更易于测试的设置。

大规模MVC

在继续之前，你还有什么其他需要考虑的问题吗？

由于MVC模式无法提供清晰的关注点分离，并且经常导致大量文件（不仅仅是视图控制器），因此我们不太可能从头开始定义应用程序的架构。相反，我们将在现有的应用程序上工作，这些应用程序的架构已经经过多次修订，并遵循更复杂的架构模式，如MVVM或VIPER。然而，你也可能发现自己在一个快速增长的公司中，当前的架构已经不再运行良好。

在这种情况下，如果设置的架构是MVC，那么你应该遵循最佳实践以确保应用程序可以继续扩展。如果架构需要改变，那么你必须基于记录下来的痛点提供一个有效的案例，说明应用程序架构需要改变以满足业务目标。这个过程可以分解为以下几个步骤：

1. 了解当前架构，并确保其当前实现符合高标准。
2. 明确具体的痛点。
3. 制定正式方案，评估各种架构解决方案和最佳解决方案。
4. 在修改完成后，继续迭代和发展架构并持续评估其有效性，以确保它能够解决预期的障碍。

应用程序架构模式不应被视为固定规则，而应与其他设计模式结合起来，以形成一个功能完整、可测试的应用程序。然而，应用程序设计模式试图覆盖整个应用程序结构，但很少能做到这一点。因此，将应用程序设计模式与其他设计模式结合起来，以形成一个功能完整、可测试的模块化应用程序是有益的。本节展示了一个有机增长应用程序的潜在设计过程，我们从核心功能开始（展示照片并做出反应），识别潜在问题（视图控制器有太多问题），并调整我们的架构来解决这些问题（抽象代理和数据源并增加了协调器）。任何不断发展的应用程序都需要定期评估其架构并根据需要进行修改，以便可以继续扩展。

7.3 总结

本章讨论了 MVC 应用程序设计模式。首先，我们介绍了架构、组件以及状态交互。接下来，我们使用 Photo Stream 示例来仔细研究 MVC 架构及其缺陷。最后，我们讨论了如何解决我们遇到的问题。我们试图通过批判性思维来展示这一架构模式，对整个架构设计过程进行思考。

总的来说，我们发现 MVC 是一个简单的模式，它不需要太多的开销，因此非常适合新应用程序、概念验证，以及任何需要快速迭代、为业务用例的重大变化留出空间的应用程序。随着你的应用程序不断成长，你可能会发现最初的 MVC 模式存在缺陷，这些缺陷可以通过重构或利用更复杂或更特定的设计模式来重建。这样，即使 MVC 不适用于大规模应用程序，我们仍然可以利用 MVC 模式帮助我们快速取得进展，避免因为我们不太可能面临的潜在问题而过度工程化。

每个应用程序都是独一无二的，需要将多种设计模式结合起来以实现个性化目标。因此，MVC 模式在某些情况下非常适用。你必须确定这些情况何时发生，并适当记录下来，以便讨论、实施和回顾。通过实际例子，我们讨论了我们正在进行的 MVC 应用程序，以及如何应用架构最佳实践来解决随着应用程序的扩展而出现的问题。尽管应用程序的性质是玩具应用程序，这些决定可能在大型企业中看起来微不足道，但加入协调器和转向基于模型的网络是巨大的变化，可能会影响数百名工程师的工作方式。因此，需要谨慎规划和执行这些变化。本书第三部分将讨论如何有效应对这些问题。

7.3.1 本章要点

1. 没有单一的架构解决方案。因此，遵循教条式模式可能会导致问题。每个情况都需要针对其独特的挑战进行评估。
2. MVC 是被普遍接受的模式，但它不易扩展，并且需要与其他原则结合使用。尽管如此，它可以作为一个很好的起点。
3. 应用程序设计模式这个名称不恰当，因为一个模式通常无法涵盖应用程序所需的一切。相反，我们应该仔细考虑如何分解我们的应用程序，并以模块化的方式处理复杂性。

7.3.2 扩展阅读

1. Pinterest 使用 NSNotificationCenter 进行模型更新：
   https://academy.realm.io/posts/slug-wendy-lu-data-consistency/
2. *Advanced iOS App Architecture: Real-World App Architecture in Swift*，作者 Ray Wenderlich 团队

第 8 章 *Chapter 8*

MVVM

8.1 概述

我们在第 7 章讨论了 MVC 设计并将其应用到我们的 Photo Stream 示例中。我们讨论了添加反应组件的可能性，以说明可能的扩展障碍。为了展示导航障碍，我们将应用程序与之前的协调器连接起来。本章将使用类似的格式来解释 MVVM 模式并将其应用于 Photo Stream 应用程序。同时，我们将考虑第 7 章中做出的架构决定。

本章概要

在 8.2.3 节，我们将扩展 Photo Stream 示例，以突出 MVVM 模式的优势以及相对于 MVC 和其他架构模式的潜在应用，其中包括对该模式的深入分析、权衡、使用时考虑因素以及我们在应用程序中最适合它的使用时机。

8.2 深入探讨 MVVM

MVVM 模式使用与 MVC 模式相同的组件，并增加了一个视图模型。视图模型用于模拟应用程序的视图状态，并描述场景的呈现和交互逻辑。

视图模型从底层模型中获取对象的值并对数据进行转换，以便可以直接显示给视图。通过使用响应式编程，视图模型与视图控制器通信。尽管响应式编程并不是 MVVM 所必需的，但它是一种广泛应用的实现方式，我们将在本章中使用它。图 8-1 概述了 MVVM 组件如何协同工作以创建一个功能完备的应用程序。

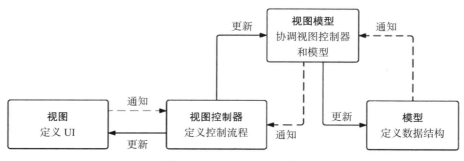

图 8-1 通用 MVVM 架构

虽然 MVVM 整体设计与 MVC 很相似，但视图模型是一个很大的不同之处。它处理了 MVC 应用中由视图控制器或模型负责的部分任务，包括视图状态。假设视图状态转换位于视图控制器中，可以通过将视图状态移至视图模型提高可测试性。这种方法将视图状态与 iOS 应用程序框架中的视图控制器连接起来。如果将视图状态转换放在模型中，那么 MVVM 的作用是减少模型的功能并为将模型值转换为以视图为中心的值提供一个集中的位置。

对于具有复杂状态交互的应用程序，MVVM 模式非常有用。这是因为具有复杂状态交互的应用程序通常还需要复杂的导航。因此，协调器模式与 MVVM 结合很好，因为它使视图模型与场景耦合，协调器可以编排应用程序流程。这使得视图控制器仅负责管理视图层次结构。这种设计模式的组合很好地遵循了单一职责原则，并有助于模块化我们的应用程序。图 8-2 概述了协调器与 MVVM 结合的导航方式。使用 MVVM 的协调器确实在应用程序中引入了另一个间接层次，并添加了功能工程所需的额外代码。

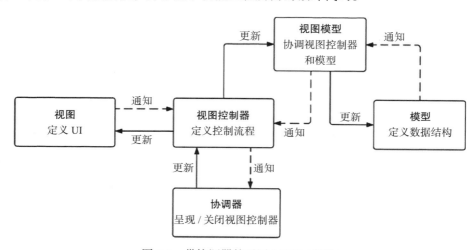

图 8-2 带协调器的通用 MVVM 架构

我们的 Photo Stream 应用程序将使用图 8-3 中的这些组件。在这个图表中，我们专注于展示应用程序的 Photo Stream 部分以及该流程的导航协调器。

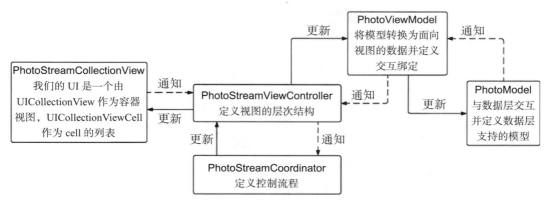

图 8-3　带协调器的 Photo Stream 应用程序 MVVM 架构

8.2.1　MVVM 组件

通过添加协调器和视图模型，我们的应用程序变得更加模块化，每个组件的任务也减少了。现在，我们将对这些定义好的组件进行更详细的介绍。

模型

与 MVC 相比，该模型变化不大。在 MVVM 中，模型对象仍然是一个 Swift 类，包含与应用程序相关的业务逻辑和数据。现在，我们的 Photo Stream 应用程序的迭代中包含了 **reactions** 模型。

视图模型

MVC 和 MVVM 之间的主要区别是视图模型。在 Swift 中，视图模型通常包括视图状态、处理用户交互的方法以及绑定不同用户界面元素。为了保持视图模型对象的不变性，我们在示例中将视图的状态解耦到一个独立的不可变视图模型结构体中。我们可以直接将状态作为参数应用到视图模型上，但通过强制实施不变性并创建不可变的视图模型，我们可以确保应用程序和状态的正确性。

在设计可扩展应用程序时，一个非常重要的因素是尽量减少复杂的状态交互，以防止可能出现的错误。在 iOS 应用程序中，准确地处理状态更新是状态交互中最具挑战性的方面之一。如果用户界面与模型不匹配或数据过时，那么可能会导致意外行为，包括应用程序崩溃以及显示或保存错误数据。

通过将不可变视图模型应用于 MVVM 模式，我们最大限度地减少了应用程序中的可变状态。由于用户界面需要准确反映用户所做的更改，因此用户界面需要经常更新。通过使用传统的双向绑定视图模型，我们可以可变地更新用户界面状态，这增加了出现意外错误的可能性。然而，通过绕过每次模型更改时都会刷新的不可变视图模型，我们消除了这种类型的重复状态。更新的视图状态一旦应用于用户界面，我们就无法再修改对象。

注释　状态是我们存储特定数据类型表示的任何地方。

通过使用 Combine 进行响应式绑定，我们将状态交互划分为独立的输入和输出结构体，从而进一步模块化我们的视图模型。这使我们的视图模型充当不可变数据以及显示模型状态所需的其他值，同时我们拥有独立的结构来模拟状态转换。

视图控制器

在 MVVM 中，视图控制器对象是视图和视图模型之间的中介。控制器通常是 UIView-Controller 的一个子类，负责控制逻辑流程和视图层次结构。在示例中，视图控制器将管理视图和视图模型之间的交互，并建立自身与视图模型之间的绑定，以便更新状态。

此外，在示例中，由于我们使用协调器进行导航，因此我们将导航责任从视图控制器中移除，使视图控制器仅负责管理视图层次结构。现在，状态更新与视图模型绑定，而导航与协调器绑定。

视图

视图与 MVC 中的保持不变。

8.2.2　组件间的交互

对象的构建

与 MVC 和其他设计模式类似，构建对象有不同的方法。我们的 MVVM 示例项目遵循了类似的做法，其中一个高层控制器将加载和配置视图。然而，在 MVVM 中，相关的视图信息将来自视图模型而不是直接来自模型，因此我们将继续利用依赖注入来管理所有资源。

模型的更新

在 MVVM 中，视图模型对模型进行更新。根据视图控制器收到的修改事件，视图模型直接更新模型。视图模型知道它可以处理哪些类型的事件以及它应该采取什么行动来改变模型。

视图模型

视图模型负责用户交互，将交互映射（例如点击按钮）映射为方法或闭包。这些方法完成许多任务，例如指示模型更新，然后引发状态变化，从而导致视图变化。在我们的例子中，我们将负责状态变化的视图模型抽象为单独的结构体，然后将视图控制器绑定到视图模型上，以配置状态变化交互。

视图控制器

与 MVC 不同，MVVM 的视图控制器只有当视图事件到来时才会通知视图模型，然后视图模型负责更改其内部状态或模型。

与 MVC 不同，视图控制器不会观察模型。相反，视图模型观察模型并改变视图控制器以其能够理解的方式更新。这些变化通常由响应式编程框架（例如我们的例子中的 Combine）订阅，但任何观察机制都可以工作。当发生事件时，视图控制器会更改视图层次结构，并且只在模型发生变化后通知相关观察者，从而强制执行单向数据流。

更新视图

在 MVVM 中，视图层通过绑定到视图模型属性来响应状态变化并通知视图模型用户互动，例如点击按钮或更新文本。所有这些绑定都建立在控制器中。

在我们的 MVVM 示例中，我们使用单向数据绑定将视图中的 UI 元素绑定到视图模型。这意味着视图模型是唯一的真实来源，一旦其状态改变，视图就会更新。

视图状态

在 MVVM 中，视图状态存储在视图模型中。我们的例子使用 Combine 框架，因此状态由 @Published 属性组成。使用 Combine，视图控制器会订阅这些发布者。

8.2.3　MVVM 示例

在之前的示例基础上，我们可以为 Photo Stream 应用程序创建视图模型。在示例中，整体视图模型有两个用途，如下所示：

1. 处理状态变化交互。

2. 包含完整视图状态作为与 UI 视图状态匹配的不可变数据（而不是网络镜像响应）。

让我们开始构建视图状态。我们可以从用户界面中提取所需的属性并创建一个独立的结构体。我们还实现了可比较（Equatable）协议，以便后续使用。

```
struct PhotoViewModel {
  let title: String
  let id: Int
  let reactionsLabelText: String
  let thumbsUpCount: Int
  let thumbsDownCount: Int
}

extension PhotoViewModel: Equatable {
  static func == (
    lhs: PhotoViewModel,
    rhs: PhotoViewModel
  ) -> Bool {
    return lhs.id == rhs.id
    && lhs.title == rhs.title
    && lhs.reactionsLabelText == rhs.reactionsLabelText
    && lhs.thumbsUpCount == rhs.thumbsUpCount
    && lhs.thumbsDownCount == rhs.thumbsDownCount
  }
}
```

我们将使用一个静态构建器来填充照片视图模型，因为我们的 reactionsLabelText 不是直接从网络模型中获得的，而是在构建器中创建的。注意这段代码如何从模型转移到视图模型构建器。更复杂的应用程序可能需要从网络到视图模型进行大量转换，这可能需要一个更强大的构建器，因为我们可能需要使用来自多个网络请求的结果来创建视图模型。

关键架构决策 我们的视图模型可以通过独立的静态构建器构建，这使我们能够以可测试、模块化的方式轻松构建复杂的视图模型。

```swift
final class PhotoViewModelBuilder {
  static func buildPhotoStreamViewModel(
    photo: PhotoModel.Photo
  ) -> PhotoViewModel {
    let downCount = photo.reactions.thumbsDownCount
    let upCount = photo.reactions.thumbsUpCount
    let label = buildReactionsLabelText(
      thumbsUpCount: upCount,
      thumbsDownCount: downCount)
    return PhotoViewModel(
      title: photo.title,
      id: photo.id,
      reactionsLabelText: label,
      thumbsUpCount: upCount,
      thumbsDownCount: downCount
    )
  }

  private static func buildReactionsLabelText(
    thumbsUpCount: Int,
    thumbsDownCount: Int
  ) -> String {
    return "\(thumbsUpCount) 👍 and" +
    \(thumbsDownCount) 👎"
  }
}
```

让我们来定义我们希望的场景的状态转换。我们可以将其描述为一个具有输入、转换和输出的响应式数据转换管道。我们的输入对象定义了模型使用的 UI 事件，并启动状态转换。另外，我们的输出结构体显示了由于变化而产生的视图状态。

为了处理输入，我们必须考虑视图出现时以及用户点击反应时的情况。为此，我们将定义允许的状态输入，并将它们映射到 Combine 绑定上。

```swift
import Combine

// struct to wrap view-model input
struct ReactionSelection {
  let id: Int
  let reactionType: ReactionType
}

struct PhotoStreamViewModelInput {
```

```
// called when a screen becomes visible
let appear: AnyPublisher<Void, Never>
// called when the user reactions to a photo
let reaction: AnyPublisher<ReactionSelection, Never>
}
```

对于输出，我们希望视图控制器能够知道何时调用模型来获取数据，何时已经完成并构建了视图模型，以及何时发生失败。类似于输入结构体，我们将把转换绑定到 Combine 上。

```
import Combine

typealias PhotoStreamViewModelOutput = AnyPublisher<PhotoStream
State, Never>

enum PhotoStreamState {
  case loading
  case success([PhotoViewModel])
  case failure(Error)
}
extension PhotoStreamState: Equatable {
  static func == (
    lhs: PhotoStreamState,
    rhs: PhotoStreamState
  ) -> Bool {
    switch (lhs, rhs) {
      case (.loading, .loading): return true
      case (.success(let lhsPhotos),
            .success(let rhsPhotos)):
          return lhsPhotos == rhsPhotos
      case (.failure, .failure): return true
      default: return false
    }
  }
}
```

有了允许的数据转换和不可变视图状态的定义，我们就可以将这些数据连接到我们的整体场景视图模型中。这段代码的主要部分是转换函数，在这里我们可以获取输入并使用适当的转换来生成所需的输出。

在这里，我们将 PhotoModel 的调用从控制器转移到视图模型，并对更新照片的反应进行了微调。我们还添加了加载状态，以展示 MVVM 如何使这些更容易修改。

```
final class PhotoStreamViewModel: PhotoStreamViewModelProto {
  let vcTitle: String = "Photo Stream"
  private let photos: [PhotoViewModel] = []
  private let photoModel: PhotoModelProto
  private var cancellables: [AnyCancellable] = []

  init(photoModel: PhotoModelProto) {
    self.photoModel = photoModel
```

```
    }
func transform(
  input: PhotoStreamViewModelInput
) -> PhotoStreamViewModelOutput {
  input
      .reaction
      .sink { [unowned self] selection in
          let upCount =
              selection.reactionType ==
                  .thumbsUp ? 1 : 0
          let downCount =
              selection.reactionType ==
                  .thumbsDown ? 1 : 0
          self.photoModel.updateReactionCount(
              id: selection.id,
              upCount: upCount,
              downCount: downCount)
  }.store(in: &cancellables)
  let loading: PhotoStreamViewModelOutput = input
      .appear
      .map({_ in .loading })
      .eraseToAnyPublisher()
  let v = photoModel.allPhotosPublished.map {
      photos in
      let t = photos.map {
          PhotoViewModelBuilder
          .buildPhotoStreamViewModel(photo: $0)
      }
      return t.isEmpty ? .loading : .success(t)
  }
  .merge(with: loading)
  .removeDuplicates()
  .eraseToAnyPublisher()
  photoModel.getAllPhotos()
  return v
  }
}

extension PhotoStreamViewModel: Equatable {
    static func == (
      lhs: PhotoStreamViewModel,
      rhs: PhotoStreamViewModel
    ) -> Bool {
    return lhs.photos == rhs.photos
    }
}
```

关键架构决策 将输入和输出状态划分为不同的对象，与传统的 MVVM 方法不同，我们能够更好地实施不变性。

最后，我们可以通过发送 Subject 将新的组合绑定连接到当前的视图控制器。在这里，我们移除了对 PhotoModel 的模型引用，然后连接视图模型绑定。

PassthroughSubject 作为 Subject 的一个具体实现，它没有初始值或最近发布元素的缓冲。如果没有订阅者或当前需求为零，PassthroughSubject 会丢弃值。这意味着它可以轻松将当前命令式代码适配到 Combine 框架和响应式编程模型[⊖]。

```
private let photoStreamVM: PhotoStreamViewModelProto
private var cancellables: Set<AnyCancellable> = []

private let reaction =
PassthroughSubject<ReactionSelection, Never>()
private let appear = PassthroughSubject<Void, Never>()

init(photoStreamVM: PhotoStreamViewModelProto) {
  self.photoStreamVM = photoStreamVM
  super.init(nibName: nil, bundle: .main)
}

override func viewDidLoad() {
  super.viewDidLoad()
  navigationController?.tabBarItem.title =
  photoStreamVM.vcTitle
  let input = PhotoStreamViewModelInput(
    appear: appear.eraseToAnyPublisher(),
    reaction: reaction.eraseToAnyPublisher())

  let output = photoStreamVM.transform(input: input)
  output.sink { [unowned self] state in
    self.render(state)
  }
  .store(in: &cancellables)
}
```

此外，我们创建了一个渲染状态函数，以说明如何创建更复杂的加载状态。最后，我们需要更新响应计数，以便能够与新视图模型绑定。

```
private func render(_ state: PhotoStreamState) {
  switch state {
  case .loading:
    print("loading...")
  case .failure:
    print("failed...")
  case .success(let photoStream):
    collectionViewDataSource.update(photos: photoStream)
    collectionView.reloadData()
```

⊖ https://developer.apple.com/documentation/combine/passthroughsubject

```swift
    }
  }
  @objc func updateReactionCount(_ sender: UIButton) {
    guard let btn = sender as? ReactionsButton,
        let reactionType = btn.reactionType,
        let photoId = btn.id
      else { return }
      let reactionSelection = ReactionSelection(
        id: photoId, reactionType: reactionType)
        reaction.send(reactionSelection)
  }
```

现在我们已经创建了视图模型并在控制器中添加了必要的绑定，我们需要更新协调器以反映新依赖。

```swift
final class PhotoStreamCoordinator: BaseCoordinator {
  private let photoModel: PhotoModelProto

  init(
    router: RouterProto,
    photoModel: PhotoModelProto
  ) {
    self.photoModel = photoModel
    super.init(router: router)
  }

  override func start() {
    let photoStreamVM: PhotoStreamViewModelProto =
    PhotoStreamViewModel(photoModel: photoModel)
    let photoStreamVC = PhotoStreamViewController(
      photoStreamVM: photoStreamVM)
    router.setRootModule(photoStreamVC, hideBar: false)
  }
}
```

8.2.4 讨论

在以上示例中，我们修改了 MVC 应用程序以支持 MVVM。我们通过从模型和视图控制器中抽象出一些逻辑，添加一个更真实的加载状态，更新我们的响应机制，并将视图控制器标题作为参数传入实现了这一点。这只是一个微小的修改，但它展示了一个更真实的情况，即所有字符串都通过参数传递，并且有可能在服务器上配置，以便与更多 i18n 翻译系统进行交互。

更重大的变化包括将视图状态特定的逻辑移动到视图模型中，以及移动必要的逻辑，将服务器驱动的数据转换为所需的 UI 表示。鉴于我们的示例较小，这些变化并不大，但它们在大型应用程序中带来了更大的好处，尤其是在涉及复杂的数据交互和状态转换的情况下。

通过使用带有协调器的静态 MVVM 实现，我们能够更好地区分应用程序的不同层次。

优势：

1. 视图和视图控制器的实现更加精简。

2. 类更加模块化。

3. 强制实现系统中单向可预测的数据流。

4. 视图接收特定于视图的视图模型，这些视图模型与网络支持的模型分离。

5. MVVM 是 iOS 工程师们广为人知并理解的一种模式。

劣势：

1. 每当用户界面需要更新时，就会创建并发送一个完整的视图模型。这种模型通常会覆盖用户界面中未修改的部分。

2. 需要一些样板代码来连接响应式绑定。

3. 需要一个额外的框架来支持响应式绑定。

MVVM 的权衡因素

开销

MVVM 的主要权衡是与 MVC 相比增加了开销。这在我们的示例中得到了很好的体现，我们创建了四个额外的文件：

1. PhotoViewModel

2. PhotoViewModelBuilder

3. PhotoStreamState

4. PhotoStreamViewModelInput

为了实现加载状态和响应更新的相对较小的好处，我们增加了许多额外的类。除了这些额外的类之外，我们还引入了对特定响应式编程框架的需求。

响应式编程

大型应用程序需要响应式编程风格，因为它要求执行可预测的数据模型。我们选择使用 Apple 提供的 **Combine** 作为我们应用程序的响应式编程框架。无论使用哪个响应式编程框架，都需要额外的框架，而且某些应用程序代码必须专门针对特定框架，这使得开发人员很难将代码移植到其他框架。

模块化

与 MVC 架构相比，通过添加协调器和视图模型，我们减轻了视图控制器的责任，并提高了应用程序的模块化程度。视图模型帮助我们管理状态变化时的响应以及为用户界面（响应字符串）转换数据。

视图模型的一大优势是它为我们提供了一个模块化的位置，用于将模型数据转换为视图状态。在 MVC 中，我们通常需要选择在现有的三个组件——模型、视图和控制器——之间进行选择。我们首先在模型层修改数据，然后将整个模型传递给视图控制器，在那里根据视图的需要选择我们所需的内容。

此外，使用 MVVM，我们不必强制保持视图模型、视图控制器和视图之间的一对一映射。事实上，其他视图模型可以管理视图的部分内容，尤其是在更新频率不同时。例如，如果我们有一个打开聊天窗格的 Google 文档，让多人编辑它并通过评论合作，那么我们就不会希望每次收到聊天消息时都刷新它。

另一个例子是自动补全搜索的实现。在这种情况下，我们希望搜索框能够随着我们输入更多文本而更新更准确的结果。在这种情况下，整个屏幕可以由一个视图模型（例如，来自 Photo Stream 的已保存照片）服务，但搜索文本框可以监听一个特定的自动完成视图模型。图 8-4 显示了自动补全搜索的潜在嵌套视图模型设置。

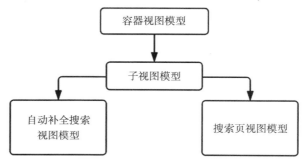

图 8-4　用于自动补全搜索的嵌套视图模型

可测试性

由于对视图和视图控制器的引用被删除，因此视图模型可以独立测试。这提高了整个应用程序的可测试性。为了提高应用程序的可测试性，MVVM 模式允许独立测试视图模型转换，从而与应用程序框架分离。Kickstarter 开发的 iOS 应用程序在很大程度上依赖视图模型来实现可测试性，Kickstarter 将视图模型视为一种轻量级方式来隔离副作用并包含一个功能核心，并将视图模型描述为"输入信号到输出信号的纯映射"，并对其进行了大量测试，包括本地化、可访问性和事件跟踪[⊖]。

8.3　总结

由于具备提高创建模块化和可测试代码的能力，因此 MVVM 是一种优质的设计模式，能够提高我们应用程序的模块化程度，并且可以从简单的 MVC 应用程序扩展到能够适应大量开发者和用户基础的应用程序。

在传统的 MVVM 应用程序中，大多数视图控制器代码都被替换为视图模型，该模型是一个常规类，可以更容易地单独测试。为了支持视图和模型之间的双向桥接，传统的 MVVM 通常实现了某种形式的可观察对象或响应式编程框架。在这里，我们进一步在

⊖　https://github.com/kickstarter/ios-oss

MVVM 模式上进行了构建，包括不可变的视图模型，并通过协调器模块化我们的代码。这进一步分散了我们的关注点，从而提高了大型开发团队的易用性。

MVP 和 VIPER 模式是类似的关注点分离的其他方法，展示器修改模型并将其发送到视图层。在这里，视图控制器和视图都被视为视图层的一部分。VIPER 是 MVP 的一种更详细、更解耦的形式，除了 MVP 中的展示器，还增加了独立的"交互器"用于业务逻辑、实体（模型）和路由器（导航）。第 9 章将讨论 VIPER 作为最终的应用设计模式，以进一步展示另一种架构选项。

8.3.1　本章要点

1. MVVM 增加了抽象性并提高了模块化。
2. 与响应式编程搭配使用，能有效管理应用程序状态。
3. MVVM 是一种很好的架构选择，只需要很小的修改就可以在 MVC 基础上进一步构建，因为大多数工程师都熟悉它，并且可以扩展应用程序。

8.3.2　扩展阅读

1. *Advanced iOS App Architecture:Real-World App Architecture in Swift*，作者是 Ray Wenderlich 团队
2. Kouraklis,John(2016).*MVVM as Design Pattern*.10.1007/978-1-4842-2214-0_1

VIPER

9.1　概述

　　到目前为止，我们在架构章节中讨论了 MVC 和 MVVM 架构。我们首先讨论了 MVC，这是 Apple 文档中推广的基本 iOS 架构范式。然后，我们提供了修改该模式的示例，使其更模块化和可测试（这符合我们在第 5 章中定义的架构原则）。然后，我们讨论了 MVVM，以解决 MVC 所遇到的一些可扩展性问题。为了扩展我们的 MVVM 应用程序，我们添加了协调器模式。该模式描述了我们的 UI 业务逻辑、路由和数据层的架构。它使我们的应用程序更加模块化、可测试，并且拥有更多的扩展能力。

　　许多其他架构模式旨在降低与 MVC 架构的耦合度并使应用程序更加模块化和可扩展。虽然我们无法在这里讨论互联网上的所有衍生设计模式，但我们可以讨论 VIPER，因为它涵盖了这些模式的基本原则。VIPER 作为一种工具，将所有关注点分开来创建架构的想法。许多公司已经开发了 VIPER 的定制衍生物，如 RIBLET 和 Ziggurat。我们将使用 VIPER 来总结这些模式和权衡的思想。VIPER 没有固定的架构，但其衍生的架构模式完美地代表了这一点。

本章概要

　　本章将详细讨论 VIPER 设计模式的细节、权衡以及使用时的考量。在 9.2.3 节，我们将把 MVC 的 Photo Stream 示例重写为 VIPER，以突出 VIPER 模式的优势及其与其他架构模式的潜在应用。

9.2 深入探讨 VIPER

VIPER 架构的核心是单一职责原则。VIPER 与 MVC 和 MVVM 相似，但 VIPER 处理应用程序架构的方式有很大不同。VIPER 将每个应用程序模块分解为五个组件（视图、交互器、展示器、实体和路由器），VIPER 为路由器编排的每个场景创建一个自包含的模块。图 9-1 显示了 VIPER 组件及其相互作用。

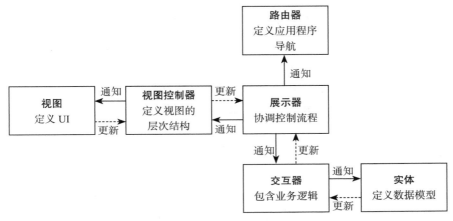

图 9-1　VIPER 总体架构

VIPER 与我们之前讨论的 MVVM 架构模式仍然非常相似，它们都致力于使应用程序更加模块化和可测试，主要通过从 **UIViewController** 中移除控制权。即使逻辑与视图控制器分离，我们仍然需要注意导航元素的分离，因此我们在 MVVM 中加入了协调器，VIPER 在不增加协调器或其他模式的情况下同时满足了这两个需求。

9.2.1　VIPER 组件

视图
视图在 MVC 和 MVVM 中的角色并未改变。视图向用户展示整体的用户界面，并将用户交互中的事件发送给控制器。

视图控制器
虽然有时会将视图控制器归入 VIPER 的视图部分，但在这里我们将其分开。这是因为视图控制器了解如何构建视图层次结构并与展示器互动。它只负责布局视图并作为展示器使用的事件转发层。

交互器
交互器包含负责从数据层获取数据或直接使用 API 调用的业务逻辑。在实现中，它应该完全独立于用户界面，并使用我们现有的仓库和数据层模式来获取领域对象。

交互器可以准备或转换来自服务层的数据。例如，在请求或保存数据之前，它可以进行排序或过滤，以便寻求适当的网络服务实现。由于交互器不了解视图，它不知道数据应该如何为视图准备，因此展示器承担了这个角色。

展示器

展示器是 VIPER 模块的核心，也是模块中唯一一个与所有其他层进行通信的层。作为中心层，展示器负责制定模块的所有决策，控制来自视图的用户触发事件的反应，将导航问题委托给路由器，并向业务层发送消息。由于了解视图，展示器还负责准备视图呈现的数据。

实体

实体是模型的另一个名称，在 MVVM 和 MVC 中保持不变。在 VIPER 中，实体是交互器使用的简单的类（例如 Swift 的例子），在 VIPER 模块结构之外定义，因为这些实体在整个系统中共享。

路由器

在应用程序中，路由器负责导航。它可以访问导航控制器和窗口，并利用它们来实例化其他控制器以推送。另外，路由器仅与展示器通信，负责实例化其他 VIPER 模块，使其成为模块间传递数据的理想位置。

9.2.2 组件间的交互

在大多数情况下，VIPER 使用代理模式来连接模块内部组件。然而，在我们的示例中，Photo Stream 模块使用了 Combine，因此我们将使用 Combine 的响应式绑定来代替代理模式。

对象构建

我们的 VIPER 示例项目采用了与其他示例相同的方法，即使用一个上层对象加载并配置视图。在 VIPER 中，这个对象不是控制器，而是路由器，它了解模块构建的细节，并被配置为依赖注入来使用所有资源。

交互器更新模型

在 VIPER 中，模型更新可以通过对交互器的修改来实现。交互器根据展示器收到的变化直接触发模型更新。此外，交互器对展示器进行弱引用，以通知展示器更新。

展示器处理事件

展示器是事件处理器，视图控制器将事件转发给展示器来处理。根据结果，展示器可以调用交互器更新数据模型，或者调用展示器展示或关闭模块。这是唯一与几乎所有其他组件通信的类。展示器对交互器、视图控制器和路由器持有强引用，以内存安全的方式处理通信。

视图控制器展示状态更新的结果

在 VIPER 中，视图控制器组件的交互与 MVVM 的交互类似。在 VIPER 中，视图控制器从展示器那里获得更新，然后触发相关视图层次结构的变化。在 VIPER 中，我们的视图控制器会强引用展示器，并遵循代理模式。

更新视图

展示器触发视图的更新并通过视图控制器进行协调。当用户启动视图更改事件时，视图会同时通知控制器并通知展示器。然后，展示器知道如何处理事件并采取适当的行动。

视图的状态管理

在 VIPER 中，展示器管理视图状态。我们的示例利用 Combine，因此状态由 @Published 属性组成。使用 Combine，视图控制器订阅发布者。由于这是 VIPER 中不常见的方法，因此我们还包括了设置场景，它使用代理，这是 VIPER 的更常见方法。

9.2.3　VIPER 示例

在实际示例中，我们将回顾第 8 章的 MVC 示例并重写它以使用 VIPER。我们将重写两个模块以展示 VIPER 架构模式对协议的使用，以及如何结合 VIPER 使用 Combine。设置模块将使用代理，而 Photo Stream 模块将使用 Combine 绑定。

将现有应用程序转换为使用 VIPER 的第一步是概述我们的应用程序流程。在图 9-2 中，我们定义了模块层次结构，类似于带有协调器的 MVVM：

1. 高级应用层模块基于应用程序启动输入定义了需要加载的子模块和它们要加载的导航栈。

2. 主应用程序的标签栏启动 Photo Stream 模块和设置模块。

我们还包括假设的引导流程和认证流程，这是大多数应用程序必需的两个流程，但在本章中没有完全实现。

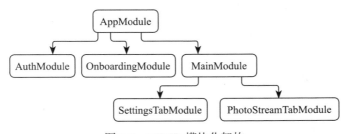

图 9-2　VIPER 模块化架构

我们可以修改 `SceneDelegate.swift` 中的现有代码来实现应用程序级模块。为此，我们将创建

1. `AppPresenter` 用于处理展示逻辑。

2. 使用 `AppRouter` 处理应用程序启动的导航逻辑。

当应用程序启动时，我们不需要 **AppInteractor**，但如果应用程序需要网络调用，例如收集实验设置或用户登录信息，那么这将是一个理想的实现位置。

首先，让我们将图 9-1 中概述的应用程序导航逻辑定义为应用程序路由器的协议。

```
protocol AppRouterProto: AnyObject {
  func pushMainApp(_ view: UIViewController)
  func pushOnboardingFlow()
  func pushAuthFlow()
  static func createModule(
    windowScene: UIWindowScene,
    photoRepository: RepositoryProto
  ) -> AppPresenterProto
}
```

请注意，这里包含了静态构建器方法。这是一种常见的 VIPER 模式，该模式允许路由器使用静态工厂方法构建模块。你也可以将这种逻辑抽象到一个独立的类中。

关键架构决策　是在路由器上使用静态构建器方法来构建每个 VIPER 模块。

具体来说，我们可以创建我们的路由器，从 **UIWindow** 开始，然后将对应的应用程序模块推送到导航栈上。

```
final class AppRouter: AppRouterProto {
  private let window: UIWindow
  private var navigationController:
  UINavigationController?

  private init(window: UIWindow) {
    self.window = window
  }

  func pushMainApp(_ view: UIViewController) {
    let navigationController = UINavigationController(
      rootViewController: view)

    window.rootViewController = navigationController
    window.makeKeyAndVisible()
  }

  func pushOnboardingFlow() {
    // no - op
  }

  func pushAuthFlow() {
    // no - op
  }

  static func createModule(
    windowScene: UIWindowScene,
    photoRepository: RepositoryProto
  ) -> AppPresenterProto {
```

```
  let router = AppRouter(
    window: UIWindow(windowScene: windowScene))
  let presenter = AppPresenter(
    router: router,
    photoRepository: photoRepository)

  return presenter
  }
}
```

接下来，让我们讨论展示逻辑的定义。我们将使用 LaunchState 枚举来确定应用启动时应该使用哪条启动路径。

```
protocol AppPresenterProto {
  func present(for launchState: LaunchState)
}
```

为了具体实现，我们将使用 switch 语句枚举启动选项，并在路由器上调用正确的方法来实例化相应的模块。

```
final class AppPresenter: AppPresenterProto {
  private let router: AppRouterProto
  private let photoRepository: RepositoryProto

  init (
    router: AppRouterProto,
    photoRepository: RepositoryProto
  ) {
    self.router = router
    self.photoRepository = photoRepository
  }

  func present(for launchState: LaunchState) {
    switch launchState {
    case .auth:
      // no-op
      break
    case .main:
      let view = MainRouter.createModule(
        photoRepository: photoRepository)
      router.pushMainApp(view)
      break
    case .onboarding:
      // no-op
      break
    }
  }
}
```

为了控制应用程序的加载，我们现在可以将 VIPER 模块连接到 SceneDelegate。在这里，我们硬编码启动选项以加载主应用程序流程。

```swift
var presenter: AppPresenterProto?

func scene(
  _ scene: UIScene,
  willConnectTo session: UISceneSession,
  options connectionOptions: UIScene.ConnectionOptions
) {
  guard let _ = (scene as? UIWindowScene)
  else { return }
  guard let windowScene = scene as? UIWindowScene
  else { return }

  let coreDataManager = CoreDataManager(
    persistentContainer: container,
    inMemory: false)
  let networkManager = NetworkManager(
    networking: URLSession.shared)
  let repository = PhotoRepository(
    localStorageManager: coreDataManager,
    networkManager: networkManager)
  presenter = AppRouter.createModule(
    windowScene: windowScene,
    photoRepository: repository)
  presenter?.present(for: .main)
}
```

当应用程序启动完成时，我们必须创建后续的 VIPER 模块，以显示主应用程序流程。在连接主应用程序流程之前，我们首先创建 Photo Stream VIPER 模块，如图 9-3 所示。Photo Stream 模块的结构将被用于所有后续的 VIPER 模块。

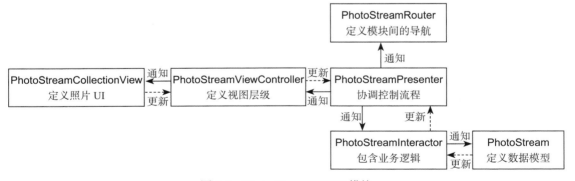

图 9-3　Photo Stream VIPER 模块

为了展示对 VIPER 的更通用的应用，我们将在 Photo Stream 模块中使用 Combine，并在其他模块中采用代理模式，以模仿我们的模块结构。我们继续在 Photo Stream 模块中使用 Combine，是因为网络逻辑在数据层仍然使用 Combine 发布者。

关键架构提示 在真实的应用程序中，我们应该选择并一贯使用一种模式。我们不应该让模块使用不同的模式来进行交互，这会导致混乱。

为了开始构建 VIPER 模块，我们首先需要创建交互器。交互器将替换模型中的网络逻辑，因此我们可以复制 PhotoModel 中的代码。此外，我们还需要为交互器创建一个新的协议，指定 getAllPhotos 和 updateReactionCount 方法。

```
import Combine

protocol PhotoStreamInteractorProto: AnyObject {
  func getAllPhotos(
  ) -> AnyPublisher<[ModelProto], Error>
  func updateReactionCount(
    upCount: Int, downCount: Int)
}

final class PhotoStreamInteractor:
PhotoStreamInteractorProto {

  private let photoRepository: RepositoryProto

  init(photoRepository: RepositoryProto) {
    self.photoRepository = photoRepository
  }

  func getAllPhotos(
  ) -> AnyPublisher<[ModelProto], Error> {
      return photoRepository
        .getAll()
        .eraseToAnyPublisher()
  }

  func updateReactionCount(
    upCount: Int, downCount: Int) {
      // presenter should call this method to
      // handle the update, but we mock the logic
      //in the presenter for demonstration purposes
    }
  }
}
```

随着交互器的完成，我们可以继续进行展示器的部分。我们的展示器是 VIPER 模块的中心，并与路由器和视图控制器连接。首先，我们可以制定一个协议来封装我们希望展示器执行的功能。为了实现这一目标，我们将复制 MVVM 应用程序中的功能，设置一个加载状态以及代表 Photo Stream 的所有照片变量。最后，我们希望能够从视图控制器启动更新。

```
protocol PhotoStreamPresenterProto: AnyObject {
  // Cannot use the @Published annotation in a protocol
  // so we expose the type
  var allPhotosPublished:
  Published<[PhotoModel.Photo]>.Publisher { get }
```

```
var loadingStatePublished:
Published<LoadingState>.Publisher { get }

func getAllPhotos()
func updateReactionCount(
  upCount: Int, downCount: Int)
}
```

现在我们可以为这些方法在展示器中定义具体的实现。我们将使用之前已发布的相同属性，但我们将使用交互器而不是模型或仓库。

```
final class PhotoStreamPresenter:
PhotoStreamPresenterProto {
  var allPhotosPublished:
  Published<[PhotoModel.Photo]>.Publisher { $allPhotos }
  @Published private var allPhotos:
  [PhotoModel.Photo] = []

  var loadingStatePublished:
  Published<LoadingState>.Publisher { $loadingState }
  @Published private var loadingState:
  LoadingState = .none

  private var cancellables: Set<AnyCancellable> = []
  private let router: PhotoStreamRouterProto
  private let interactor: PhotoStreamInteractorProto
  init(
    interactor: PhotoStreamInteractorProto,
    router: PhotoStreamRouterProto
  ) {
    self.interactor = interactor
    self.router = router
  }

  func getAllPhotos() {
    loadingState = .loading
    interactor.getAllPhotos()
      .receive(on: DispatchQueue.main)
      .sink { [weak self] result in
        switch result {
        case .finished:
          self?.loadingState = .finished
          break
        case .failure(let error):
          self?.loadingState = .finishedWithError(error)
          break
        }
      } receiveValue: { [weak self] photos in
        guard let sSelf = self else { return }
        sSelf.allPhotos = photos
```

```
          .compactMap{ $0 as? PhotoModel.Photo }
      }.store(in: &cancellables)
  }

  func updateReactionCount(
    upCount: Int,
    downCount: Int
  ) {
    // we would send an update to our network layer,
    //instead loop through and
    // update all reactions. This is purely for
    // illustration purposes
    for photo in allPhotos {
      photo.reactions.update(
        upCount: upCount, downCount: downCount)
    }
    allPhotos = allPhotos
  }
}
```

一旦我们定义了展示器和交互器，我们就可以将它们与路由管理器集成。路由管理器的主要任务是创建模块间的导航和新模块。由于该模块不涉及页面间的跳转，因此路由管理器的角色仅限于初始化和设置该模块。

```
protocol PhotoStreamRouterProto: AnyObject {
  static func createModule(
    photoRepository: RepositoryProto
  )-> PhotoStreamViewController
}

final class PhotoStreamRouter: PhotoStreamRouterProto {
  private weak var viewController: UIViewController?

  static func createModule(
    photoRepository: RepositoryProto
  ) -> PhotoStreamViewController {
    let router = PhotoStreamRouter()
    let interactor = PhotoStreamInteractor(
      photoRepository: photoRepository)
    let presenter = PhotoStreamPresenter(
      interactor: interactor,
      router: router)
    let view = PhotoStreamViewController(
      presenter: presenter)
    router.viewController = view

    return view
  }
}
```

最后，我们需要修改我们的 ViewController，以便它引用展示器而不是 PhotoModel。为此，我们修改了构造函数、viewDidLoad 方法和 reactionUpdate。我们还连接了加载状态，类似于 MVVM 示例代码。

```swift
// .. skip other declarations
private let presenter: PhotoStreamPresenterProto

init(presenter: PhotoStreamPresenterProto) {
  self.presenter = presenter
  super.init(nibName: nil, bundle: .main)
}
override func viewDidLoad() {
  super.viewDidLoad()
  navigationController?.tabBarItem.title =
  "Photo Stream"
  presenter
    .allPhotosPublished
    .sink { [weak self] ret in
      self?.photos = ret
      self?.collectionView.reloadData()
    }
    .store(in: &cancellables)
  presenter
    .loadingStatePublished
    .sink { state in
      switch(state) {
      case .none:
        break
      case .loading:
        print("loading results...")
      case .finished:
        print("finished succesfully")
      case .finishedWithError(let error):
        print("Finished with error: \(error)")
      }
    }
    .store(in: &cancellables)
  presenter.getAllPhotos()
}

@objc func updateReactionCount(_ sender: UIButton) {
  guard let btn = sender as? ReactionsButton,
        let reactionType = btn.reactionType else {
          return
  }
  let upCount = reactionType == .thumbsUp ? 1 : 0
  let downCount = reactionType == .thumbsDown ? 1 : 0

  presenter.updateReactionCount(
```

```
        upCount: upCount, downCount: downCount)
    }
```

为了展示，我们必须将 Photo Stream 模块集成到主应用程序中。此外，我们需要构建主标签栏模块，该模块是主应用布局的核心。由于主布局仅为标签栏控制器，该模块只需要 VIPER 中的路由器组件。

```
protocol MainRouterProto {
    static func createModule(
        photoRepository: RepositoryProto
    ) -> UIViewController
}

final class MainRouter: MainRouterProto {

    static func createModule(
        photoRepository: RepositoryProto
    ) -> UIViewController {
        let tabBar = MainTabBarController()
        let photoStreamNavController =
        UINavigationController(
            rootViewController:
                PhotoStreamRouter.createModule(
                    photoRepository: photoRepository
                )
        )

        tabBar.viewControllers = [photoStreamNavController]

        return tabBar
    }
}
```

完成 Photo Stream 模块后，我们可以进入设置模块。在这里，我们将再次定义我们的交互器。这个简单的交互器用于模拟网络请求，获取我们想在设置视图中显示的项目列表。

```
protocol SettingsInteractorProto: AnyObject {
    func getSettingsListItems()
}
```

在本模块中，我们将使用代理而不是 Combine 绑定。在实现我们的具体交互器之前，我们还需要通过协议定义我们的展示器 – 交互器关系。有两种方法：成功路径，告诉展示器交互器已经获取了设置列表；错误路径，告诉展示器交互器未能正确获取设置值。

```
protocol SettingsInteractorToPresenterProto: AnyObject {
    func didFetchSettings(with settings:[String])
    func fetchFailed(with errorMessage:String)
}
```

通过这些协议，我们构建了交互器的具体实现。

```swift
final class SettingsInteractor: SettingsInteractorProto
{
  weak var presenter:
  SettingsInteractorToPresenterProto?

  func getSettingsListItems() {
    // mock network request
    presenter?.didFetchSettings(
      with: ["Account", "Privacy", "Logout"]
    )
  }
}
```

在编写具体实现之前，展示器将使用交互器、路由器和视图控制器。因此，我们应该定义它们之间的关系（除了已经定义的交互器到展示器的协议）。

1. SettingsPresenterToViewProto：指定了展示器触发的事件，该事件由视图控制器处理。

2. SettingsViewToPresenterProto：指定视图触发的事件，该事件由展示器负责处理。

在这里，SettingsPresenterToViewProto 控制 UI 的设置和显示数据加载状态。此外，它还发送从交互器返回的数据给视图控制器。

```swift
protocol SettingsPresenterToViewProto: AnyObject {
  func setupUI()
  func showLoading()
  func settingsDidLoad(with settings: [String])
}
```

SettingsViewToPresenterProto 被设置用于处理视图事件。特别是当视图加载完成以及当一个行被选中时：

```swift
protocol SettingsViewToPresenterProto: AnyObject {
  func viewDidLoad()
  func didSelectRow(
    _ view: UIViewController,
    with item: String)
}
```

在定义了必要的协议之后，我们可以实现具体的展示器。

```swift
final class SettingsPresenter {
  weak var view: SettingsPresenterToViewProto?
  var interactor: SettingsInteractorProto?
  var router: SettingsRouterProto?
}
extension SettingsPresenter: SettingsViewToPresenterProto {
  func viewDidLoad() {
    view?.setupUI()
    view?.showLoading()
```

```
      interactor?.getSettingsListItems()
  }

  func didSelectRow(
    _ view: UIViewController,
    with item: String
  ) {
    router?.pushDetail()
  }
}

extension SettingsPresenter:
SettingsInteractorToPresenterProto {
  func didFetchSettings(with settings: [String]) {
    view?.settingsDidLoad(with: settings)
  }

  func fetchFailed(with errorMessage: String) {
    print("error message")
  }
}
```

最后，我们需要修改视图控制器，以便从展示器接收事件并将视图事件发送给展示器。

```
final class SettingsViewController: UIViewController {

  var presenter: SettingsViewToPresenterProto?

  override func viewDidLoad() {
    super.viewDidLoad()
    presenter?.viewDidLoad()
  }
}

extension SettingsViewController:
SettingsPresenterToViewProto {
  func showLoading() {
    print("is loading")
  }

  func setupUI() {
    title = "Settings"
  }

  func settingsDidLoad(with settings: [String]) {
    items = settings
    tableView.reloadData()
  }
}
```

随着这些修改的完成，VIPER 设置模块已经准备好，我们可以将其连接到主标签栏并显示。

```
// MainRouter.swift
let settingsVC = SettingsRouter.createModule()
tabBar.viewControllers = [photoStreamNavController, settingsVC]
```

9.2.4　讨论

我们正式完成了 VIPER 示例应用程序的开发，标志着我们对 iOS 应用程序设计模式的深入研究的结束。我们从 MVC 开始，这是大多数人将它与 iOS 应用程序架构联系在一起的模式。在 MVC 中，控制器修改视图，接收用户输入，并直接与模型交互。通常，随着应用程序的扩展，控制器会因为视图和业务逻辑变得臃肿。

为了应对庞大的视图控制器，我们引入了 MVVM，一种流行的架构，它将视图和业务逻辑分离到一个视图模型中。从 MVC 到 MVVM 的转变变得简单，因为视图模型与视图控制器和模型之间只有单向的引用。此外，我们还增加了协调器，这进一步分离了我们的关注点，并从视图控制器中移除了协调和路由的责任。因此，MVVM 提供了模块化的应用程序。

另外，VIPER 采用了一种不同的方法来构建模块化应用程序，它从一系列针对各个关注点的独立组件开始。与其迭代地向我们现有的应用程序中添加内容以分离我们的关注点，VIPER 更倾向于一开始就采用模块化的方法。因此，要从 MVC 或 MVVM 转换到 VIPER（如我们的示例应用程序所示）需要进行较大的重构。相比之下，从 MVC 到 MVVM 的转换需要更多的重构工作，这主要取决于应用程序的初始状态。如果初始应用程序的架构不佳，则需要进行大规模的重构。然而，从 MVC 到 MVVM 再到 MVVM，加上协调器代表了一个迭代过程。在这个过程中，我们可以继续迭代我们的架构，这与 VIPER 形成了某种对比，因为后者跳过了这些迭代。那么，如果我们一开始就使用 VIPER 会怎样呢？

从 VIPER 开始意味着，如果我们有一个小型应用程序，就需要大量样板代码来连接模块。那么，我们为什么要从 VIPER 开始呢？可能是因为我们正在重写应用程序或创建一个基于已经成功的网络应用程序的 iOS 应用程序，因此我们知道需要大量的开发人员来快速扩展网络应用程序的现有功能。

VIPER 的权衡因素

VIPER 是一种更成熟的架构路径，需要许多组件协同工作，这可能会导致额外的开销，并且学习曲线较陡峭，要求工程师在选择前进行深思熟虑。虽然一些冗长的缺点可以通过模块的代码生成工具来弥补，但事实仍然是，VIPER 及类似架构需要更多的代码更改来构建简单的组件，这意味着，在试图快速扩展并在快节奏的环境中交付业务价值时，使用 VIPER 可能会与你的架构发生冲突。

虽然 VIPER 确实需要额外的开销，但 MVVM 和 MVC 都没有提供 VIPER 默认提供的模块化级别。通过利用 MVVM 加上协调器模式，我们可以生成一个模块化应用程序，我们可以对其进行类似于图 9-2 的建模。我们可以根据对模块化、可扩展点的需求迭代地扩展我们的应用程序，也可以立即深入 VIPER。当然，如实际示例所示，我们不需要为所有模块使用所有 VIPER 组件（主选项卡栏只有一个路由器组件）。虽然这里没有完美的答案，但选择将归结为根据当前需求确定最佳架构，这些需求主要与应用程序的大小和用户、开发工程师以及所需的新功能有关。

最后，VIPER 默认情况下不包含以视图为中心的数据模型，但它可以轻松地修改以提供这种模型，而不是直接使用基于网络的数据模型。这使 VIPER 能够利用 MVVM 模式的一个主要优势。

优点

1. 可扩展性：VIPER 为大型团队处理复杂项目提供了一种直接的方法，使模块内部和模块之间分离工作。对于 MVC 或 MVVM 架构来说，需要采用不同模式（例如协调器模式）才能实现。

2. 源代码管理：VIPER 的模块化设计和默认关注点分离使大型团队能够同时在项目上工作，同时避免合并冲突。

3. 一致性：创建模块模板的能力使开发者能够确定 VIPER 需要哪些组件，组件的搭建甚至可以实现自动化。

4. 清晰性：每个组件都遵循单一职责原则。

5. 可测试性：为了创建高度可测试的环境，默认使用协议将小型类分开。

缺点

1. 冗长性：VIPER 可能会导致大量不必要的代码，因为每个模块都包含许多文件。

2. 复杂性：复杂的协议和代理可能会使新团队成员和不熟悉 VIPER 的人难以理解代码库。

模块化

VIPER 通过遵循单一职责原则在细粒度级别上强制实施模块化。在架构层面，VIPER 通过将多个组件打包成一个独立的模块来强制实施模块化。由于其强大的模块化能力，VIPER 能够开发应用程序，从而实现极好的可扩展性。此外，我们可以利用自包含模块和高级构建系统，例如 Buck 或 Swift 包管理器，仅构建大型应用程序的一个子集，从而缩短长期构建过程并提高开发人员的生产力。

可测试性

VIPER 的模块化方法和严格遵守单一职责原则使其成为测试的最佳选择。我们可以快速地对 VIPER 模块的各个组件进行单元测试，并协调多个模块进行集成测试。

9.3　总结

VIPER 在大型应用程序中表现出色，其开发重点是在现有功能之上增加新功能。然而，在较小的应用程序中，VIPER 需要大量的代码和组件交互，这可能会导致大量样板文件和大多数不必要的文件。

VIPER 代表了一系列不同于典型 MVC 框架的架构，以创建更模块化的应用程序。虽然 VIPER 不一定是最佳的起始架构，但它代表了真正的模块化关注点分离，并且在大型科技公司（如 Uber）扩展时被改编成多种不同的架构，这些架构通常是大型公司扩展时所必需的。通过理解基本组件和权衡，你可以更好地为你的团队或公司提供建议，判断转向这种类型的架构是否会解决你的痛点。

9.3.1　本章要点

1. VIPER 提供了一种真正的模块化架构，但需要额外的样板代码和设置，这使得它不太适合快速变化的应用程序或小团队。
2. VIPER 的基础是整洁架构原则和单一责任原则，这些概念在许多大型科技公司中都可以看到。
3. 最后，使用哪种架构取决于应用程序的需求。VIPER 及其衍生架构提供了一个成熟、精心设计的架构模式，用于创建模块化、可测试的应用程序，并具有良好的可扩展性。

9.3.2　扩展阅读

1. *Clean Architecture:A Craftsman's Guide to Software Structure and Design*(Robert C.Martin 系列)
2. "Soundcloud Clean Architecture with VIPER"
https://developers.soundcloud.com/blog/how-we-develop-new-features-using-offsites-and-clean-architecture

第 10 章 *Chapter 10*

响应式编程范式

10.1 概述

在第 9 章中，我们讨论了 iOS 数据展示层（UI）架构设计模式，还讨论了 iOS 架构设计的其他主题，例如，将网络和本地数据库代码抽象到一个独立模块的方式以及抽象模块内代码的常见设计模式。本章将讨论整个应用程序中数据流的常见方法。在每个架构章节（MVC、MVVM 和 VIPER）中，我们都在更高层次上讨论数据流以及如何更好地管理应用程序状态。响应式编程是我们用来格式化和显示数据的一种模式。本章将详细介绍响应式数据流，并解释我们使用 Combine 应用函数响应式编程的原因和方法。

本章概要

本章主要内容如下：

1. 对响应式编程运行时和处理状态变化的方法进行全面的解释。
2. 解释响应式编程对于基于 UI 的 iOS 应用程序的好处。
3. 回顾函数响应式编程概念，以及我们如何应用函数式编程概念来推理 iOS 中的数据流。
4. 将函数式概念应用于 Combine。
5. 将响应式编程应用于 iOS 数据流的架构设计。
6. 总结大型应用程序中响应式数据流的权衡与益处。

10.2 响应式编程

响应式编程是一种声明式编程范式，它利用数据流和变化传播来贯穿整个应用程序。它可以轻松表达静态（如数组）或动态（如事件发射器）的数据流，并支持改变后的数据流的自动传播。

响应式编程是一种流行的数据流模型，广泛应用于具有复杂用户界面的系统，如移动应用程序、游戏和虚拟现实应用程序，因为：

1. 响应式编程通过避免耗时的布局更改，促进了更快的 UI 更新。

2. 响应式编程为应用程序中的数据流提供了一种结构化的方法，促进了并行处理。

在响应式编程语言运行时中，用于识别涉及值之间的依赖关系的图表代表了运行时模型。在图表中，节点代表计算行为，而边模拟依赖关系。通过使用图表来跟踪各种以前执行的计算，一旦涉及的输入值发生变化，这些计算就必须再次执行。在更传统的计算机科学术语中，我们可以将这些状态以图形方式表示，例如，图 10-1 所示的弹珠图或有向无环图（Directed Acyclic Graph，DAG）。

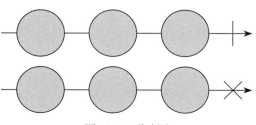

图 10-1　弹珠图

有向无环图是一种特殊的有向图，它由顶点（节点）和有方向的边组成，这些边从一个顶点指向另一个顶点。由于这种连接方式，图中不会出现闭合的循环路径，即不存在从一个顶点出发，经过一系列的边又回到一个顶点的路径。只有当一个有向图能够进行拓扑排序，即能够把所有顶点排列成一个线性序列，且该序列遵循每条边的方向时，这个有向图才是一个有向无环图[⊖]。

通常，用于数据流的软件架构状态图比理论上的有向无环图要简单易懂。如图 10-1 中的弹珠图所示，其中每个图都以箭头的形式显示。在图中，每个箭头代表一个发布者（假设为 Combine 的发布者），每条线上的圆圈，或者说弹珠，代表发布者发出的值。顶部的箭头末端有一条线，表示完成事件，在此之后，发布者将不会发布任何新的值。底部的图以一个十字形结束，代表一个错误事件。错误会终止值流，类似于一个完成事件。

为了更好地理解响应式编程，我们将退一步，以一个简单的 iOS 游戏为例，这个游戏旨在测试响应时间。

10.2.1　游戏规则

目标：我们的游戏旨在拥有尽可能快的响应时间。

要开始游戏，玩家必须从首页单击"播放"按钮（该按钮也可以在下拉菜单中找到）。单击"播放"进入主游戏界面后，用户会看到"准备"和"停止"按钮。要开始游戏，用户需要按下"准备"按钮。一旦应用程序收到"开始"信号，用户就必须尽快按下"停止"

⊖ Hulasiraman，K.;Swamy，M.N.S.(1992)，"5.7 Acyclic Directed Graphs，" Graphs:Theory and Algorithms，John Wiley and Sons，p.118，ISBN 978-0-471-51356-8.

按钮以计算响应时间并显示结果。单击"播放"按钮后，用户会进行几次试玩，计算响应时间，最终得分由平均响应时间表示。

就像所有优秀的游戏一样，总有欺骗系统的作弊方法，我们的机器试图识别以下这些作弊方法：

1. 如果用户连续按两次"准备"按钮，则系统将通过警告对话框提醒用户，但不会停止游戏。

2. 如果用户在屏幕上显示"开始"对话框之前按下"停止"按钮，游戏会因作弊而终止。用户必须再次按下"播放"按钮才能重新尝试。

为了在游戏中模拟这些规则，我们需要系统对每个按钮的事件做出响应，并且如果用户从下拉菜单中按下"播放"按钮，那么系统就需要重新启动。此外，我们还需要跟踪时间，因为我们需要能够在预定的时间间隔内跟踪系统时钟时间。对于响应式编程，我们需要将这些输入信号和游戏规则映射到状态。考虑到这一点，可以创建五种游戏状态：

1. 空闲（Idle）：如果没有游戏正在进行，则处于空闲状态。

2. 启动（Start）：当等待一个名为"准备"的事件以启动试玩时，进入启动状态。

3. 等待（Wait）：当玩家等待机器发出开始信号时，进入等待状态。

4. 响应（React）：当机器等待一个名为"停止"的事件时，进入响应状态。

5. 结束（End）：当试玩结束，机器向用户显示响应时间时，进入结束状态。

图 10-2 显示了我们如何考虑响应式编程状态。它概述了所有可能的状态转换，并创建了一个系统，通过事件来响应和转换状态。要将图表的理论应用于实际情况，我们需要一个能够处理这些事件（数据传输）并管理可变状态的运行时环境。

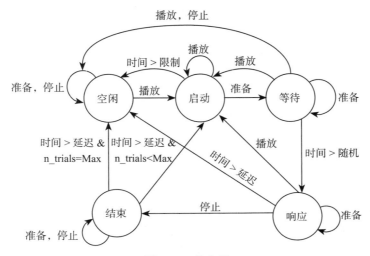

图 10-2 状态图

10.2.2 数据传播技术

响应式编程运行时通常支持拉取或推送模型以传播数据和响应状态变化。

1. 拉取：这种技术通常被称为轮询，它涉及订阅者主动地向被观察的源查询值，并在检测到相关值时做出响应。
2. 推送：订阅者在值可用时即从源头接收该值。这些值是自包含的（包含所有必要信息），必须由使用者查询。

虽然拉取和推送模型都与拉取方法一起工作，但在高发布率下实现完全的数据一致性是困难的。如果拉取间隔超过发布间隔，则通常会发生数据丢失；如果拉取间隔较短，则性能将受到影响。但是，提前知道发布间隔是困难的，因为它们很少是静态且可预测的。例如，在我们的游戏中，这意味着我们无法预知用户何时会响应而触摸屏幕。如果采用基于拉取的模型，我们可能无法准确记录用户按下按钮的时间，因此捕获到的响应时间数据可能不准确。大多数现代实现都使用推送方法。

响应式编程框架需要维护一个依赖图，列举允许的状态转换，以实现数据传播。我们还可以保持一个依赖关系图，并在事件循环中控制它们的执行，以在运行时级别模拟这种行为。这种方法的一个缺点是，使回调函数化（返回状态值而不是单元值）要求回调是可组合的。图 10-3 显示了一个事件循环系统，该系统允许 UI 应用程序发送任务及其相关的回调以进行处理。一个典型示例是通过事件循环将网络任务推送到后台线程，以防止阻塞主线程执行。

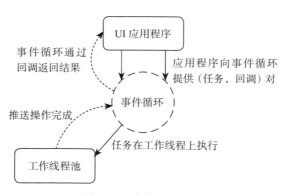

图 10-3　事件循环示例

响应式编程运行时不仅需要知道如何传播事件，还需要知道在事件变化时应传播哪些数据。当上游数据发生变化时，受此影响的下游节点会变得过时，从而被标记为重新执行，并随后传播给订阅者。为了实现这一点，每次在状态变化时都可以计算整个状态，以处理信息传播，并忽略之前的输出。图 10-4 概述了面向对象（Swift）环境中的变化可以触发响应式运行时的更新计算和事件传播。Swift 运行时环境（左下角）通过传播算法（右下角）将变化提交给响应式运行时，该算法指导依赖图（右上角）中的依赖节点（圆圈）通过重新评估它们的定义用户计算（左上角）来重新计算[⊖]。

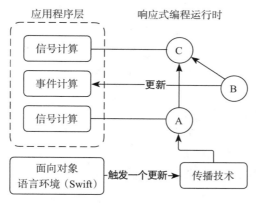

图 10-4　响应式运行时更新与事件传播

　　图 10-4 显示了一种简单的传播方法，即在发生变化时更新整个响应状态图。然而，如果重新计算状态的计算负担太大，程序可以使用增量计算来实现增量更新，每个增量是需要更新的信息单元。增量传播是确保由增量代表的指定更改集被推送到适当订阅者的过程。使用增量计算的程序可以执行增量更新以适应输入数据的变化，而无须重新计算整个状态[⊖]。图 10-5 突出显示了一个理论网络、本地数据处理器和图像处理器的例子。这些处理器都将从应用程序级别开始，并在响应式运行时触发更新。这意味着节点 A2、A3 和 A5 保持不变，这与图 10-4 形成对比，因为我们在响应式运行时更新了所有节点。

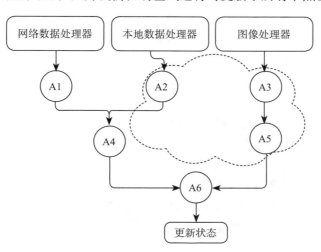

图 10-5　增量状态更新

⊖ Drechsler，J.(2018).Distributing Thread-Safety for Reactive Programming In-Progress Paper.
⊖ Magnus Carlsson.2002.Monads for incremental computing.SIGPLAN Not.37，9(September 2002)，26–35. https://doi.org/10.1145/583852.581482

当节点拥有大量状态数据时，这种方法至关重要，因为它避免了整个用户界面的昂贵计算。就用户界面变化而言，一个简单的类比是复杂的集合视图或表格视图布局。在这种情况下，对于小的变化，重新布局整个视图的成本可能过高，但我们会希望确保只更新受影响的 UI 区域。

实现增量状态更新要求运行时能够理解依赖图的结构。具体来说，运行时需要具备回答以下问题的能力：

1. 如果输入发生变化，那么程序应该更新哪些节点？

2. 程序应该以什么顺序来更新节点？

通过观察图表来回答这些问题相对比较容易。然而，编写一个程序来执行这种逻辑要复杂得多。拓扑排序是解决这个问题的已知方法。

拓扑排序

通过拓扑排序，程序为每个节点赋予高度，然后利用这个高度和最小堆来回答我们的问题。其工作原理如下：

1. 初始化节点高度：对没有输入的节点，将其高度设置为 0。

2. 计算节点高度：对于有输入的节点，其高度为所有输入节点高度的最大值加 1。

3. 更新最小堆：当一个节点的值或计算公式发生变化时，程序将其添加到最小堆中。

4. 重新计算并更新依赖节点：程序从最小堆中移除具有最小高度的节点，并重新计算该节点的值。如果重新计算后节点的值发生变化，则将该节点的依赖节点也添加到最小堆中。

5. 迭代更新：程序重复步骤 4，直到最小堆为空。

图 10-6 展示了拓扑排序在我们的响应时间状态图的一部分中的潜在应用。在这里，我们将空闲状态设为深度零，随着我们开始并等待，我们进入图的不同层级，如果回到之前的状态，将需要重新计算。为了便于理解，我们这里只包括了三个状态。

图 10-6 应用于响应时间状态图部分的拓扑排序

拓扑排序以如下方式回答了之前提出的问题：

1. 如果输入发生变化，那么程序应该更新哪些节点？

    a. 只更新那些它已经添加到堆中的节点。

2. 程序应该以什么顺序来更新节点？

    a. 程序应该按照节点高度的升序进行更新，即先更新具有较小高度的节点，再更新具有较大高度的节点，确保在重新计算节点本身之前先重新计算节点的输入。

10.2.3 与可变状态的交互

在开发 iOS 应用程序时，我们需要处理来自网络调用和可能的外设的可变状态，并通过各种 iOS 开发者工具包进行交互。这与我们之前讨论的运行时存在一些不一致，因为响

应式语言通常认为它们的表达式是纯函数式的，而纯函数被定义为一个函数，其中

1. 参数值和返回值的类型是相同的。

2. 该函数没有副作用[⊖]。

注释 副作用是指对非局部环境的修改[⊖]。这种情况通常发生在函数（或过程）修改通过引用传递的全局变量时。然而，还有其他方式修改非局部环境，例如，执行输入/输出操作。

为了更好地理解纯函数，我们来看一个例子：一个纯函数执行加法，对相同类型的参数返回相同类型的返回值，并且没有副作用。

```
func add(a: Int, b: Int) -> Int {
  return a+b
}
```

然而，如果我们添加了 I/O 交互，如输出操作，那么会导致它不再是一个纯函数。

```
func add(a: Int, b: Int) -> Int {
  print("adding")
  return a+b
}
```

更新机制可以通过强制使用纯函数执行更新，从而实现优化。然而，正如在 iOS 开发中提到的，我们没有一个纯函数环境。在这种情况下，响应式框架被嵌入具有状态的编程语言中，因此需要一个新的解决方案来强制响应式运行时使用纯函数。

为了实现这一目标，语言可以引入可变属性的概念。可变属性是一种封装可变状态的方式，使响应式更新系统能够识别它。这使程序的非响应式部分能够执行数据变更，同时使响应式库能够识别并响应这一更新[⊜]。

封装状态的概念也是一个选项。例如，可以在面向对象的库中安装回调函数，以通知响应式更新引擎发生状态变化，然后这些回调函数将响应式组件中的变化推送到面向对象的库中。

10.3 函数响应式编程

函数响应式编程（Functional Reactive Programming，FRP）是一种编程范式，它将函数式编程（例如，`map`、`reduce`、`filter`）的构建块应用于响应式编程。FRP 已被广泛用于编程图形用户界面，因为它利用流处理和响应式编程原则来展示数据。

FRP 可以分解为两个主要的抽象概念：

1. 行为：持续变化。

⊖ Brian Lonsdorf(2015).*Professor Frisby's Mostly Adequate Guide to Functional Programming.*

⊜ Spuler，D.A.，&Sajeev，A.S.(1994).Compiler Detection of Function Call Side Effects.*Informatica*(Slovenia)，18

⊜ Cooper，G.H.，&Krishnamurthi，S.(2006).Embedding dynamic dataflow in a call-by-value language.Retrieved March 6，2023，来自 `https://cs.brown.edu/~sk/Publications/Papers/Published/ck-frtime/`

2. 事件：发生在时间点上。

这两种抽象概念都有简单的含义：行为是时间到值的函数，事件是时间和值的配对。由于 FRP 是一种函数式范式，事件和行为描述的是存在的事物，而不是已经发生或即将发生的动作（即是什么，而不是做什么）。因此，响应式行为只是时间的一个函数，而事件（有时被称为"事件源"）是一个时间 / 值配对（也称为"发生"）的列表[⊖]。

几乎任何事物都可以成为一种行为，包括用户输入。异步捕获行为可以通过定义将在行为被采样时执行的副作用操作来实现。在图 10-7 中，x 轴代表时间。请注意，由于行为是一种函数，因此在每个时间点上都定义了行为。

将我们的行为图与图 10-8 进行比较，在图 10-8 我们以图形方式表示了一个事件。注意事件的图表是离散的。以单击事件为例；每次单击瞬间发生。但除了单击发生的那些确切时刻外，没有单击发生。

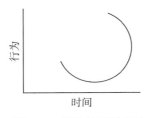

图 10-7　行为的图形表示

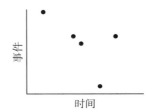

图 10-8　事件的图形表示

基于用户输入的 UI 密集型应用程序非常适合行为和事件的概念。

现代 FRP 接口已经通过深入研究几个代表不同行为的类进行了标准化：

1. 函子（Functor）

2. 幺半群（Monoid）

3. 单子（Monad）

Conal Elliott 在其论文" Push-pull functional reactive programming"中介绍了更多 FRP 类，但这些类是最常见的，因为响应式框架主要由行为和事件范式（以及函子和幺半群）组成。然而，要完全理解系统，必须先从范畴论开始，再深入到具体部分。尽管这不是一个详尽的定义，但本节将为范畴论和映射到 Combine 行为的函数式概念提供一个很好的参考。

10.3.1　范畴论

范畴论是数学的一个领域，涵盖了函数式编程中许多重要概念。范畴是一种代数结构，用于建模对象及其相互关系。态射（以箭头表示）是不同范畴之间的连接，每个箭头可以定义为它连接的一对对象 [a，b]。因此，对于每一对通过态射连接的对象对，我们可以定义 $f:a \rightarrow b$。

⊖　Conal Elliott(2009).*Push-pull functional reactive programming.*In *Haskell Symposium.*

　　一个范畴也能以代数形式表示为一个带箭头的运算。对于每个 $f{:}a \to b$ 和 $g{:}b \to c$，它们的组合 $g \circ f$ 也是一个箭头，连接着 a 和 c（$g \circ f : a \to c$）。

　　图 10-9 展示了一个包含对象 a、b、c 以及态射 f、g 和 $f \circ g$ 的数学范畴。此外，图 10-9 将其映射到一个更具体的范畴中，表示在 **double**、**string** 和 **integer** 之间进行类型转换。

　　此外，范畴必须遵守三条规则，这些规则也出现在函数式编程的其他部分：

1. 组合律：该组合规则指出，对于每个对象 a、b 和 c 以及态射 f 和 g，范畴必须有一个从 a 到 c 的态射（如图 10-9 所示）。你可以将其表示为 a 和 c 之间的 $g \circ f$。
2. 结合律：这意味着如果你要组合 f、g 和 h，那么先将 f 与 g 组合还是先将 g 与 h 组合都没有关系。
3. 同一律：这意味着对于每一个函数 $f{:}a \to b$，以下等式成立：$i_b \circ f = f = f \circ i_a$。换句话说，幺元（也称单位元）对于复合运算是中性的，这在图形上通过一个指向自身的幺箭头来表示：$a \to a$（自循环）。

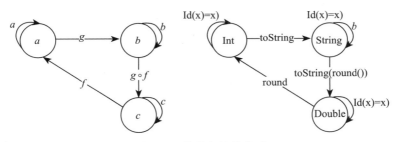

图 10-9　数学与具体范畴

10.3.2　函子

　　遵循基本的范畴论，我们可以讨论函子。函子 f 是两个范畴之间的变换，即 a 和 b。函子可以表示为 $f{:}a \to b$。f 必须将 a 中的每个对象和箭头映射到 b 中。用通俗的话来说，函子是任何可以被映射的东西（最常见的是列表）。

　　在代码中，函子的一个例子是 map 函数，它在 Swift 中适用于任何泛型数据结构，并且对于诸如列表这样的集合，我们可以高效地利用内置的 map 函数。

```
let cast = ["Steve", "Alex", "Kim", "Chloe"]
let lowercaseNames = cast.map { $0.lowercased() }
// 'lowercaseNames' == ["steve", "alex", "kim", "chloe"]
let letterCounts = cast.map { $0.count }
// 'letterCounts' == [5, 4, 3, 5]
```

10.3.3　幺半群

　　在计算机科学中，幺半群是集合、二元运算和集合中的一个元素，且遵循以下规则的结构：

　　1. 二元运算的结合律。

　　2. 可以为元素定义一个幺元。

　　3. 我们必须能够使用幺半群来组合值。

　　结合律的性质要求，在给定运算 op 以及元素 a、b、c 的情况下，等式 a op$(b$ op $c)=(a$ op $b)$op c 始终为真。

　　幺元是集合中的一种元素，当它和任何元素进行运算时，并不会改变那些元素。

　　加一组数字是幺半群的一个例子。在这种情况下：

　　1. 该集合由整数构成。

　　2. 二元运算是加法。

　　3. 幺元是零。

　　加法满足结合律，因为 $a+(b+c)=(a+b)+c$。

　　幺半群之所以重要，是因为给定一个元素序列和一个针对某类型（如整数）的函数（在我们的例子中是加法），我们可以通过函数的结合律以任意顺序组合它们。因此，我们可以对任意幺半群应用高阶函数。

　　计算机科学中幺半群的一个常见示例是 Map-Reduce 编程模型。给定一个数据集，Map-Reduce 由两个操作组成：

　　1.Map：将任意数据映射到特定幺半群的元素。

　　2.Reduce：折叠这些元素，使得最终结果只有一个元素。

10.3.4　单子

　　在范畴论中，一个单子是指在自函子的范畴中的一个幺半群，其中自函子是一种将某个范畴映射回相同范畴的函子[θ]。在范畴论中，一个单子本质上就是围绕一个值的包装器，如一个 Promise 或一个 Result 类型。在 Swift 中，我们有一个内置的单子类型，即可选项。然而，工程师经常创建自己的类型，如包装过的 Result 类型。

```
enum Result<WrappedType> {
    case something(WrappedType)
    case nothing // potentially an error
}
```

　　这个单子定义有一个需要注意的地方，简单地包装该类型是不够的，我们还需要知道如何与结构进行交互，并编写输出该类型的单子值的函数。有了这些元素，我们就可以组合一系列函数调用（一个"管道"），在一个表达式中链式连接多个操作符。每次函数调用都会转换其输入值，并且有一个特定的操作符来处理返回的单子值，该值随后被传递到序列中的下一步。Swift 中的 compactMap 函数了解如何处理 Swift 可选类型（一个单子），不同

　　θ　MacLane，S.(1971).*Categories for the Working Mathematician*.New York:Springer-Verlag.

于基本的 map 函数。在下面的代码示例中，我们看到 map 函数产生了空值，但 compactMap
函数正确地过滤掉了这些空值。

```
let possibleNumbers = ["1", "2", "three", "//4//", "5"]

let mapped: [Int?] = possibleNumbers.map { str in Int(str) }
// [1, 2, nil, nil, 5]
let compactMapped: [Int] = possibleNumbers.compactMap { str in
Int(str) }
// [1, 2, 5]
```

在对定义的响应式编程和函数响应式编程的结构有了了解后，我们就可以开始了解
Combine 如何使用 FRP，以及如何将其应用于 iOS 应用程序的数据处理中。

10.4 FRP 与 Combine

FRP 是 Combine 用来发布和订阅事件的模型。此外，Combine 还展示了各种函数式行
为，我们可以利用这些行为修改管道中的数据。本节将讨论 Combine 框架概念如何映射到
FRP 上。本节并不涵盖所有 Combine 特定操作。详细资源请参考 Apple 的文档。

10.4.1 发布者与订阅者

在 Combine 中，发布者和订阅者是事件的代表。发布者协议定义了一个类型向一个或
多个订阅者传输一系列随时间变化的值的能力要求，订阅者协议定义了从发布者接收输入
的类型需求。

在图 10-10 中，我们修改了图 10-1 的弹珠图，以展示使用 Combine 的发布者和订阅者
模型。这里的每个弹珠代表一个事件。我们在这里概述了以下内容：

1. 订阅者订阅发布者的内容。
2. 订阅者请求值。
3. 发布者发送值。
4. 订阅者对值执行映射操作。
5. 发布者发送完成。

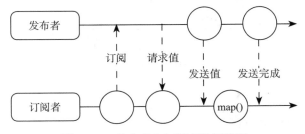

图 10-10 发布者和订阅者数据流图

10.4.2 Combine 的行为

Combine 框架提供了许多行为。根据之前定义的 FRP 概念，最常见的是函子和单子。

函子

在之前的架构章节中，我们使用了映射和过滤函子作为构建数据的管道。去重函数是 MVVM 示例中使用的 Combine 框架的另一个例子，弹珠图见图 10-11。

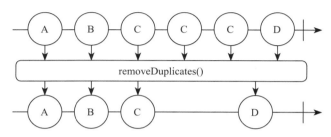

图 10-11　以弹珠图的形式概述了去重函数

单子

除了使用函子，Combine 通过 AnyPublisher 类型系统使用单子，正如我们在之前的架构示例中定义发布者时所见。

AnyPublisher<[ModelProto], Error>

了解 FRP 是必不可少的，因为 Combine 框架遵循这些概念。因此，Combine 框架提供了一种在 Swift 编程语言中使用 FRP 的方法。然而，开发或使用不同的框架来提供类似的结果是可能的。虽然框架可以改变，但基本原则不会。因此，在使用响应式编程原则构建应用程序时，了解框架的内部机制并不重要，重要的是了解总体概念。我们将在 10.4.3 节中讨论使用响应式编程原则的应用程序架构。

10.4.3 应用程序架构

应用程序架构是一个不断演进的过程，永远没有唯一正确的答案。考虑到特定应用程序及其特定需求是至关重要的。因此，在架构过程中考虑应用程序数据流时，我们希望仔细地绘制出流程图。可以针对应用程序的特定功能或部分，如图 10-2 所示。这种层级对于功能所有者来说是必不可少的，因为它提供了有关功能细节的低层次粒度，而不涉及更广泛的应用程序的背景。对于那些更感兴趣于定义应用程序最佳实践和总体架构的资深工程师来说，这些图表将开始提供高层次应用程序流的全面视图，而将处理细节留给其他功能所有者。

我们将以 Photo Stream 应用程序为例，展示一个可能的整体架构图，包括响应式编程范式。我们将以首席架构师的身份开始整个系统的架构设计，然后将其分解为高级工程师可能特别关注的内容。

应用程序概述

作为首席应用程序架构师，你的目标是全面理解整个应用程序的数据流，并能够就最佳实践以及设计类似应用程序提供指导。为了实现这一目标，我们需要全面地理解 Photo Stream 应用程序的数据流。

此外，我们还需要仔细考虑系统中的一些更为复杂的交互作用。首先，让我们确定系统的目标，以便我们能够彼此理解。

1. 响应：我们需要能够响应 Photo Stream 中的照片。
2. 评论：我们需要能够对照片进行评论。
3. 获取新照片：我们需要能够将照片发布到网络，并通过 Photo Stream 获取新照片的更新。

图 10-12 显示了假设的状态图，用以描述上述交互。为了高效支持这一功能，我们应该实现增量计算，以提供更快的更新。这在考虑用户希望看到什么时非常有帮助。我们希望他们等待服务器全面更新后才能看到响应计数更新之类的特定功能吗？我们希望乐观地执行这一更新吗？我们应该避免延迟，允许用户立即看到本地更新。更进一步，我们可以定义一个本地任务处理器，这样如果有多个更新被安排，我们可以根据事件的相对优先级来执行。

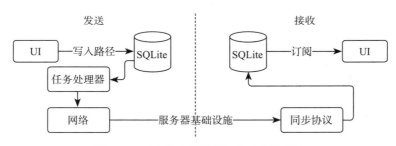

图 10-12　示例应用程序架构及其数据流

如果给定一个真实的应用程序而不是我们的 Photo Stream 示例，那么得出这样的图表将需要相当大的努力。我们需要深入理解应用程序现在以及可预见的未来的需求。此外，我们可能会对现有的应用程序进行重新架构以实现扩展，因此我们需要了解之前的架构选择以及我们如何更好地将其融入现有结构中。第 11 章将更详细地介绍做出这些决策的最佳实践。

为了让其他工程师和团队更好地理解各功能和区域如何与整个系统交互，我们仍然需要绘制出各种状态和数据模型。由于我们选择使用响应式模型并提供乐观更新，我们可以定义三种不同的数据模型：

1. 服务器数据模型：未应用任何乐观状态更新的服务器数据。
2. 乐观状态：客户端生成的数据尚未完成变更的状态。
3. 组合数据模型：为了展现最新且正确的状态，我们必须将乐观状态与服务器数据模型结合起来，以产生一个统一的体验。服务器和乐观状态的结合可以在我们的订阅管道中进行，这样数据展示层就不必担心数据的正确性。

作为系统架构师，权衡各种方法的利弊是必不可少的。此外，采用乐观数据模型方法也不是没有代价的。

1. 乐观更新模型增加了复杂性，因为整个系统需要了解如何结合数据模型以及哪些数据应该具有乐观状态。

2. 为了确保数据模型保持最新，我们需要确保本地更新能够正确匹配服务器更新，这需要一个可以用来排序修改和变更的 ID。

鉴于大型应用程序的规模，对于一名工程师来说，图 10-12 可能还是过于宽泛了。例如，假设我们的 Photo Stream 在有机帖子中嵌入了广告，并有一个复杂的新用户引导流程，那么我们可能会有一个专门负责数据层的架构师，以及负责应用程序的其他部分的不同工程师，其中每个部分包括广告和引导。无论如何，在某个时刻，至少需要有一名工程师考虑整个应用程序的设计、不同设计模式之间的交互，以及数据在应用程序中如何流动。

领域负责人

在负责设计整个应用程序的总体架构之下的下一个层级，有一个特定的领域。这可能包括许多领域，例如数据展示层，这将涉及与 UI 进行重要交互并理解 UI 的应用程序架构。数据展示层还可以进一步细分为不同部分，例如 Photo Stream 部分。另一个工程师和团队（可能有多个团队）将执行不同的流程，例如新用户引导。

本章已经介绍了增量计算的概念，现在我们将转向任务处理器，而不是 UI。任务处理器根据更新创建增量，这些更新可能包括点赞、将照片添加到 Photo Stream 中或对照片进行评论。任务处理器还负责协调乐观状态更新和网络支持状态更新。图 10-13 描述了任务处理器的潜在架构。

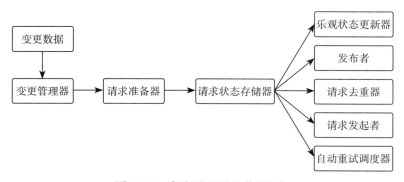

图 10-13　任务处理器的潜在架构

我们的领域负责人能够开发他们自己的组件并分配任务给他们的团队，因为我们假设的软件架构师提供了高层指导，我们希望支持一种乐观的数据流，并说明他们希望数据在应用程序中流动的方式。

在分析我们的理论任务处理器时，其中有几个组件：

1. 变更数据：产品层创建并传递给变更管理器处理的数据对象。

2. 变更管理器：顶级对象，提供高级抽象接口所需的公共 API。此外，该管理器还支持订阅变更后的结果更新。

3. 请求准备器：可以根据变更数据准备请求状态，以确保在操作发生之前，从磁盘恢复的过期或不符合条件的变更得到适当处理。

4. 请求状态存储器：该对象管理所有请求状态，保留所有请求状态的来源，并确保后续状态更新的顺序正确执行。它包括以下内容：

   a. 乐观状态更新器：此类更新乐观状态，进而为我们希望乐观反映变化的事件更新用户界面。

   b. 发布者：发布数据层的更新。

   c. 请求去重器：该类负责对变更操作进行去重。如果对同一数据进行了两次变更，去重器将负责确定这些变更的相对优先级，然后删除一个。

   d. 请求发起者：此类启动变更过程。符合条件的变更将执行或批量执行。

   e. 自动重试调度器：当一个变更排队等待执行时，重试调度器定义了重试变更的配置规则，并允许如有必要就对变更进行重试。

变更管理器只是整个应用程序的一小部分，但它本身是一个庞大而复杂的领域，足以支持许多工程师。我们还没有涉及的应用程序的另一个部分是，不同类型的内容或媒体可能具有不同的相对优先级。为了实现执行的优先级排序，我们的任务执行器可以执行不同的队列。

功能负责人

升为高级工程师后，你很可能会担任某个功能的负责人。你将获得高级首席工程师的高层次图表以及你的领域负责人（有时是资深工程师）的指导，在更广泛的系统内开发和构建你的功能架构。像图 10-2 这样更具体、更有针对性的图表是必需的。图 10-2 描述了一个特定的游戏功能，可以用于更广泛的应用程序。例如，在我们的 Photo Stream 应用程序中，这可能意味着你负责 Photo Stream 布局或视图中的几个较小功能，如评论和互动。

作为功能负责人，你将应用既定架构（此处为响应式编程）的原则，但不一定要定义新的模式。你将重点关注设计模式，正如第 6 章所讨论的。同样重要的是要了解更广泛的模式：

1. 将功能工作置于上下文中，帮助理解最佳实践及其背后的原因。

2. 为职业发展制定清晰的路线和计划。通过了解超出当前范围的原则，你将获得技术方面的进步并承担更多责任，可能拥有更多的知识来提出改进建议。

10.5 响应式编程与函数响应式编程的益处

许多大型应用程序在基础设施层同步执行数据访问，然后产品（UI 层）通过内存缓存访问数据。这种方法带来了许多问题，其中包括以下几点：

1. 数据准备性：所有层都必须了解基础设施概念，如缓存策略和缓存预热（提前请求缓存以准备缓存）。让 UI 层处理这些问题会使产品层对底层基础设施了解过多，从而导致潜在的错误范围过大。

2. 数据不一致性：每个界面都必须对已发布的数据模型保持乐观状态，以显示最新且准确的数据。UI 层必须了解数据层以及如何合并更改以确保数据正确性。

3. 缺失数据：每个调用点都需要手动了解哪些数据存在以及如何处理缺失数据，因为这些数据可能需要获取。

这三个问题在大型应用程序中更为普遍，尤其是那些拥有多个功能和独特产品组的应用程序，这些产品组可能共享相同的底层数据。数据流和 FRP 提供了一种优雅的方法来编写事件驱动应用程序，无须依赖传统的更新方法，如回调或观察者模式（这些方法已知会影响代码质量和程序理解）。

相反，响应式编程为 UI 层（跨产品表面）提供了一种统一的方式，以数据位置无关的方式（无论这些数据是本地的还是直接来自网络的）监听更新，同时提高代码质量。统一过程提高了代码库的抽象级别，使工程师能够专注于构建功能，而不必担心底层基础设施。

由于大团队特性以及现代用户界面高度互动的本质，这一优势被放大到大型现代移动应用程序中。应用程序已经变得更加实时，例如，添加评论、修改字段或添加反应。当在用户设备上输入数据时，应用程序通常会自动触发后端请求以保存数据，同时乐观地更新 UI 以反映新值。此外，响应式编程提供了一个坚实的基础，如果实施得当，可以随着应用程序的扩展而扩展。总的来说，响应式编程为工程师提供了工具包，以管理现代应用程序交互所需的增加的复杂性并更好地管理大规模数据流。

尽管响应式编程有优点，但它也有缺点：

1. 增加了额外的框架，需要更多的经验和时间。此外，一旦框架集成到应用程序中，迁移就将变得困难。

2. 复杂的调试。在响应式框架中进行调试比较复杂，可能需要额外的工具。

3. 新加入团队的工程师需要更多的时间来熟悉响应式编程。因为他们可能不熟悉响应式编程，所以可能需要更多的时间。

10.6　总结

本章涵盖了许多主题，包括定义响应式编程的基础知识、添加函数式概念，以及我们如何使用这些概念来创建 iOS 应用程序。在架构回顾部分，我们将 Photo Stream 应用程序分解为几个部分，然后根据不同工程师的级别和职责将它们放入不同的上下文中。

尽管我们提到了 Combine，但我们并没有详细讨论其具体实现和使用方式，因为框架可能会改变其使用方式。更重要的是了解响应式编程背后的概念，包括函数式概念，以及如何围绕响应式数据流构建整个应用程序系统的架构。通过理解 FRP 和响应式编程的概念，你可以使用它们为任何适用框架构建系统架构，而不仅仅是 Combine。

10.6.1 本章要点

1. 你构建和描述解决方案的能力取决于对应用程序用例、最佳实践的理解，以及通过适合各个层次的图表，清晰地向其他工程师传达这些信息的能力。
2. 声明式地编写事件驱动的应用程序采用响应式编程和函数响应式编程，这些方法在概念上简单且有效。
3. 我们可以通过 Combine 框架应用 FRP。尽管如此，我们并不局限于任何框架。通过了解响应式编程的基本原则，我们可以将它们应用到现有框架（如 Combine 或全新的框架）中。

10.6.2 扩展阅读

1. Reactive Imperative Programming with Dataflow Constraints:https://arxiv.org/pdf/1104.2293.pdf
2. Journey Through Incremental Computing:www.youtube.com/watch?v=DSuX-LIAU-I
3. Category Theory for Programmers:www.youtube.com/playlist?list=PLbgaMIhjbmEnaH_LTkxLI7FMa2HsnawM_

第三部分 *Part 3*

大型应用程序设计

系统设计流程

11.1　概述

本章标志着第三部分的开始。到目前为止，我们已经回顾了 iOS 基础知识（第一部分）和构建可扩展应用程序的技术（第二部分）。然而在大公司中，能够编写高质量的代码和优质架构的应用程序只是交付有价值的软件所必需的一部分。在这种环境下，技术和业务团队可能会有相互竞争的优先事项，导致冲突并增加项目的风险。此外，技术团队本身也可能有相互竞争的优先级和相互冲突的发布需求。这些额外的风险因素导致了大量的跨职能团队的沟通需求，从而导致了额外的计划和安排发布的需求。

为了管理计划和执行阶段增加的复杂性，我们将定义一个框架——软件开发生命周期（Software Development Life Cycle，SDLC）以及实施框架所必需的关键软技能。第三部分的其余内容将更深入地探讨领导项目所需的个人技能和能力，以便你能够将技术技能与领导力、软技能相结合，以取得进一步的成功。

本章概要

本章主要关注软件开发生命周期中的计划和设计阶段，以及计划和执行项目的基本技能，包括

1. 编写必要的工程文档。

2. 与关键利益相关者就重要项目原则进行对齐和沟通。

3. 完成目标和里程碑的设定。

我们还将概述 SDLC 中的所有步骤，后续章节将更深入地聚焦于 SDLC 的测试、部署和维护阶段。

11.2 软件开发生命周期

SDLC 是一种设计和构建高质量软件产品的高效流程。它旨在通过积极主动的规划将项目风险降至最低,以确保软件在发布后能够满足预期。虽然对于划分 SDLC 有不同的方法和途径,但图 11-1 概述了划分软件开发过程的一系列通用步骤。

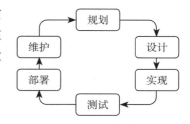

图 11-1 软件开发生命周期

11.2.1 SDLC 如何运作

在本节中,我们将详细解析图 11-1 中概述的不同步骤。我们将保持这些步骤的相对通用性,以便它们可以适用于团队使用的一些标准 SDLC 模型。在定义了这些步骤之后,我们将回顾一些传统的模型。

工程规划阶段

规划阶段包括需求收集和人员配备的任务,工程师需要协助进行如下这些工作:

1. 成本效益分析:通常被称为目标设定,涉及对潜在商业收益及其与工程投资和基础设施成本之间权衡的重要建议。

2. 工程估算:为了支持成本效益分析,工程师会估算实现最终目标所需的时间和工作量。

3. 工程师分配:一旦计划确定下来,技术负责人必须将特定的工程师分配到项目的特定部分,工程师的管理者也会参与这项人员配置工作。

在规划阶段,工程团队会从产品利益相关者那里收集需求,包括客户、内外部专家和管理者,以创建软件需求规格说明文档。团队的使命通常决定了客户群体。例如,基础设施团队的主要客户是其他工程师,他们希望使用这些产品来加速自己的开发(或提供一个稳定的平台)。对于产品团队来说,客户是最终用户,因此用户调研、设计原型和对产品的直观理解将指导规划阶段的工作。

规划阶段制定的文件设定了期望值,并定义了共同目标,这有助于理解项目的重要性,获得利益相关者的一致认同,并促进项目的顺利执行。

这些文件将采取以下几种形式:

1. 战略审查文件:这是一份高层次的、以业务为中心的文件,需要工程师的投入,并主要由业务利益相关者如产品或项目经理推动。

2. 长期规划文件:不仅要制订短期计划,还要理解项目的长期愿景,这是对资深技术领导者提出的一个要求。长期规划文件比详细的路线图层次更高。它包括与未来项目增长相关的信息、需要配备人员的技术开发领域,以及项目如何随着时间发展的信息。

3. 短期路线图:这是一份详细的涵盖接下来几个季度或最多一年时间的文件,包括明确的里程碑、目标以及实现短期目标的计划。此时,因为还需要更多的设计工作,路线图只是粗略的估计。随着时间线的更新和更详细的细节,需要将这些信息传达给领导层。

战略审查

战略审查可能有不同的名称。不管怎样，其创建是由业务团队领导的，目的是向领导层传达成本效益分析、上升潜力和项目时间表。工程师的输入对于理解短期内的时间表和目标至关重要。此外，还需要技术负责人的意见，以了解长期的更宽泛的工程策略，以及需要哪些工程投资来支持持续的长期项目目标。

长期规划文件

长期规划文件指导项目的整体技术方向，该文件通过定义整体工程愿景，为战略审查和短期路线图提供输入。通过概述项目的工程愿景，所有团队成员和跨职能合作伙伴都能理解战略并相应地调整他们的目标。长期战略文件还帮助管理层理解团队成长所需（招聘需求）以及工程师个人的职业发展路径。该文件应概述基础设施的稳定性目标、未来的衡量指标和潜在的产品想法。与数据科学资源的合作可为未来可能的工作提供机会规模估算。

长期规划文件必须做到以下几点：

1. 包含软件系统未来状态的架构图，包括我们想要实现的目标以及说明为什么需要工程投入来提高额外的业务价值。
2. 定义关键的成功指标及中间指标，以帮助我们衡量短期收益是如何促使长期成功的。
3. 概述团队从当前状态到达期望最终状态所需的步骤以及中间里程碑。这一时间线应当为 2 ~ 5 年，并为每个中间里程碑提供合理的估算和成功的衡量标准。

一个围绕核心目标且达成一致的理解的团队更具生产力和动力。激励团队的重要方法之一是长期规划，以确保产品在未来取得成功。第 17 章将提供一个用于长期规划的文档例子。

注释 定义长期架构可以创建共同的方向，这样你的团队就可以在向更广阔的愿景迈进的同时，自主地做出日常决策。

路线图

路线图比长期规划文件更为详细和直接，它定义了短期的任务级项目，并指向长期规划文件中的中期目标。路线图应该有明确的成功标准和以指标为支撑的目标，并清楚了解达成目标所需的软件。

注释 路线图要将战略目标与实现这些目标所需的潜在功能和工程变更联系起来。

路线图包括详细的基于任务的分解，并为指定的 SDLC 定义了明确的成功标准。路线图还将包括每个季度的目标。大多数路线图的时间跨度为 1 ~ 2 个季度。通常情况下，如果时间再长，就很难准确估计工作量。根据开发的功能，路线图和成功标准可能更多地与现有软件或正在构建的功能相关，或更多地与提高用户参与度等指标相关联。

为了进一步构建路线图，我们可以将复杂的产品决策划分为具有相关目标的清晰主题。每个主题都有其成功标准，并构建成一个完整的项目计划。在图 11-2 所示的路线图模板中，我们可以根据不同的参与杠杆将项目划分为不同的主题，并据此确定优先级。

项目		优先级	投入	影响	备注		确定设计稿的预估时间	工程师	预计开始开发的时间	设计稿链接	内容链接
杠杆1：项目宿主采用——已有清单											
		高	高	高							
		中	中	低							
		中	中	低							
		中	中	低							
		中	中	低							
		中	中	低							
		中	中	低							
杠杆2：项目宿主采用——当前清单											
杠杆3：项目宿主采用——伙伴											
杠杆4：客体采用											
杠杆5：资格											
暂缓											

图 11-2 示例路线图，其中的主题被称为杠杆[⊖]

路线图和长期规划文件对于大型组织来说至关重要，因为它们是用于使所有利益相关者保持信息一致的强有力的沟通工具。它们为不熟悉当前项目状态、目标和产品愿景的任何人提供了一个真实可靠的信息来源。此外，在创建过程中，它们为讨论问题提供了一个途径，以便团队能够就最佳方法达成一致并在实现前提供反馈。

最后，保持规划文件的更新至关重要。随着项目的推进，与业务伙伴一起适时更新路线图是必不可少的。根据公司结构不同，工程师或业务伙伴在编写路线图中扮演着不同的角色。不过，工程师始终有责任就必要的软件基础设施和目标的可行性提供技术意见。

小公司和大公司规划的差异

在大公司，规划着眼于长远，更注重渐进的指标改进。尽管大公司会开发新功能（有时甚至是新产品），但关键指标和产品功能通常已经确立，这意味着需要对特定产品领域以及如何促进持续改进有深入了解。此外，由于大公司拥有大量团队和利益相关者，使得达成一致变得更加复杂。因此，规划文件变得尤为重要，因为它们提供了一种结构化对话的方式，并在这些利益相关者之间达成一致。

在规模较小的公司，新功能开发的空间更大，其目标通常基于功能的完成，而不一定是指标的改进。可能需要更大的用户基数才能执行 A/B 测试或其他详细的性能评估方法，因此，目标可能归结为在没有任何明显的错误或崩溃的情况下完成功能。尽管如此，设计文档对于定义性能基准和最佳实践仍是必不可少的，以便在应用程序发展过程中为其提供支持。图 11-3 概述了这些差异。

工程设计阶段

在设计阶段，软件开发人员会审查工程需求，并确定创建所需功能的最佳解决方案。软件工程师会考虑集成现有的模块，并识别那些能加速实现过程的库和框架。他们将研究如何以最佳方式将新软件集成到组织的基础设施中。在设计和规划阶段，技术负责人与其

⊖ https://docs.google.com/spreadsheets/d/1zlx3RuidNOW4OZf7ghO7p2SqoR53Ungv9JFT-PhHwxI/
edit#gid=184965050

他工程利益相关者就设计方法达成一致非常关键。这正是架构文档发挥作用的地方，也是本书第二部分知识的用武之地。

	小型初创公司	成熟大公司
时间线	**较短** 更难以预测未来，需要时间线较短的路线图	**较长** 规划反映了既定的目标和愿景，可能需要更长的时间才能实现
依赖关系	**很少** 较小的团队和较少的利益相关者意味着较少的依赖性和要求，从而使团队能够更快地行动	**复杂**
目标	**中期目标** 初创公司和小型公司专注于验证其商业理念和目标通常反映了这一点	**长远目标** 路线图注重细微之处，并着眼于长期目标

图 11-3　小型初创公司与成熟大公司规划的差异

此外，设计阶段还应进一步指导规划阶段。随着关键架构决策趋于一致，工程师领导者必须将任何相关的时间线更改通知给必要的利益相关者，并适当更新路线图和其他规划文件。

在大型公司开发庞大应用程序的过程中，设计阶段至关重要。由于有众多依赖的团队和庞大的内部基础设施，促进团队间的一致性和选择与内部工具兼容的解决方案变得至关重要。如果解决方案与内部基础设施不匹配，那么实现方案可能无法正确工作。或者，如果利益相关者对时间线没有达成一致，那么底层基础设施可能在产品团队不知情的情况下发生变化，导致延迟或生产缺陷。拥有一份清晰的设计文档可以使团队的计划易于分享和被他人参考，以便收集反馈并避免意外情况的发生。

在小公司或只有少数工程师的小型应用程序中，通过非正式交流更容易达成一致和理解上下文。整个代码库可能只需一名工程师拉取，这就完全避免了一些冲突。随着应用程序不断扩展，记录设计决策的能力有助于指导未来的决策，并帮助新团队成员快速了解并掌握以往做决策时的上下文。

注释　对于高级技术负责人来说，规划和设计阶段至关重要，这也是最需要技术负责人领域专长的阶段。技术负责人通过领导规划和架构设计，为团队在实现阶段取得成功奠定基础。作为一名技术负责人，你不可能独自完成整个实现过程。但是，通过良好的规划和设计，你可以为其他团队成员提供清晰的指导，使他们能够根据自己的优先事项执行任务，并在工程实现阶段交付高质量的软件。

工程实现阶段

在规划、时间表和目标达成一致之后，就到了实现必要的工程改造的时候了。在实现阶段，如果团队为成功做好了充分准备，则技术负责人可以退居二线，专注于审查代码、编写一些必要代码，并帮助指导团队其他成员达成目标。通过对团队的合理定位，技术负责人能够在不需要过多介入的情况下推动项目执行。在这段额外的时间里，技术负责人可以专注于巩固产品上线的路径，并思考如何抓住未来的机会来推进项目。在实现阶段取得成功所需的主要技能与本书第一部分讨论的核心软件工程能力相关。在这里，我们已经确定了设计，并需要编写正确的代码以高质量地实现它。技术负责人可以通过在代码审查中坚持高标准来帮助达成这一目标。

在实现阶段，跟踪目标进展和实施增量产品测试至关重要。通过实施增量产品测试，团队可以在部署过程中避免意外情况的发生。根据团队对 SDLC 的实施情况，跟踪开发进度的方式有所不同。通常需要某种方式来分析需求，以识别完成最终结果的较小编码任务，并监控它们相对于路线图上的日期的完成情况。根据公司的不同，这可能更多地落在产品管理团队或工程技术负责人身上。无论如何，技术负责人都必须参与跟踪进度并帮助加速团队的专业技能提升。

此外，如果团队开始落后，则技术负责人有责任识别风险，将其报告给利益相关者，并提出可替代的工程解决方案来解决问题。加快项目进度的方法包括增加来自技术专家的输入、增加工程资源或缩减项目范围。

工程测试阶段

测试阶段应该与开发阶段同步进行。随着工程师编写新代码以及完成产品功能，各个开发人员需要负责编写单元测试和集成测试。功能完成后，应进行更全面的测试。根据公司的具体情况，这可能包括内部的 bug 专项测试和内部试用会。此外，可以分配测试工程师去持续检查关键功能是否存在任何错误，并确保应用程序符合规划阶段定义的指标。

持续在最终部署的基础设施上进行产品测试，对于确保所有功能按预期为最终用户工作至关重要。为了实现这一目标，在 iOS 上，团队可以利用 Visual Studio App Center 和 TestFlight 等工具来分发构建。然而，这不仅仅局限于 iOS 应用程序。iOS 应用程序很可能会与网络进行交互，因此相关的 API 和后端团队必须确保他们正确地配置代码以支持新功能。一种做法是使用由配置控制的不同的开发者标记，仅为一小部分测试用户开启某个功能。为了扩大使用新功能的用户范围并收集更多的错误报告，一些公司实行企业内部试用的方式，让所有员工使用产品的内部构建版本来测试最新功能。

注释 只有在生产服务栈上部署并测试后，一个项目才能被标记为完成。通过强制执行这一点，团队可以减少错误，并避免向领导层传达了一个功能已完成的消息后，却发现它在生产环境中无法工作。

工程部署阶段

软件部署和功能发布是另一个需要技术负责人投入大量精力的阶段。发布计划、时间和策略可能会根据团队的目标和特定项目而有所不同。作为技术负责人，你必须与利益相关者一起定义这些内容。例如，如果你正在领导一个大型项目的迁移，那么可能会根据必要的功能来设定里程碑，或者如果你在一个基于指标的团队工作，项目的发布可能需要和测定指标的周期对齐。

团队不应该等待部署后的功能更新——尽早并持续地获取反馈对于尽早发现回归测试中的错误至关重要。因此，通过构建配置将部署管道与最终发布过程保持一致至关重要。此外，这样还能从正在进行的测试和开发工作中获得持续反馈。

注释 实现、测试和部署阶段应该同时进行，以避免在实际产品发布过程中出现问题。如果等到最后才在生产基础设施上进行测试和部署，那么你可能会遇到隐藏的错误，从而延迟发布计划。

为了同时进行实现、测试和部署阶段，我们可以利用一个实验平台，在这个平台上，不同的功能可以独立地启用和禁用，同时收集指标来验证变更的效果。实验平台确保可以监控变更，并且如果出现问题，希望能够随时禁用。我们将在第 14 章更详细地讨论实验的问题。

工程维护阶段

在维护阶段，团队会修复漏洞、解决客户问题，并处理随后的软件变更。此外，团队还会通过指标面板和日志监控整个系统的性能。团队将监控用户体验，以识别改进现有软件的新方法，为下一个规划阶段做准备。在规划期间预留额外时间是很有帮助的，以确保开发人员有时间解决部署或维护阶段中发现的错误。

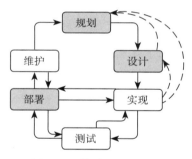

图 11-4 修改后的 SDLC

鉴于不同阶段之间的相互作用，我们可以重新绘制图 11-1 以在图 11-4 中表示这一点。在这里，我们画了额外的线条来表示实现、测试和部署阶段之间的开发周期。我们用浅灰色突出显示了技术负责人应关注的关键步骤，而虚线代表实现、设计和规划阶段之间的联系，因为技术负责人应持续关注对规划和设计阶段的评估。

11.2.2 SDLC 模型

在 11.2.1 节中，我们讨论了整个 SDLC，并进一步提到了不同的模型对一些实现步骤的具体描述。虽然没有必要严格遵循这些特定模型中的确切步骤，但它们确实代表了常用的实现方式。大多数模型都旨在优化 SDLC 的某个部分，并旨在帮助组织实施 SDLC。

瀑布模型

瀑布模型将 SDLC 的各个阶段按顺序组织起来，每一个新步骤都依赖于前一阶段的结果。从概念上讲，SDLC 的步骤像瀑布一样，从一个流向下一个。图 11-5 概述了按瀑布方法组织的 SDLC 的步骤。

关键原则

瀑布方法遵循三个主要原则：

1. 通过详细规划降低利益相关者的参与度。

2. 完善的文档记录。

3. 一个顺序结构。

优势与劣势

瀑布模型为 SDLC 提供了一种有纪律的方法，并且在每个阶段结束时提供了一个有形的输出。然而，由于该过程的顺序性质，一旦一个步骤完成，就几乎没有空间进行需求变更，这可能导致工程师构建的软件无法满足业务需求。因此，该模型最适合于小型软件开发项目，其中任务容易安排和管理，并能准确地预先确定需求。

图 11-5　瀑布模型

螺旋模型

螺旋模型将 SDLC 的迭代方法与瀑布模型的线性顺序流程结合起来，优先考虑风险分析，并迭代地交付软件。螺旋模型确保软件在每次迭代中逐步发布和改进。每次迭代还涉及构建一个原型。图 11-6 概述了将螺旋模型迭代应用于 SDLC 的情况。

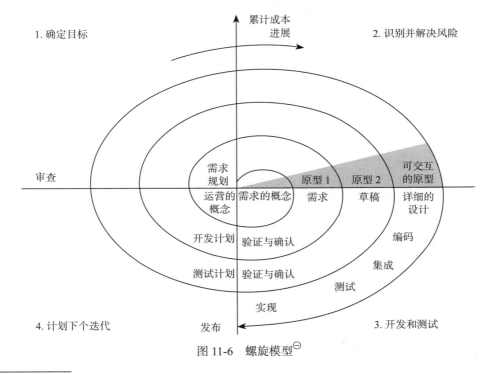

图 11-6　螺旋模型[⊖]

⊖ Boehm,B(July 2000). "Spiral Development:Experience,Principles,and Refinements." *Special Report*.Software Engineering Institute.CMU/SEI-2000-SR-008.

关键原则

1. 考虑所有关键利益相关者的意见和成功标准。

2. 识别并考虑满足利益相关者需求的替代方法。

3. 识别并解决由所选方法带来的风险。

4. 获得对周期策略和成功标准的批准。

优势与劣势

螺旋模型适用于需要频繁更改的大型和复杂项目。然而，对于范围有限的小型项目来说，它可能会变得成本高昂。此外，螺旋方法并没有明确强调每个周期的时间线和在这些节点的交付物，这使得实现商业目标变得具有挑战性。

敏捷模型

敏捷方法将 SDLC 的各个阶段安排成若干个开发周期。团队快速地迭代这些阶段，每个周期只交付小的、增量式的软件变更。他们持续评估需求、计划和结果，以快速响应变化。敏捷模型是迭代和增量的，比其他过程模型更高效。图 11-7 展示了敏捷模型中的一个周期。整个项目将由许多这样的周期组成。

主要原则

1. 优先考虑个体和互动，而非流程和工具。

2. 优先考虑可工作的软件。

3. 客户合作至关重要。

4. 灵活应对变化。

优势与劣势

快速开发周期帮助团队在复杂项目的早期阶段识别并解决问题，避免它们演变成更大的难题。敏捷方法还提倡在整个项目生命周期中与客户和利益相关者协作，以获取反馈——这解决了瀑布模型的一个重要问题。然而，过度依赖客户反馈可能导致范围变更过多或项目中途终止。

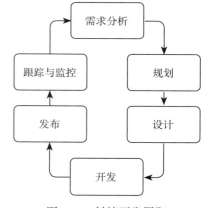

图 11-7　敏捷开发周期

此外，敏捷方法由于沟通成本、缺乏文档和复杂的流程要求，并不总是能够很好地扩展。没有清晰的文档，就很难在大型环境中与利益相关者保持一致，而良好的文档和设计文件是保持信息一致的关键工具。

最后，敏捷方法定义了许多原则和实践，这些都是僵硬且难以遵循的，特别是在一个需要许多利益相关者参与的大公司中。这导致大多数团队只采用了敏捷方法的一部分。

极限编程

极限编程（eXtreme Programming, XP）是一种敏捷方法论的形式，特别强调软件质量。极限编程主张在短开发周期内频繁发布，以提高生产力并引入检查点，以采纳新的客户需求。与敏捷一样，极限编程也规定了许多重要原则，包括因其复杂性和僵硬性而难以在大型项目中实施的要素。这些元素包括：

1. 结对编程。

2. 对所有代码进行全面的代码审查和单元测试。

3. 等到需要时再对功能进行编程实现。

4. 扁平化的组织管理结构。

该方法学的名称源于极限编程将传统软件工程的最佳实践元素推向极致的事实。例如，结对编程被认为是一种有益的做法，在极限编程中被极端化，所有代码都是结对编写的。图 11-8 展示了一个极限编程项目的生命周期。

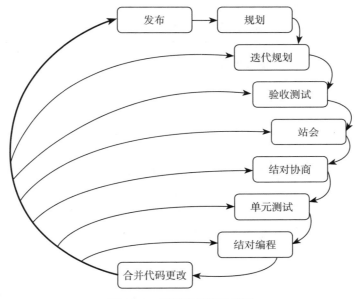

图 11-8　极限编程开发周期

主要原则

1. 极限编程认为，频繁且及时的反馈极为有用，反馈对于学习和做出改变至关重要。它强调，缩短行动与其反馈之间的延迟对于提高效果非常重要。

2. 假设问题是简单的，则用最简单的方法来解决每个问题。其他系统开发方法会为未来做规划，并提倡编码的可重用性，而极限编程摒弃了这些想法。

3. 拥抱变化。

优势与劣势

极限编程实践的方法一直备受争议，支持者声称，增加的灵活性能够减少不必要的工作并缩短开发时间。然而，极限编程的灵活性和对未来缺乏规划可能导致成本高昂的重新设计开发和项目范围不断扩大。这些问题在开发大规模应用时会成倍增加，因为要确保所有利益相关者保持一致，需要对未来仔细的规划。由于缺乏规划、文档和严格的步骤遵循，极限编程存在许多与敏捷方法相同的缺点，通常不适合需要复杂规划和依赖管理的大型应用程序。

方法综述

在所有这些方法中，有几个关键原则适用于大型应用开发。掌握这些原则并学习解决它们的技能，可以让你在任何方法论中成功领导项目。技术负责人在项目成功和确保团队达成目标中扮演着至关重要的角色。我们可以看到所有这些方法中一些反复出现的主题，即：

1. 在大型公司中，注重文档和规划有助于项目的成功。

2. 灵活的迭代与计划性的迭代发布能帮助团队交付软件并发现错误。

3. 在所有方法论中，利益相关者之间的沟通至关重要。

4. 测试对于保持软件质量的高标准至关重要。

要在这些领域发挥领导作用，团队领导需要构建适应不同环境的技能。由于测试是 SDLC 中的一个独立阶段，因此我们将重点关注与有效规划相关的技能，以及本章所需的其他关键技能。

11.3 技术负责人的关键作用

在执行软件项目时，尽管技术负责人所采用的具体方法各不相同，但要想长期领导团队取得成功，有一些关键原则需要遵循。带领一个成功的团队远不止于一个项目或一次发布的成功。在一家软件产品公司，对技术负责人的期望是领导并培养一个工程师团队数年，这不能仅通过维持现有项目的现状就能完成。开发一个项目需要综合新的想法，并积极扩展项目，从而为这些后续的努力带来新的 SDLC。为此，我们需要采取更长远和迭代化的方法，以在积极开发阶段保持领先，并规划长期的愿景。

因此，在项目的开始和结束阶段，技术领导角色尤为重要。项目开始时，技术负责人推动规划工作，确保与长期愿景保持一致，并解决重大技术挑战。在业务环境中，这还涉及沟通目标和时间线，以便进行更广泛的跟踪。这要求技术负责人除了了解技术方面外，还需理解业务背景，并就目标和交付时间线达成一致。根据团队的目标和方法论，设定目标的方式可能有所不同，但利益相关者之间的协调对于确保工作在既定限制内按计划交付至关重要。

注释 一些公司在目标设定和项目领导职责方面采取非常自上而下的方法，但许多硅谷科技公司却倡导自下而上的规划，这意味着更多的关注点放在了来自实现团队的工程思想上，并且要求管理者和技术领导者想出方法来推动业务价值。

大型项目复杂且可能跨越多个团队，这使得组织和领导产品发布也变得复杂。所有实践都必须符合发布时间表，并且必须共同运作。为此，拥有经验丰富的技术负责人对正确的发布路径提供意见至关重要。

通过详细引导项目的开始和结束，资深技术负责人让他们的团队在执行阶段通过指导得以成长和发展。这也为技术负责人提供了时间，以便提前思考未来产品的方向，并确保整个项目保持在正确的轨道上。

宽泛的 SDLC 以及对技术负责人关键作用的理解，超越了任何特定的正式步骤。记住并遵循特定的设计流程，而不真正理解一位强有力的技术负责人所提供的价值，是没有重要意义的。相反，价值在于了解并培养沟通和对开发团队的领导技能。SDLC 和像敏捷这样的方法提供了启发式的方法，类似于软件设计模式是如何基于数百年的开发经验来指导开发的。通过灵活性和专注于领导所需的技能，你可以快速适应任何方法论。在这里，我们将这些技能分解成单独的条目。在第 16 章和第 17 章中，我们将把这些个人技能与大型团队的领导原则以及实际例子结合起来。通过先将领导技能分解到个人层面，我们像对待技术概念一样对待人际技能和领导力发展，其中个人技能是更全面的团队领导力的基石。

11.4　专注技能的视角

无论采用何种方法，最终目标都是交付软件并推动业务价值。作为一名资深技术负责人，你的工作就是从技术角度明确地领导团队，并能够做到以下几点：

1. 定位技术问题。
2. 设计并领导技术解决方案。
3. 清晰地沟通。
4. 设定适当且有时间限定的目标（里程碑）。

11.4.1　定位问题

定位问题涉及以系统的方式考虑问题的位置、限制因素和潜在解决方案的能力。为了做到这一点，你必须诊断性地提问以减少问题的模糊性，并系统地针对最关键的问题进行解决。为此，通过提出澄清性的问题（例如，一个用户可以有多少好友，数据集有多大）主动减少模糊性至关重要。这些信息将引导探索最关键的问题领域，并指导设计过程和解决方案的重要部分。

初始问题应帮助你更好地理解可以使用哪些工程抽象概念以及可能存在的陷阱。在某些情况下，业务伙伴可能不了解现有基础设施的限制，甚至是隐私问题。与他们合作以制定可行的解决方案至关重要。此外，为定量分析而定义需求是定位问题以设定目标的不可或缺的部分。有了量化框架，就更容易设立一致的目标。

此外，从终端用户的角度了解产品，对于更好地理解业务并全面推进共同的业务愿景至关重要。

11.4.2　解决方案设计

一旦定位到问题，就需要为整个问题设计一个可行的解决方案，并详细概述整体设计中的关键部分。在设计中，你必须考虑到更广泛的背景，以及规模和多个开发团队的因素。例如，如果你的团队正在开发某个功能，那么其他团队可能负责你们依赖的用于功能开发的共享网络或基础设施层。在实现共同目标时，提前让他们参与并强调他们在解决方案中的那部分工作是至关重要的。

在解决方案设计过程中，技术负责人必须创建一个有效的工作方案，以易于理解的方式解决问题的多个关键方面。设计应考虑到在大量数据和用户中所需的可扩展性（例如，在设计中考虑大规模数据，如同步纠错）。工作方案应包括详细的上线计划，包括上线阶段、基于指标的评估和成功标准。

技术负责人必须具备开发产品的经验以及构建复杂解决方案的技术能力，这涉及设计模式和架构最佳实践。技术专长的水平要求技术负责人能够阐明解决方案中的依赖关系和权衡利弊，并识别问题中的挑战，包括预见和减轻潜在的故障点。

在表达这些技术挑战和可预见的失败情况时，必须将它们描述为对利弊的权衡，例如，理解标准设计或架构模式的缺点（例如，需要增加项目工程师的数量、代码量或用户量）。技术负责人应能够利用各种经验来阐明可能失败的点。

除了技术技能之外，理解技术决策如何影响不同终端用户群体的产品行为也至关重要。通过了解业务限制，你可以与业务伙伴良好合作，推动支持业务价值的技术解决方案。如果没有这种联系，那么技术解决方案与业务需求就可能产生偏差，从而造成差距。为了建立这种联系，需要频繁地与业务伙伴沟通，以确保用户界面和工程设计切实可行、功能齐全，并且能在要求的时间内实现，满足产品需求。

11.4.3 沟通

作为一名技术领导者，必须具备驾驭困难对话的技能。有时，由于业务限制，业务和工程团队会在技术决策上产生分歧。即便在技术团队内部，分歧通常也源于不同的技术方法。引导这些对话并推动决策是任何技术领导者的关键技能。我们可以通过构建一个框架来系统地管理复杂且可能存在争议的讨论。我们的框架将围绕四个基本原则展开：

1. 理解每个人的观点。
2. 引导对话，并提供解决方案，解决所有顾虑。
3. 在共同的背景下沟通，讲述一个令人信服的故事，确保每个人都朝着相同的目标前进。
4. 主动沟通风险。没有人喜欢意外。

沟通框架
理解每个人的观点
总的来说，必须解决并统一导致你和对方之间产生争议的问题。无论是业务相关的还是技术性的，通过深入挖掘以理解对方观点的细节和驱动因素，你可以获得更深层次的理解。理解对方的观点在构建框架其余部分时至关重要。这种理解使我们能够提供互惠互利的解决方案，并就关键数据达成一致，以进一步指导对话。

提出必要的问题以获得理解，并认真倾听回答以理解他人观点是至关重要的。这里的目标不是争论或反对，而仅仅是学习，这可能需要进一步澄清问题，直到你完全理解他们的观点。为了确认你确实理解了他们的观点，你应该将你所理解的他们的意见反馈给他们。通过准确地回应一个人所说的内容，你展示了你在倾听，而不仅仅是听，并且你真正理解了他们试图传达的感受和信息。

注释　积极倾听是一种倾听和回应他人的方法，它能够提高相互理解，缓解紧张局势，并帮助找到解决复杂问题的办法。

例如，假设你在一个团队工作，这个团队优先考虑构建新用户使用的功能，以优化并增加每日活跃用户数量和使用时长。你还从之前的分析中知道，应用程序启动性能对用户使用时长有正面影响。你的业务伙伴希望快速发布一个新功能，以跟上竞争对手的步伐。然而，这需要在一个遗留模块上进行构建，这会延长应用的启动时间。

此外，遗留模块的用户覆盖范围有限，且没有文档，这使得开发变得困难且容易出错。从工程设计的角度来看，重构遗留组件可以提高开发效率、启动性能以及未来功能开发的便利性。然而，这将推迟高优先级业务功能的发布。

你的业务伙伴非常担心，不想因任何原因冒项目风险或延迟上线。鉴于跨领域的顾虑，你必须与业务利益相关者就最佳推进方案达成一致。为此，正如我们框架中所概述的，我们需要完全理解业务伙伴的观点。首先，通过提出明确的问题来了解他们为什么对这个功能如此重视，以及为什么上线日期如此重要。也许你会发现这并不关键，或者你可能会发现，公司需要这个功能来与竞争对手竞争，即使这个功能不完美，达到上线日期对公司的成功和未来增长至关重要。

总的来说，我们必须权衡延迟发布以解决技术债的相对风险与快速构建功能并进一步增加技术债之间的关系。要做到这一点，需要全面了解整个情况。

关键原则　积极倾听让你能够在不加入个人观点的情况下理解每个人的观点，并且是引导对话走向解决方案的先决条件。

引导对话

一旦我们了解了解决方案可商议的空间，我们就可以开始推动对话达成一致。在完全理解每个人的目标和目的之后，我们可以构建一系列叙事来解决这些目标。在寻找解决方案时，必须考虑替代方案，或者从工程角度看可能不那么理想，但从另一个角度看可能更理想的方案。例如，回顾我们之前的情景，从工程角度看，首先解决技术债务然后再增加更多功能似乎更有意义，但从业务角度看，这是一个需要功能支持的关键发布，所以即使我们短期内遭受性能损失且构建非最佳标准的功能也在所不惜。

我们可以将其分为两个解决方案：一个是从业务角度出发，另一个是从工程角度考虑。通过提出这两种选择，你可以征求所有利益相关者的意见，并推动问题的解决。在提供选项时，选择一个作为推荐方案至关重要，这会进一步以解决方案为导向展开对话。对于所有解决方案，以下 3 点至关重要：

1. 列出每个方案的利弊，以便各方能就相对风险达成一致。
2. 展示各方的观点。列出每个人的主要关注点很重要，这也验证了你在框架的第一步中真正理解了他们的意见。
3. 记录推荐的解决方案。

有时候，找到解决方案是复杂的，并且不是每个人都会有相同的看法。不要害怕向他人求助以获得帮助。利用一个受信任且中立的第三方可以帮助推动解决方案，而不会引起进一步的紧张局势。例如，你和另一位工程师在关键迁移的方法上有分歧。如果在倾听了双方的方法、列出利弊并进一步提出解决方案后，你们仍然无法轻易达成一致，那么一个值得信赖且意见受到尊重的工程师可以帮助充当决策者。

为了帮助预防无法解决的冲突，统一共同语言也很有帮助，这样每个人都能理解所提出的解决方案。通常，达不成协议是因为参与各方都不觉得任何解决方案（或者推荐的解决方案）可以充分理解并解决了他们的观点。如果不使用共同的语言和价值观框架，就很容易出现这些分歧。

最后，在推动对话的过程中，双方的情绪可能会变得激动起来。保持冷静和专注于解决方案至关重要。情绪化地投入到某个特定的解决方案中，或是把反馈当成个人攻击，都会使得达成进一步的一致变得更加复杂，且偏离了业务重点。保持以公司为中心，可以更容易地平静地推动一致性。如果你发现情绪激动或情况失控，则可以尝试重新安排另一个时间进行讨论。此外，会议中加入一个受信任的第三方作为调解者，可以帮助缓解紧张气氛。

关键原则　提出多个解决方案选项，并推荐其中的一个。在推动一致性时，保持专注于解决方案，避免对某个特定答案产生情感偏好。

使用共同语言和价值框架

为了更好地引导对话并为解决方案的探讨定下基调，使用一个所有参与方都能理解的共同语言框架有助于确保每个人都明白解决方案。由于工程师和业务人员都使用数据，因此数据驱动的决策可以成为深奥的工程概念与业务决策之间的桥梁。我们应该将这些数据建立在与业务成果相关的指标上，例如：错误报告率、交付功能的平均时间、开发者满意度以及团队的目标指标。

回顾 11.4.2 节的例子，我们可以努力验证我们的假设，即遗留模块正在影响用户体验和开发速度。为了理解对用户体验的影响，我们可以评估该组件与其他组件之间的支持问题和错误报告的数量。如果可能的话，查看模块的具体性能指标，以了解加载时间是否明显较长。从开发速度的角度来看，我们还可以检查关键任务和错误报告的数量，以了解工程师是否在维护这段代码时花费了更多的时间。我们甚至可以结合我们框架的第一步，进一步格式化数据，讲述一个引人入胜的故事，展示通往共同成功的道路。

如果在分析现有数据后，你看不到假设的差异，这可能表明问题的严重性不如最初理解的那样。你必须验证你的假设，并确信其对业务的影响，以此来说服你的业务伙伴。

从业务伙伴的视角讲述故事的一个巨大好处是，你可能会意识到修复某些问题所需的努力并不值得——业务价值并不存在。工程师有时确实喜欢对功能进行过度设计。进行这种分析有助于我们获得信心，相信这项工作是必要的，或者让我们接受应该承担那一点点技术债并继续完成接下来的业务。

此外，为了讲述一个更有影响力的故事，你可以将解决方案与特定的公司或团队价值观联系起来——希望你的公司或管理层能够提供这些价值观。这些价值观可以是"快速行动"或"关注用户"。确保你的解决方案与这些价值观相符，并在你的文档中表达出来，有助于创建一个共同的语境，以指导讨论的总体原则。

沟通风险

最后，及时沟通项目时间线上的任何风险至关重要。没有人喜欢意外，通过提前分享开发中的风险，你可以减少项目长期计划外延误的可能性。通过标记风险并提出可能的替代方案，你还为利益相关者提供了如何继续进行的选择，并帮助获得对所做决定的认可。提供选项之所以能提高利益相关者的认可，是因为给予他们选择权，让他们感觉自己是决策过程和产品未来成功的一部分。既然我们已经定义了沟通框架，那么就可以将其应用于技术和业务沟通中。

技术交流

1. 技术交流需要清晰表达技术思想、观点和愿景。技术上扎实的交流需要具备以逻辑和结构化的方式进行推理的能力，这与工程学紧密相关。采用数据驱动的科学方法是非常有帮助的。
2. 了解问题所在。
3. 提出假设。
4. 用逻辑的方式解释这一假设，并提供支持性的量化指标。
5. 没有完美的解决方案，要考虑并阐述技术构想及其相关的权衡。

作为技术负责人，能够深入复杂的技术主题，并以重点突出、逻辑严谨和条理清晰的方式将其分解，你将能够以易于理解的方式将技术设计的具体部分委派给其他工程师。在技术背景下进行有效沟通，需要对底层技术基础有深刻理解，对于 iOS 工程师而言，底层技术基础即 iOS 核心技能、并发系统的知识，以及 iOS 应用程序的设计模式。

一旦完成设计并记录下来，与团队一起进行审查是至关重要的，而且预期每个人都会对技术提案提出反馈。团队的反馈为我们提供了一个绝佳的机会来解决设计中的缺陷。通过这种方式，我们遵循了我们的框架：

1. 理解每个人的观点，关键在于把握技术解决方案的核心要素。
2. 编写工程文档旨在引导对话，并以共同的语言呈现我们的解决方案。

当软件设计与其他技术负责人的专业领域存在交叉问题时，需要对复杂的技术讨论采取进一步的细分。在这种情况下，他们的反馈需要仔细考虑。针对交叉关注点，有必要与工程团队中的关键利益相关者达成一致，并推进统一的技术规划。在大型团队会议上展示工程规划之前，理解关键利益相关者的观点并与之对齐至关重要。这样，在一对一的环境中，你可以理解他们的观点和反馈，这将有助于推动解决方案的形成。通过在更大的团队讨论之前与关键人物对齐，你可以获得更多的输入并理解他们偏向的解决方案。

有时，公司内不同组织之间的目标可能会引发复杂的技术问题，这些问题难以解决。例如，假设你的团队专注于在 Photo Stream 中启用广告以增加收入，并且为了进一步增加收入，团队允许在信息流顶部位置展示广告。你草拟了该项目的整体设计，包括客户端和服务器端，以使广告能够占据最高位置。然而，一个位于不同组织的后端机器学习团队——排名团队，对这一提案表示担忧。排名团队的目标是优化排名，并因为他们的模型无法处理第一位置的广告而阻止该项目。他们需要六个月的技术工作来更新他们的模型；否则，他们就有可能因模型退化而无法实现推动广告转化的顶层指标目标。根本问题在于目标不一致。你试图推动收入增长，而他们试图拥有最佳预测模型（这也间接推动收入增长）。

为了解决这个问题，你可以让利益相关者参与进来，并确保与公司价值观保持一致。例如，通过现在开发这个功能，项目就与"快速行动"的价值观保持一致。然而，他们可能会反驳说，你没有把"优先考虑用户体验"放在首位，因为提供了质量不佳的广告。由于根本的不一致，这种冲突可能无法在你的团队层面得到解决，可能需要将问题上升到两个组织之间的领导层。不要害怕提出这些问题，在这种情况下拖延可能会导致更多的问题。

沟通业务需求

除了理解技术概念之外，高级技术领导者理解业务关注点和相关业务领域概念同样至关重要。通过更好地理解业务限制，工程师能够清晰地进行沟通，并在业务需求的背景下权衡技术方案。仅仅这样做还不够。我们还必须能够在以业务为驱动的背景下解释它们。此外，正如我们的框架中提到的，建立决策的共同语言至关重要。没有这一点，我们很容易丢失上下文，决策也会偏离轨道。通常，数据是业务和工程之间的共同语言，通过在这一背景下构建决策，我们可以推动对话。

即便采用了数据驱动的方法并理解了业务视角，业务工程概念之所以难以掌握，原因有二：

1. 有时候，从工程学角度看最佳的方案，对于业务来说可能并非最优选择。
2. 看似简单的业务问题，可能会涉及复杂的技术挑战，或需要底层迁移，从而延长实现时间。

业务冲突是复杂的，往往需要升级到非工程组织之间进行处理。理想情况下，业务和工程是紧密对齐的。在工程与业务不对齐且团队层面无法达成解决方案的情况下，有必要记录双方的观点和理由，并将问题上报给能够跨组织沟通并推动达成一致解决方案的适当领导人。仅在较低层级解决此类冲突，你可能会错过关键上下文，从而在软件发布临近时引发更多问题。记住，提升业务价值对公司至关重要，而工程师有助于实现这一目标，这意味着在决定哪项工作是最高优先级时，业务价值始终是必须考虑的要素。

注释 为了确保以工程为驱动的工作得到应有的关注，工程师必须学会用业务术语进行沟通。

11.5 为成功设定目标

设定切实可行的目标能够使团队保持一致，并使领导层设定合理的期望值。确定可行的目标需要技术专长来评估工程复杂性并揭示隐藏的复杂性。设定目标还有助于跟踪进度并使外部利益相关者保持一致。定义目标时一个有用的首字母缩略词是"SMART"。我们通常希望我们的目标是 SMART 的，其中 SMART 代表具体的（Specific）、可衡量的（Measurable）、可实现的（Achievable）、相关的（Relevant）和有时间限制的（Time-bound）。

11.5.1 S：具体的

一个可行的目标需要具体性。一个具体的目标回答了以下问题：

1. 需要完成什么？
2. 谁负责实现这个目标？
3. 要实现这一目标，需要采取哪些步骤？

例如，我们的具体目标可以是通过优化应用程序的引导流程和创建针对性的社交媒体活动，来增加移动应用程序每月的用户数量。

11.5.2 M：可衡量的

特定目标的一部分是其可量化性。通过确定可衡量的成功标准，团队可以追踪进展并知道工作何时完成。为了使我们上面例子中的目标更加可测量，我们可以重新定义目标，包括将移动应用程序月活用户增加 1000 人。

11.5.3 A：可实现的

为了设定一个可实现的目标，我们必须问自己：你的目标是你的团队可以合理实现的吗？

经过进一步的审查和数据分析，我们可能会意识到，我们的移动应用程序每月用户增加 1000 人，即增长 25%，在一个季度内是不现实的。相反，将我们的转化流量优化为 10% 更为可行。

当你是设定目标的人时，确保你的目标的可实现性要容易得多。然而，情况并非总是如此。当目标是自上而下传达时，有必要沟通你可能面临的任何限制，这些限制可能使目标难以或无法实现。即使你无法改变最终目标，至少可以提前表明你的立场（以及任何可能的阻碍）。

11.5.4 R：相关的

要确保你的目标具有相关性，了解更广泛的情况和业务背景是必不可少的。在这里，我们知道目标是恰当的，因为增加月活用户数量有助于我们提高盈利能力，因为我们将向更多的用户展示广告。

11.5.5 T：有时间限制的

要正确衡量成功，我们需要了解达到目标所需的时间以及我们何时可以开始去实现目标。此外，设定时间限制的目标可以让每个人都能跟踪进度。因此，为了确定我们的目标，我们需要使其具有时间限制。

我们将在 2022 年第一季度内将移动应用程序的月活用户数量增长 10%。这将通过优化引导流程和从 2021 年二月开始创建针对性的社交媒体活动来实现。增加我们的用户基础将会增加我们的广告收入，这是我们业务成功的一个关键指标。

注释 运用 SMART 框架有助于你在设定和实现大大小小的目标上取得成功。

不同的公司在设定目标时采取不同的方法，保持灵活性并在既定的共享系统内工作至关重要，这样每个人都能了解背景和理解情况。概括地说，了解什么是可能完成的，即 80% 的可能性完成，50% 的可能性完成，以及存在哪些风险和缓解策略，并就如何应对这些风险寻求帮助，是很有帮助的。这样可以对整个问题有一个标准的看法，并设定期望值。

理解一个工程项目在工程资源和为企业带来的价值方面的成本至关重要。这两个原则与设定目标和交付成果的能力相结合。为了成功设定技术目标，技术领导者必须是产品、团队和技术方面的专家。根据团队类型和公司政策的不同，目标的具体性质及其制定方式也有所不同。无论目标是如何创建的，我们都必须将其分解为可实现的中间里程碑，以追踪向更长远目标的进展。这样，里程碑就是有时间限制的目标。

在制定我们的目标和里程碑时，我们需要了解团队类型和目标结构。我们可以将其分解为三个领域：

1. 专注于创造新产品体验的产品团队。通常，构建的用户体验是主要目标。然而，通过指标了解对用户的影响至关重要。典型的重要指标可能包括基于性能和基于用户参与度的指标。

2. 基础设施团队是那些开发底层基础设施的团队，其客户是公司其他团队。通常，其目标与产品团队类似，即构建的软件是最终的目标。对于基础设施团队而言，更多的重点放在服务级别的责任和目标上，以确保基础设施功能高效运行并满足预期。

3. 以指标为驱动的团队。这一类别更为广泛，可以包括与用户增长、机器学习优化和性能优化相关的团队。通常，与优化领域相关的团队都有他们负责的特定以指标为驱动的目标，例如，通过机器学习定向活动和软件优化减少应用程序启动时间或吸引更多新用户注册。这些团队通常在分析阶段花费更多时间，编码时间较少。

产品和基础设施团队的目标

由于产品团队和基础设施团队的主要目标都是开发出可用的软件，因此他们的目标通常是由新功能的完成来驱动的。将所需的软件基础设施分解成可以迭代完成的小部分，作为中间里程碑，这一点至关重要。这样跟踪整体进度更加可管理，并且随着更长远功能的小部分完成，提供了持续测试和部署的机会。尽管总体目标是由功能完整性驱动的，定义衡量成功的标准仍然至关重要。这方面的例子包括：

1. 为基础设施迁移设置保障性能的指标。
2. 为底层基础设施性能确定服务级目标，并在这些目标被违反时触发警报。
3. 为新产品发布设定特定的参与保障措施，以确保新功能的成功。

面向指标驱动团队的目标

以指标为驱动的团队更注重推动特定目标的指标，而不是开发新功能。通常，以指标为驱动的团队有以下特点：

1. 减少功能开发的时间投入，专注于工程改进。
2. 需要更多时间仔细分析数据，以便根据过去的杠杆和中间指标进行规模测算。也就是说，衡量用户登录停留的时长变动是复杂且耗时的。然而，我们可以看到，用户对内容的参与度增加通常与停留在应用程序的时长增加相关联，因此我们可以通过用户内容参与度来衡量成功。
3. 需要进行仔细分析，避免对工程师在系统中实施变革的能力抱有不切实际的期望。

11.6　SDLC 为何重要

软件开发之所以难以管理，是因为需求变化、技术升级以及交付项目所需的跨职能合作。在小公司仅有少数工程师参与项目开发，或者是开发个人项目时，长期规划的重要性不大，而且只需与少数利益相关者达成一致，这样软件开发就容易得多。

随着项目和团队的增长，推动各利益相关者之间的精确协调以及向上级领导和下级领导沟通的重要性日益增加。没有这一点，项目进度很容易落后。SDLC 方法提供了一个系统的管理框架，在软件开发过程的每个阶段都有具体的交付成果，以便更好地进行跟踪、沟通和期限管理。

遵循 SDLC 方法有助于获得利益相关者对软件开发目标的一致认同，并制定实现这些目标的计划。无论采用哪种方法来实施，遵循整体步骤都能建立一个清晰的框架，技术领导者可以利用这一框架提供价值并成功地领导大型项目。

遵循 SDLC 的一些好处包括：

1. 提高可见性：SDLC 方法提高了所有利益相关者在规划和开发过程中的可见性。
2. 改进的规划：高效的估算、规划和安排。
3. 更高质量的软件：通过系统地交付功能一致且经过良好测试的软件，我们提高了构建符合预期的软件的可能性。

遵循 SDLC 的一些弊端：

1. 时间投入：通过严格的规划和文档编写，SDLC 方法增加了项目开发的时间和成本，这对于不需要这种级别规划的小型或个人项目可能是不利的。
2. 增加的复杂性导致发布延迟：SDLC 中强制执行测试和发布周期管理。对于大型项目来说，彻底的测试和发布管理应当是必需的。然而，对于小型或个人项目，可能会倾向于不进行 Beta 版的测试或复杂的实验性框架，直接发布到 iOS 应用商店。此外，当用户数量较少时，可能无法进行 A/B 测试，这导致这种方法的回报减少。第 14 章将深入探讨 A/B 测试的更多细节。

注释 对于大多数项目而言，遵循 SDLC 过程是一种有效的项目创建流程，能够高效地随时间推进交付最优质的软件。

11.7 总结

我们在本章开头讨论了 SDLC 及其不同阶段。随后，我们介绍了实施这些步骤的一些标准方法和成功的关键。放眼望去，我们发现这些关键原则之间有很多重叠之处，以及无论使用何种具体方法，将一个项目从构思到生产，并长期持续增加其价值所需的技能，都可以被归纳为以下几点：

1. 定位技术问题。
2. 设计并领导技术解决方案。
3. 清晰地沟通。
4. 设定合适的目标。

通过做好这四件事，我们可以在任何情境下取得成功，并且具备足够的灵活性去采纳任何方法。

被 SDLC 忽视的领导力的一个方面是技术领域的长期战略或愿景。技术领导者应该通过理解关键的技术决策、整体框架和软件架构，来超前于软件开发的生命周期，以年复一年持续地推动业务价值。

11.7.1 本章要点

1. 沟通至关重要。即便你能开发出最佳的技术解决方案，你也需要能够以他人能理解和支持的方式来传达它们。
2. 业务价值对公司的整体发展至关重要。在思考技术解决方案和项目的长期发展时，与业务伙伴保持一致、理解他们的需求，并将这些需求转化为 SMART 目标以指导项目规划至关重要。
3. 技术负责人在 SDLC 的所有方面都至关重要，但在开始和结束阶段尤为重要。通过推动技术解决方案的实施，以及在未来确定产品的发布规划，你便能赋予其他工程师成长的机会，并确保项目与最初的目标保持一致。
4. 对于技术负责人而言，项目领导力超出了 SDLC 的范畴。思考项目未来几个迭代的发展，为项目的成功形成长期愿景是至关重要的。

11.7.2 扩展阅读

1. *The Mythical Man-Month*：工程规模和挑战

2. *Extreme Ownership*：军事领导者的全面冲突解决与积极倾听

3. *Start with Why*：Simon Sinek TED 演讲。他强调了积极倾听的许多原则

4. *Agile Development*：更多关于敏捷方法的信息

5. 规划文件汇编：www.lennysnewsletter.com/p/my-favorite-templates-issue-37

Chapter 12 第 12 章

可 测 试 性

12.1 概述

遵循 SDLC 的原则，我们必须在开始实现功能后立即开始进行测试。初期测试可能涉及针对构建逻辑的单元测试。随着功能的开发和发布日期的临近，开始实施更严格的测试形式变得至关重要。这些测试应该包括集成测试和手动测试，以确保功能开发工作能够持续进行，即使在开发更多功能时软件也能继续正常工作。如果没有全面的测试，则建立对功能正确性的信心将是困难的，这对于功能的发布构成了真正的风险。

本章概要

本章我们将讨论测试在 SDLC 中的重要性，然后将测试细分为不同的部分：

1. 单元测试：正确展示特定类函数逻辑的最低要求。

2. UI 测试：一种验证用户界面元素在屏幕上布局保持一致性的方法。

3. 集成测试：一种展示多个组件作为子系统能正确运行的方法。

4. 契约测试：这是一种特定的集成测试，用于验证两个服务之间的接口是否符合预先约定的标准。对于移动端而言，这通常是移动客户端与相应的 API 服务之间的接口。

5. 手动测试：除了自动化测试之外，我们还应该进行实际操作步骤以验证功能是否正常工作。手动测试还有助于确认应用程序与物理世界的交互是否准确无误。

6. 管理庞大的测试套件：在大型软件开发情况下，测试太多，我们无法始终运行所有测试。我们必须决定测试的运行频率以及哪些测试最为重要。

12.2 为何需要测试

作为软件工程师，我们的目标是尽可能快地迭代和完成有助于公司目标的功能。为了持续交付高质量代码，必须确保代码易于理解且无错误。测试不仅鼓励这两点，还促进了整体代码质量的提升。当在整个代码库中应用测试最佳实践时，它们将促进：

1. 快速的功能开发。
2. 更少的缺陷。
3. 更快的错误检测。

随着遗留代码的数量和同时工作在应用程序上的工程师人数的增加，这些方面变得越来越重要。对于较小的应用程序来说，理解不同的功能和代码相对容易。然而，在更大型的应用程序中，更容易遇到多年未修改的代码。此外，在大型公司，可能存在共享库，其中一个小改动可能会影响许多调用它的地方或其他使用共享代码的应用程序。由于不可能手动测试所有潜在的用例，我们需要手动测试和自动化测试的结合。

手动测试提供了一种基于真正使用场景的功能交互的测试，并从头到尾验证场景的方法。对于需要与实际场景交互的面向用户的功能来说，手动测试尤其重要。尽管许多手势和事件都可以自动化，但它们很难或无法捕捉到用户体验的整体情况，包括动画的流畅性。此外，手动测试允许测试人员探索新的交互组合，这在自动化测试中则需要编写新的测试脚本。然而，自动化测试确实提供了一种快速测试多种不同场景并快速反馈以验证软件逻辑正确性的方法。

手动测试和自动化测试都有其独特的挑战。

1. 测试 UI 代码是复杂的。UI 测试涉及验证界面布局和动画是否正确，这需要复杂的脚本，这些脚本难以更新，或者需要实际的手动测试。
2. Xcode 运行缓慢。编译并运行一整套自动化测试需要很长时间，尤其是如果它们启动了 iOS 模拟器。
3. 依赖关系的测试充满挑战。UIKit 和 Foundation 库构建于运行时之上，其技术可追溯到 20 世纪 80 年代，当时的模块化和可测试性不如管理紧张的内存限制那么重要。
4. 管理手动测试需要时间和精力。手动去测试功能相对简单。然而，随着时间的推移，长期协调以测试整个应用程序的关键流程则更为复杂，需要各方共同的努力。

12.3 单元测试

单元测试是最基本的测试类型。单元测试的目的是测试特定的代码单元（其中单元的定义较为宽泛）。对于开发的任何功能，基本逻辑都应该有相应的单元测试。并不是所有的代码都需要单元测试。单元测试应该覆盖所有可能的代码路径，而不仅仅是成功路径。此外，我们只希望当被测试的类发生变化时，测试才会失败，而不是底层依赖发生任何变化时都会失败。我们不希望测试因为以下原因失败：

1. 有人在一个不相关的类中添加了一个错误。

2. 外部依赖（文件系统、网络等）的不可访问。

3. 持久化设置或其他底层依赖的更改。

单元测试对于逻辑复杂的代码部分来说至关重要。编写良好的单元测试能够表达类的不同用例，并定义成功与失败的标准，这有助于新工程师理解这些代码区域。如果单元测试因为未预见的依赖而失败，那么工程师将对测试系统失去信心，开始跳过测试并忽略失败。我们想要测试一个名为 WrappedUserSettings 的类，该类解析一些 JSON，将结果写入 UserDefaults，并用新值更新一个现有的字典。

```
class WrappedUserSettings {
  static func updateSettings(fromJSON json: String) {
    let parser = Parser.shared
    let defaults = UserDefaults.standard
    guard var newSettings = parser.parse(
      json: json) else { return }
    if let settings = defaults.object(
      forKey: "user_data") as? [String:String] {
        newSettings.merging(settings) {
          (new, _) in new
        }
    }
    defaults.set(newSettings, forKey: "user_data")
  }
}
```

在 Playground 中，我们定义了一个测试运行器和测试用例。

```
import XCTest
class TestRunner: XCTestCase {
  func testUpdateSettings() {
    let json = "{\"name\": \"steve\"}"
    WrappedUserSettings.updateSettings(fromJSON:json)
    let expected = ["name": "steve"]
    XCTAssertEqual(
      expected,
      UserDefaults.standard.object(
        forKey: "user_data") as? [String : String],
      "User defaults should contain the updated name"
    )
  }
}

TestRunner.defaultTestSuite.run()
```

现在，我们的测试已通过，并能够在 WrappedUserSettings 类中出现错误时检测出来。然而，如果模拟器修改了 UserDefaults 字典，或者我们的 JSON 解析器出现了错误，它就会在违背测试本意的情况下失败。如果我们的测试是一个集成测试，我们会希望它能够检测出 JSON 解析器中的错误，但这是一个单元测试，所以我们只希望看到 WrappedUserSettings 类中的失败。我们可以通过增加一个额外的测试来说明这一点。这里，我们有一个测试，它因为前一个测试中已经添加在 UserDefaults 中的值而意外地通过了。

```swift
// values from the old test
func testUpdateSettingsOldShouldFail() {
  let json = "{\"email\": \"echo@gmail.com\"}"
  WrappedUserSettings().updateSettings(fromJSON:json)
  let expected = "steve"
  XCTAssertEqual(
    expected,
    (UserDefaults.standard.object(
          forKey: "user_data"
    ) as? [String : String])?["name"],
    "User defaults should contain the updated name"
  )
}
```

前面的例子有点牵强，因为我们可以确保在开始每个测试之前清除 UserDefaults。然而，如果我们的代码更加复杂，那么代码的其他部分可能在运行时修改 UserDefaults。通常，如果不模拟我们的依赖，就会造成外部因素影响测试的情况。

当一个类的单元测试检测到另一个类中的错误时，我们就会看到不正确的行为，这就需要进行复杂的调试。那么，我们如何预防这种情况呢？我们可以利用依赖注入来控制我们的类使用的所有依赖对象，从而让我们能够对所有依赖行为进行细粒度的控制。我们可以使用像 Mockingbird 这样的创建模拟对象的库来支持这种行为，或者自己创建模拟对象。如果你的代码库中没有遵循协议的类，那么使用模拟库可能会更加简单。模拟库还可以帮助模拟像 UserDefaults 这样的类。现有的依赖注入设置将帮助指导你选择模拟选项。在这里，我们将通过确保所有对象都遵循特定协议来创建模拟，而不使用外部库。

```swift
protocol ParserProto {
  func parse(json: String) -> [String: String]?
}
```

当然，我们还必须调整我们的 WrappedUserSettingsUpdated，以通过初始化器接受我们的依赖项。

```swift
class WrappedUserSettingsUpdated {
  private let parser: ParserProto
  private let defaults: UserDefaults

  init(
    jsonParser: ParserProto,
    standard: UserDefaults
  ) {
    self.parser = jsonParser
```

```
    self.defaults = standard
  }

  func updateSettings(fromJSON json: String) {
    guard let newSettings = parser.parse(
      json: json) else { return }
    if var settings = defaults.object(
      forKey: "user_data") as? [String:String] {
        newSettings.merge(settings) {
          (new, _) in new
        }
    }
    defaults.set(newSettings, forKey: "user_data")
  }
}
```

我们还需要模拟 UserDefaults 对象。为此，我们首先创建一个协议，包含我们使用的 UserDefaults 值。

```
protocol UserDefaultsProto {
  func object(forKey defaultName: String) -> Any?
  func set(_ value: Any?, forKey defaultName: String)
}
```

现在我们确保 UserDefaults 遵循我们的协议。

```
extension UserDefaults: UserDefaultsProto {}
```

最后，我们必须更新所有调用点以使用我们的新协议，例如：

```
private let defaults: UserDefaultsProto
```

现在我们已经更新了代码，可以开始进行测试了。首先，我们将创建必要的模拟对象，以确保我们能对单元测试进行细致的控制。首先是解析器：

```
class MockParser: ParserProto {
  var parseResult: [String: String]?

  func parse(json: String) -> [String: String]? {
    return parseResult
  }
}
```

现在来看 UserDefaults 的模拟：

```
class MockUserDefaults: UserDefaultsProto {
  var values: [String:Any]?

  func object(forKey defaultName: String) -> Any? {
    return values?[defaultName]
  }

  func set(_ value: Any?, forKey defaultName: String) {
```

```
    values?[defaultName] = value
  }
}
```

最终，我们可以更新我们的测试，包括一个额外的测试案例，展示我们不再受到残留效应的影响。在这里，我们还利用了 setUp 方法，该方法在每个测试案例之前运行，确保测试从一个已知的、可预测的状态开始。

```swift
class TestRunner: XCTestCase {
  private var userDefaults: MockUserDefaults!
  private var userSettings: WrappedUserSettingsUpdated!
  private var mockParser: MockParser!

  // runs the setup methods once before each test
  // method starts
  override func setUp() {
    userDefaults = MockUserDefaults()
    userDefaults.values = [String:Any]()
    mockParser = MockParser()
    userSettings = WrappedUserSettingsUpdated(
      jsonParser: mockParser,
      standard: userDefaults)
    mockParser.parseResult = nil
  }
  // Test's with the new setup, we are confident
  // the only key in the dictionary is name
  func testUpdateSettingsNew() {
    mockParser.parseResult = ["name": "jim"]
    let json = "{\"name\": \"jim\"}"
    userSettings.updateSettings(fromJSON:json)
    let expected = ["name": "jim"]
    XCTAssertEqual(
      expected,
      userDefaults.object(
        forKey: "user_data") as? [String : String],
      "User defaults should contain the updated name"
    )
  }

  func testUpdateSettingsFails() {
    let json = "{\"name\": \"steve\"}"
    mockParser.parseResult = ["name": "billy bob"]
    userSettings.updateSettings(fromJSON:json)
    let expected = ["name": "steve"]
    XCTAssertNotEqual(
      expected,
      userDefaults.object(
        forKey: "user_data") as? [String : String],
      "User defaults should contain the updated name"
```

```
    )
  }
  // we do not have a carry over effect anymore and
  // the result is not equal
  func testUpdateSettingsCarryoverEffect() {
    let json = "{\"name\": \"steve\"}"
    mockParser.parseResult = ["email": "billy bob"]
    userSettings.updateSettings(fromJSON:json)
    let expected = ["name": "steve"]
    XCTAssertNotEqual(
      expected,
      userDefaults.object(
        forKey: "user_data") as? [String : String],
      "User defaults should contain the updated name"
    )
  }
}
/** Test Output
Test Suite 'TestRunner' started at 2023-06-10 16:45:55.995
Test Case '-[__lldb_expr_1.TestRunner
testUpdateSettingsCarryoverEffect]' started.
Test Case '-[__lldb_expr_1.TestRunner
testUpdateSettingsCarryoverEffect]' passed (0.027 seconds).
Test Case '-[__lldb_expr_1.TestRunner testUpdateSettingsFails]'
started.
Test Case '-[__lldb_expr_1.TestRunner testUpdateSettingsFails]'
passed (0.011 seconds).
Test Case '-[__lldb_expr_1.TestRunner testUpdateSettingsNew]'
started.
Test Case '-[__lldb_expr_1.TestRunner testUpdateSettingsNew]'
passed (0.001 seconds).
Test Case '-[__lldb_expr_1.TestRunner testUpdateSettingsOld]'
started.
Test Case '-[__lldb_expr_1.TestRunner testUpdateSettingsOld]'
passed (0.003 seconds).
Test Case '-[__lldb_expr_1.TestRunner
testUpdateSettingsOldShouldFail]' started.
Test Case '-[__lldb_expr_1.TestRunner
testUpdateSettingsOldShouldFail]' passed (0.001 seconds).
Test Suite 'TestRunner' passed at 2023-06-10 16:45:56.040.
    Executed 5 tests, with 0 failures (0 unexpected) in 0.043
    (0.045) seconds
**/
```

现在我们拥有了一整套不依赖外部因素的单元测试！我们制作的一套单元测试具有额外的好处，它能够轻松地向任何新开发者解释系统。一个单元测试套件应该包括函数或 API 的每一个可能的用例。它是一种生动的文档来源。

想象一下，你在一家大型科技公司工作，正尝试与另一个团队的增强现实效果底层库进行集成。现在，这个团队可能编写了文档，但文档很快就会过时。相反，你查看了他们的 API 单元测试。这些测试涵盖了每一个 API，API 的每一个用例，以及清晰的成功和失败标准，让你能够轻松理解如何使用 API 并将其集成到你的代码中。虽然这些测试并没有提供库的高层概述，但它们提供了对内部实现的低层理解。

12.3.1　编写可测试的代码

在编写测试时，我们必须考虑长期的可维护性。否则，我们可能会遇到许多工程师忽略的不稳定的（一个不稳定的测试即使在没有代码或测试更改的情况下也会产生通过和失败的结果）和损坏的测试。我们遵循得墨忒耳定律以确保我们的代码始终可测试。松耦合、经过良好测试的类应该只了解它们的直接依赖[⊖]。依赖其他类的单元测试会使代码脆弱且测试变得复杂。为了说明这一点，我们有以下代理方法，它创建一个 Photo Stream 单元并增加对故事做出反应的能力。在这里，我们既实例化了 **reaction** 对象，也执行了 **like** 方法。

```
func didPressLike(
  with reactable: ReactablePhotoStreamStory
) {
  let reactionManager = ReactionManager(
    userId: currentUser
  )
  reactionManager.likeStory(reactable)
}
```

Instead, we can modify the method and surrounding class so that the method only does one thing.

```
init(reactionManager: ReactionManager) {
  self.reactionManager = reactionManager
}

func didPressLike(
  with reactable: ReactablePhotoStreamStory
) {
  reactionManager.likeStory(reactable)
}
```

现在我们在 **ReactionManager** 中拥有了一个可复用且可测试的类。由于我们不再担心外部依赖，我们可以简化对这个类和初始类的测试。

12.3.2　setter 注入

在本书中，我们一直使用构造函数注入来注入我们的依赖项。另一种选择是 setter 方法

⊖　K.J.Lieberherr and I.M.Holland, "Assuring good style for object-oriented programs," in *IEEE Software*, vol.6,no.5,pp.38–48,Sept.1989,doi: 10.1109/52.35588.

注入。通过 setter 注入，一个对象暴露 setter 方法来覆盖对象行为的某些部分。我们可以修改之前的类，去掉初始化器并改用属性。由于属性是公开的，我们可以从外部修改依赖项。或者，也可以创建一个公开的 setter 和私有属性。

```
class WrappedUserSettingsUpdated {
    var userDefaults: UserDefaultsProtocol = UserDefaults.
    standard
}
```

setter 注入要求每个测试都必须知道如何覆盖被测试类的每个依赖项的所有行为。例如，某个依赖项今天可能会访问数据库，在测试环境中你可以覆盖这种行为。明天，同一个依赖项可能会访问网络下载信息。这种变化最初可能不会导致测试失败。但最终，如果在没有网络访问（或网络访问不稳定）的环境中运行，测试可能开始失败。这种行为造成了一个脆弱的测试环境，容易出现不稳定的测试。

在大型应用程序中，随着更多功能的加入，通过 setter 注入创建的脆弱测试环境问题会随时间放大。例如，工程师可能会修改一个对象以包含网络访问功能，这可能会导致代码库中不相关部分的失败，需要在不熟悉的代码中进行复杂的调试工作。这就是我们建议使用构造器注入的原因。

12.4 集成测试

单元测试是确保各个代码单元正常工作并为程序内部提供生动的文档的绝佳方式。然而，它并不涵盖组件之间的复杂交互。单元测试在确保整个应用程序正确运行方面的价值有限。确保各流程协同工作是集成测试的职责。尽管编写成本更高，但集成测试在确保应用程序正确性方面表现出色。

集成测试的总体目的是在不模拟依赖的情况下测试代码，以检验不同组件如何相互作用，并确保它们共同为最终用户提供正确的结果。通常，在某些层面上，模拟仍然存在。例如，一个基本的集成测试可能涉及故意改变我们之前的单元测试，以使用底层的 **UserDefaults** 实现。通过不模拟 **UserDefaults**，我们可以确保系统的端到端功能是正常的。

iOS 的集成测试可以超越测试 iOS 级别的组件，如 **UserDefaults**，还可以扩展到覆盖网络或其他外围交互。集成测试可以从服务器消费实时数据，并测试应用程序交互以确保 UI 正确显示。一些团队选择在应用程序的数据层模拟数据，而不是从服务器接收实时数据。这有助于防止意外变更，并减少三阶效应，如较差的网络连接。应用程序和构建部署管道的设置将在很大程度上决定模拟的程度。编写集成测试没有统一的答案。在考虑是使用实时数据还是模拟数据时，必须权衡一些利弊：

1.速度：模拟数据通常可以更快地检索和使用，因为它不需要网络访问。当测试执行速度快时，工程师就能更频繁地运行它们，从而创建一个更快的反馈循环。

2. 可靠性：使用实时数据会增加额外的复杂性和故障点，因为它需要网络连接到后端服务。

3. 数据一致性：检测实时数据的变化并更新相关的模拟数据是复杂的，这在测试设置中会造成不一致性。

4. 测试数据管理：拥有大量模拟测试数据需要一套系统来管理。数据可以保存在如JSON 这样的人类可读格式中，并采用清晰的文件层次结构，使得修改和添加新的测试数据变得轻而易举。

5. 动态数据：复杂的应用程序流可能需要多个步骤和特定的数据交互，这取决于你的团队如何管理测试数据。这可能会变得复杂，并且在流程的每个步骤中都需要额外的测试数据。

6. 测试边缘情况：使用模拟数据可以轻松控制边缘情况场景并对其进行特定测试。而使用实时数据时，捕捉边缘情况可能会更具挑战性。

除了更传统的集成测试之外，还有服务提供自动化集成测试，包括 UI。它们提供了一种在各种设备和配置上进行应用程序测试的方法，以了解它将如何对一系列用户做出反应。远程设备平台的附加好处是测试运行在真实设备上，具有实际配置。鉴于以 UI 为重点的iOS 应用程序，准确的 UI 集成测试至关重要。然而，它们的性能较差，且需要额外的工作才能并行高效执行。

公司投资于基于 AI 的解决方案，以创建更智能的面向 UI 的自动化测试工具。其中一个这样的自动化解决方案是 Sapienz。Sapienz 是 Facebook 开发的一种基于 AI 的集成测试工具，旨在减轻手动测试的负担，并提供一种更顺畅的方式来管理集成测试。Sapienz 通过使用基于搜索的软件测试来抽样所有可能的测试空间[⊖]。基于搜索的软件测试使用一种元启发式优化搜索技术（如遗传算法）来自动化或部分自动化测试任务[⊖]。Sapienz 通过 UI 交互搜索应用程序，构建被测试系统的模型，并记住未来可重用的有价值的测试用例。

Sapienz 通过 UI 交互进行测试，确保所有报告给工程师的问题都是通过 UI 发现的。Sapienz 作为 Facebook 持续集成的一部分运行，自动设计、执行并报告每日成千上万的测试用例的结果，帮助工程师几乎实时地发现错误[⊖]。

与其构建一个像 Sapienz 这样的自动化工具，并将其集成到自动化测试基础设施中以支持大规模分布式测试，许多公司选择使用现有的第三方设备平台。设备平台是一个常用名词，指的是利用真实设备进行测试的自动化测试基础设施。为了避免建立一个需要巨大前

⊖ https://engineering.fb.com/2018/05/02/developer-tools/sapienz-intelligent-automated-software-testing-at-scale/

⊖ P.McMinn, "Search-Based Software Testing: Past,Present and Future," *2011 IEEE Fourth International Conference on Software Testing,Verification and Validation Workshops*,Berlin,Germany,2011,pp.153–163,doi:10.1109/ICSTW.2011.100.

期投资和持续维护成本的设备实验室，公司利用现有的基于云的提供商（如谷歌的 Firebase Test Lab 或微软的 App Center Test）提供一个比开发内部工具如 Sapienz 更具成本效益的替代方案。

12.5 契约测试

契约测试是一种集成测试的方式，它测试外部服务的边界，以验证它是否满足消费服务所期望的契约[⊖]。由于这些测试基于服务器与客户端之间的 API 契约的特定更改，它们不必像其他测试那样以相同的频率运行，可能每天只运行一次，或者在检测到特定的契约更改时运行。契约测试有助于回答以下问题：

1. 消费者代码是否发出了预期的请求？
2. 消费者是否正确处理了期望的反应？
3. 服务提供者是否处理了预期的请求？
4. 服务提供者是否返回了预期的响应？

然而，契约测试并不能回答这个问题：提供者是否正确处理了请求？这是其他功能集成测试的责任。

契约测试的失败不应该像功能集成测试那样直接导致构建失败。然而，它应该触发一个任务，通知相应的负责人进一步排查不一致性并解决偏差。修复不工作的契约测试可能涉及更新测试和代码以达到一致的结果。这很可能也会开启服务所有者之间的对话，讨论变更并确保对变更的下游影响有共同的理解。如果在提交更改之前运行契约测试，它应该阻止代码提交，以保证服务所有者讨论任何破坏性变更并在提交代码之前解决它们。

一种契约测试的方案是通过 Pact。Pact 是一种消费者驱动的契约测试策略，它减少了意外契约中断的概率。消费者 Pact 测试假设提供者对请求返回预期响应，并试图回答这个问题：消费者代码是否正确生成请求并处理所需的响应？图 12-1 概述了 Pact 测试流程。

图 12-1　Pact 测试流程[⊖]

⊖ https://martinfowler.com/bliki/ContractTest.html

⊖ https://docs.pact.io/getting_started/how_pact_works

1. Pact DSL 用于定义与模拟服务注册的预期请求和响应条件。
2. 消费者测试代码触发对 Pact 框架创建的模拟提供者的请求。
3. 模拟提供者将实际请求与预期请求进行比较。如果比较成功，它将发送预期响应。
4. 最后，消费者测试代码验证响应是否被正确解析⊖。

许多移动应用程序现在利用 GraphQL，因为 GraphQL 提供了一种类型安全、易于理解且容易修改的特定领域语言来请求数据。如果你的应用程序正在使用 GraphQL，你仍然可以通过 Pacts 进行契约测试。这是因为 GraphQL 只是对 REST 的一种抽象，其中请求通过 HTTP POST 发出，查询则在请求的查询属性中格式化为字符串化的 JSON⊖。

与 Pact 测试的客户端驱动方法相比，另一种选择是使用 VCR。VCR 提供了一种契约测试的版本，其中服务器端 HTTP 请求被记录和重放。在进行 VCR 测试时，必须小心避免在 VCR 记录中存储敏感数据。此外，VCR 在进行任何更改时都需要重新记录，这使得它们更难以维护。当进行破坏性更改时，很难准确理解哪些客户端会出现问题。VCR 测试确实可以更容易地测试外部服务，因为结果是预先记录好的，不依赖于动态的网络连接。在评估一个框架时，权衡不同框架的利弊，并选择最适合你的应用程序需求的框架是至关重要的。

12.6　UI 测试

在 iOS 应用程序中，用户界面和交互对应用程序的功能至关重要。因此，测试用户界面和交互非常重要。测试应用程序界面有几个挑战。保持 UI 测试的更新很困难，即使远程执行，测试运行时间也可能很长。远程运行测试并优先在最关键的流程上运行测试是支持大规模 UI 测试的必要条件。除了前面讨论的 UI 集成测试之外，我们还可以利用快照测试来提供 UI 测试覆盖。

快照测试

快照测试通过在不同屏幕上对用户界面进行截图来对视图创建"快照"，并基于像素差异进行比较。快照测试用于验证视图的外观，并在无须烦琐的手动测试的情况下帮助识别视觉差异。利用分布式构建系统，每次运行都会实例化所有快照测试用例，这有助于支持运行大量快照测试。

12.7　手动测试

虽然拥有一系列智能自动化测试工具至关重要，但这些工具只能部分替代手动测试。手动测试为测试特定应用程序流和发现错误提供了一个黄金标准。此外，本书还将企业内

⊖ https://docs.pact.io/getting_started/how_pact_works
⊖ https://graphql.org/learn/queries/

部使用和早期灰度发布视为手动测试的一部分。内部测试（即在产品正式发布前让员工使用 beta 版本的应用程序）以及仅向一部分用户发布早期版本，可以提供有关产品的实时手动测试反馈。内部测试可以作为 iOS 构建系统的一部分进行构建和分发。在向 Apple 公司提交发布前的一段时间内，如果检测到 bug，可以将测试版本发给所有员工使用，然后可以将其发送给团队负责人进行进一步的分类处理。通常，团队会指派一个轮换的负责人来处理此类问题，并将此称为值班轮换（我们将在后续章节中更多地讨论值班管道和打包系统的构建）。

并不是每次都让整个公司内部测试产品。你的产品可能是针对建筑公司的，而这个应用程序对员工的日常使用价值有限。在这种情况下，在功能发布前组织有针对性的内部测试会更加重要。通过为整个团队安排一段时间而不仅仅是工程师，来审查项目并探索功能，你可以获得对任何问题和整体设计的早期反馈。通过其他业务合作伙伴的参与，如产品经理、设计师等，你可以从不同的角度接收到全面的反馈。为了加快和专注于内部测试会议，需要提前准备测试账户的登录凭证、虚拟信用卡号或其他必要的配置步骤，这些是其他非技术团队成员在会议前可能难以处理的。此外，通过提供正在测试的功能和关键成功标准的说明，你可以进一步推动讨论。

拥有一个质量保证（Quality Assurance，QA）团队是将更多手动应用程序测试加入流程的另一种方式。QA 测试人员从工程师那里接收清晰、可操作的测试计划，并将执行许多不同的测试场景以理解和记录他们发现的错误。许多 QA 团队还将进行超出初始用例的探索性测试，并尝试破坏应用程序，这对于构建一个健壮的产品非常有用。测试人员应提供详细的报告，说明如何复现他们发现的错误，以及他们所看到的屏幕截图。

你的公司和应用程序在多大程度上使用自动化测试与手动测试，这是一个值得讨论的问题，而且这一选择会因应用程序和公司文化的不同而有很大的变化。自动化测试提供了一种免于亲力亲为的方法，避免了与 QA 团队（或内部员工）签订耗时且可能代价昂贵的合同。然而，自动化测试并不能提供使用应用程序的真实体验，而且虽然测试应该快速且准确，但实际情况并非总是如此。仅依赖自动化测试可能会导致漏洞直到发布前夕或甚至发布后才被发现。此外，复杂的自动化集成测试由于设备平台成本的原因，可能变得昂贵。通过将手动测试整合到功能开发和发布过程以及自动化构建管道中，团队可以同时利用自动化测试和严格的手动测试。

手动测试并非没有问题，必须维护和更新详细的测试计划。否则，QA 团队将花费时间测试错误的内容。此外，探索性测试可能会产生大量低价值的缺陷——或者根本不是缺陷，只是在提交给 QA 团队的产品规格中缺少了一些奇怪的边缘情况。对这些错误报告进行分类会占用工程师的时间，他们更倾向于把这些时间用于功能的开发。通过权衡利弊，了解可用的选项，并仔细考虑应用程序的需求，你才可以在手动测试和自动化测试上做出合适的投资。

为了协助这一过程，运行成本效益分析，以确定在何时、由谁、有多少 bug 被检测到，以及工程师在手动测试功能上花费了多少时间，有助于评估未来测试投资的方向。例如，如果在功能发布前几天的内部测试会议中，工程师发现了许多 bug，那么更早地整合手动测试是最好的选择。然而，如果许多 bug 是在较旧功能中被发现的，这是由于在较新功能中引入了变化，那么更多的自动化集成和单元测试将有助于检测到这些 bug。当然，手动测试也可以对关键流程执行长期测试，以确保它们始终正确。

12.8 大规模测试管理

在管理一大套自动化测试时，工程师们不可避免地会遇到这样的情况：Xcode 运行所有自动化测试的速度太慢，即使在持续集成中，在合并差异之前，速度也过慢。这在配置了模拟器的 UI 测试中尤其如此。鉴于我们希望自动化测试能够快速运行，以便为工程师提供实时反馈，我们需要根据以下几个方面来优先考虑特定的测试用例：

1. 业务影响。
2. 关键功能。
3. 常用功能。
4. 复杂的功能实现。
5. 软件易出错的地方。

12.8.1 测试用例优先级排序

鉴于整体优先级的考量，我们可以更频繁地运行最关键的测试，同时尽量减少运行较低价值测试的时间和成本。为了理解不同功能如何划分到之前列出的五个方面，我们首先可以评估应用程序的主要组件，了解哪些是对业务至关重要的。对业务至关重要的功能应该包括与核心业务用例相关的所有内容。常见的关键业务功能包括：

1. 账户管理。
2. 支付流程。
3. 新用户引导流程。

除了主要功能外，评估其他常用的实用功能也很重要。例如，用户更改的偏好设置，包括主题或语言（本地化），也需要测试能够覆盖到。

尽管我们优先考虑自动化测试用例，但某些应用程序流并不适合进行自动化集成测试。例如，涉及第三方交互的流程（比如与支付网关进行交互）就难以在集成测试中模拟不同的失败与成功的情况，或者可能是需要处理通知或与物理世界交互的情况。针对这些情况，我们可以优先考虑手动测试。

在了解了如何以及哪些测试用例需要优先处理之后，我们可以将它们分类到测试套件中，其中测试套件是一系列相似测试用例的集合。例如，根据我们之前优先处理的测试用例，我们可能会有一个应用程序性能测试套件或一个关键流程测试套件。

12.8.2　测试套件的分类

通过将测试分类到套件（Xcode 中的测试包）中，我们可以更好地理解它们应该何时以及多久运行一次。例如，如果我们定义了一个关键流程测试套件，那么在任何更改被合并到主应用程序之前，我们可以运行这个套件。或者，我们可以定义一个契约测试套件，只在检测到 API 变更时运行。这样，我们就不会不必要地运行契约测试，而只在关键时刻运行。在合并特定差异之前确定需要运行的必要测试，还能为代码创建一个更高的标准，并允许团队定义测试，如果测试失败，则应阻止代码合并。

通过创建测试套件，我们还可以更精细地控制特定测试包的运行时间。我们可以设定目标，并确保测试时间不超过这些目标，这迫使我们优先考虑哪些测试应该在什么时候运行。使用 Xcode，我们还可以定义哪些测试需要模拟器，哪些不需要。然后，这些信息被输入到 CI 脚本设置中，以理解如何最佳地并行化测试。测试的并行执行对 UI 测试至关重要，因为 UI 测试需要在实际的 iOS 设备或 iOS 模拟器上运行，这将耗费更长的执行时间。

除了将测试分割成子集并在不同的 CI 作业中分别运行外，我们还可以利用 Xcode 的并行测试功能，在单个 CI 作业内实现测试的并行化。然而，在同一个包内进行并行测试可能会受到该包中最长测试运行时间的限制。

无论采用何种并行化技术，在代码合并前，要想大规模地运行所有测试是不可能的。在你的变更与主应用程序分支合并时，有可能会破坏未运行的更大范围的自动化测试系统，从而造成一种复杂的情况，即不清楚是什么变更破坏了构建。快速解除构建失败的阻塞是一个艰巨的挑战，通常需要安排一个专门的值班人员。当检测到构建失败时，值班人员将会被通知，并负责调试该变更集以回滚有问题的代码。

由于我们无法用自动化测试完全覆盖应用程序，因此我们还必须了解如何对手动测试进行优先级排序。

12.8.3　对手动测试进行优先级排序

手动测试也可能遇到与之前概述的自动化测试相似的问题。通过手动测试 100% 地覆盖应用程序既低效又不切实际。为了避免投入过多资源去覆盖整个应用程序，我们可以再次优先考虑最重要的流程以持续进行覆盖，同时减少对不那么关键的组件的手动覆盖。较低优先级的区域可以通过自动化测试来覆盖（可能运行得不那么频繁）。

在开发新功能时，我们可以增加手动测试的力度，以确保每次迭代发布都是正确的，而且我们的 SDLC 迭代最终能够成功发布。一旦功能上线，我们就可以根据功能的优先级，将手动测试减少到几个关键流程，甚至完全不进行手动测试。

12.8.4　随着时间管理测试

我们希望在将功能分支合并到主干之前能够检测到故障；然而，情况并非总是如此。有时，故障直到后期通过手动测试、内部测试反馈的错误或不太频繁运行的自动化测试中才被发现。无论测试失败在哪里被报告，我们都需要一种通用方法来检测并将测试失败的问题分配给正确的人员进行分类、优先级排序和分发。最后，我们必须确保在构建发布之前修复对公司至关重要的错误。为了实现这一点，我们可以建立一个带有发布日期和检查清单的系统化持续构建系统。我们将在第 16 章作为 SDLC 的最后一步来更详细地讨论这个问题。

12.9 如果我没有测试该怎么办

接手一个几乎没有测试的复杂应用程序是一个艰巨的任务。首先，证明花时间重构应用程序并添加测试的必要性可能很难。假设你可以通过解释长期价值和开发者的幸福感来优先考虑这项工作，你必须考虑如何执行迁移。如果代码是以可测试的方式构建的，那么添加测试可能相对容易。然而，如果代码不是，那么你必须重构应用程序以支持更好的测试。在这种情况下，最好从不涉及外部依赖的单元测试开始（如果可行），并且如果可能的话，编写集成测试（可能使用 UI 测试）来覆盖关键流程，然后再以更可测试的方式重构代码。集成测试将提供一个相对的安全网，以确保在迁移过程中不会破坏关键的应用程序功能。

12.10 总结

在本章中，我们讨论了 iOS 应用程序中的测试。测试不应该是 SDLC 中的一个静态步骤；相反，它应该在开发新功能的同时贯穿始终，并包括对现有功能的测试，以避免出现倒退。在这里，我们将测试分为自动化测试和手动测试。为了成功测试我们的应用程序，我们需要自动化测试来提供快速、可操作的反馈，并且能够在不需要巨大人力资源成本的情况下运行许多测试。然而，它们并不能解决所有情况（即使在基于 AI 的自动化 UI 测试中取得成功），这就是手动测试发挥作用的地方。

手动测试对于 iOS 应用程序至关重要，因为它使它们能够测试与物理世界组件 [如相机输入（二维码识别）、文档扫描或增强现实] 的交互。虽然可以自动化执行许多测试，但仍需进行手动测试以全面了解应用程序的性能。

12.10.1 本章要点

1. 自动化和手动测试的必要性：平衡两者需要仔细的权衡分析和对应用程序的理解。
2. 管理测试不仅仅是编写单元测试或在发布前进行手动测试。这是一个需要与发布管道连接并配备适当的值班工程师进行分类和修复的持续过程。
3. 在软件系统中，测试应被赋予最高的重视。高质量的测试对于维护代码质量至关重要，并且是实现快速发展的必要条件。

4. 在开发过程中尽早加入手动测试和自动化测试是至关重要的，以确保应用程序得到持续的测试。

12.10.2 扩展阅读

1. *Hands-On Mobile App Testing:A Guide for Mobile Testers and Anyone Involved in the Mobile App Business*，作者 Daniel Knott

第 13 章 *Chapter 13*

性　能

13.1　概述

应用程序性能并不完全适合于 SDLC，通过负载测试来评估部分性能可以归入测试阶段。然而，随着时间的推移，管理整体应用程序性能并没有一个专门的步骤。尽管如此，在拥有众多现有用户和功能的大型应用程序中，应用程序性能尤为重要。

工程师在讨论应用程序性能时，往往只关注应用程序崩溃的情况，并推荐使用工具进一步调试。然而，应用程序性能不止于此。应用程序性能涉及确保在应用程序的整个生命周期中，它能快速渲染用户界面，处理较差的网络连接，并在应用启动时迅速加载。随着在大型应用程序中开发更多功能，性能情况变得越来越复杂，整体性能可能会逐渐下降，而没有明显的根本原因。

本章概要

本章我们将讨论对应用性能的总体看法，以及为什么它至关重要，并且在 SDLC 的不同阶段需要优先考虑。我们将探讨应用程序性能的各个领域、解决这些问题的技术和策略，以及我们工程师需要熟悉哪些工具来解决大规模的性能问题。由于大多数大公司都使用定制工具，因此我们将重点讨论性能问题的类别和理解性能指标，而不太关注成为特定某套工具的高级用户。

性能的另一个方面是构建应用程序的性能。随着应用程序的扩展，整个应用程序的大小可能会变得相当大，每次运行都编译整个应用程序可能变得难以管理。可以利用编译器优化来加速构建时间。此外，开发人员可以使应用程序更加模块化，这样他们只需要构建应用程序的一部分，而不是等待整个应用程序构建。本章将仅关注最终用户性能指标，而不是构建性能。

13.2 为什么性能很重要

应用程序的性能对于提供良好的用户体验至关重要。iOS 用户对他们的应用程序有着很高的标准，缓慢和无响应的应用程序会导致用户放弃使用。用户期望现代的应用程序能够即刻启动，并且始终保持用户界面的响应性。尽管现在 iOS 硬件可以处理一系列复杂的内存密集型操作，但跟踪性能仍然很重要。如果应用程序看起来和感觉都很流畅，就更容易留住用户，提升用户留存率。

随着应用程序规模的扩大，由于不同功能的叠加和遗留代码的影响，性能问题往往会逐渐显现，这会影响用户对应用程序及公司品牌的看法。即便性能看似不错，开发者也必须关注电池消耗。没有人喜欢使用会迅速耗尽电池的应用程序。通过数据驱动的方法，我们可以持续评估应用程序性能，并寻求改进。

13.3 iOS 性能评估时需要考虑的因素

为了构建一个数据驱动的方法来评估 iOS 性能，我们需要：

1. 识别性能的关键影响因素——我们的顶级性能指标。
2. 确定中间指标，作为第一步中定义的性能指标的先行指标。好的中间指标是指其变动与顶层指标的变动趋势高度相关的指标。
3. 确定改进性能指标的二阶效应。二阶效应通常体现在参与度和业务指标上。

在评估性能指标时，考虑这些指标及其相关的业务（参与度）指标至关重要。提高性能工作的优先级并为团队确定优先事项的一种方式是理解并建立性能改进与业务影响之间的关系。性能改进通常与用户参与度的增加相关联，例如，如果通过过去的版本更新，你的团队将启动时间减少 5% 与用户访问应用时长增加 1% 联系起来，那么你可以快速规划未来与其相关的性能改进（假设用户访问应用时长增加是一个关键的参与度指标）。

13.4 关键概念

本章将讨论关键指标（通常称为顶层指标），以指导应用程序性能调优，并介绍帮助发现和解决性能问题的测量工具。在继续之前，我们还需要澄清一些基本概念，这些概念为评估应用程序性能的整体方法论提供了框架。

1. 顶层指标：顶层指标是公司进行决策时的关键指标。它们可能直接与性能相关，也可能通过性能对业务场景的影响间接相关。我们将在 13.4.1 节深入探讨顶层指标。

2. 中间指标：中间指标是一种其变动与顶层指标的相似变化相关联的指标。在大多数情况下，中间指标更为敏感，并提供了一种快速检测顶层指标潜在变化的方法。

3. 漏斗日志：漏斗日志可详细查看中间指标，有助于调试和理解。漏斗日志的中间指标是在事件开始和结束之间捕获的特定指标，其中结束是顶层指标的捕获点。

4. 评估百分位数：通过使用按百分位数排列的实际应用程序数据来评估性能，我们可以建立对应用程序性能的了解，并发现令人兴奋的机遇。

5. 监控与警报：监控包括构建仪表盘和警报来追踪性能退化。监控使工程师能够随时间追踪应用程序的性能，并确保新功能不会导致意外的性能退化。

13.4.1　顶层指标

这些是公司最关键的指标。虽然有时需要进行重大的底层改变才能体现变化，但顶层指标始终是报告中至关重要的，也是投资者和股东会议最依赖的准确报告的总体指标。顶层指标通常与收入和用户参与度有关。然而，它们也可以与任何推动业务增长和成功的因素相关。

顶层指标也需要认真跟踪，并且是公司高层密切关注的对象。例如，在我们的 Photo Stream 应用程序中，我们的主要收入来源是广告。为此，我们需要大量的日活跃用户和月活跃用户。然后，我们可以将顶层指标细分为收入、CPM（Cost Per Mille，每千次展示成本，一种广告商术语，指每 1000 次展示的成本）和展示次数。这些指标为公司提供了一个总体的视角，以评估广告的有效性和每则广告的成本。

通过这种方式，广告团队和与用户参与度相关的团队，比如决定信息流中展示什么内容的团队，将不得不密切追踪各自的指标，以便与业务伙伴进行沟通。此外，如果这些指标中检测到任何波动，那么该团队将会与业务团队合作开启高优先级的事件。从工程角度来看，这些调查将是高优先级且高可见度的，需要进行认真的调查和回顾。这些调查必须考虑到所有因素，包括市场动态和年度趋势，以及假期如何影响流量。很多时候，这些调查只在公司内部进行。

然而，对于许多面向公众的大型事件（如 GitHub 的宕机事件）存在公开可获取的回顾性文件，这些文件显示了向用户提供的过时信息⊖。对于 GitHub 来说，由于其服务是付费的，它必须将可靠性和正常运行时间作为最重要的指标来追踪。另一个例子来自将可靠性作为优先考虑的公司 Cloudflare。Cloudflare 以清晰的格式追踪所有与事故相关的报告⊜，以便客户理解其集成的行为。这些报告包括：

1. 问题解决的状态。

2. 监控。

3. 最新状态更新。

⊖ https://github.blog/2018-10-30-oct21-post-incident-analysis/

⊜ www.cloudflarestatus.com/history

4. 问题是如何被发现的。

5. 调查步骤⊖。

13.4.2 中间指标

由于顶层指标可能难以改变，且可能需要更为重大的变革，因此拥有一系列前瞻性指标是有帮助的，或者说，这些指标能够很好地预示顶层指标也在发生变化。根据这些信息，我们可以可靠地改善中间指标，同时假设顶层指标也将显示出积极的变化。由于某些顶层指标难以改变，某些团队会将公司的中间指标作为他们的顶层指标。例如，一个团队可能致力于增加分享行为，因为分享与整体月活跃用户数的增加有关。虽然该团队无法每个季度都展示用户活动的有意义的变化，但他们可以提高应用的分享率。

此外，仅关注顶层指标可能会掩盖中间指标所揭露的失败情况。最后，中间指标能够精确估计顶层指标的变动，有助于为下一个开发周期的规划和估算工作提供支持。

13.4.3 漏斗日志

在考虑性能指标时，我们还必须考虑应用程序中的中间阶段。与之前的独立中间指标不同，这里的中间指标可视化了性能测量的不同阶段，并提供了一个漏斗式的问题视图，使工程师能够全面了解性能瓶颈。

这种漏斗日志记录的一个例子是在评估端到端应用程序的延迟时。我们的首要指标是端到端延迟（假设你在性能团队中）。然而，仅仅评估端到端延迟并不能提供足够的信息来简洁地调试问题，因为它无法帮助我们发现应用程序中的瓶颈在哪里。是网络延迟，还是应用程序中的数据处理？我们不知道。然而，如果我们在这些步骤中制定了中间指标并进行记录，我们就可以准确了解每个场景所需的时间。例如，在测量网络请求的端到端响应时间时，我们会在网络请求发送时开始计时，然后测量以下每个步骤完成的时间：

1. 当收到请求时。

2. 缓存可用状态。

3. 数据处理。

4. 图像加载。

5. 最终，视图渲染。

Apple 提供了 Signpost API，允许使用与日志记录相同的子系统和类别来测量任务。Xcode Instruments 能够将通过 Signpost API 记录的数据显示在时间线视图中。此外，Signpost 还可以作为自定义工具的一部分来表示数据⊖。

注释 漏斗日志能够清晰展现每个步骤的性能，从而更容易地识别和解决瓶颈问题。

⊖ www.cloudflarestatus.com/incidents/1z125rykf9zd

⊖ https://developer.apple.com/documentation/os/ossignposter

13.4.4　评估百分位数

一旦我们实施了日志记录并了解了顶层指标，我们就需要理解我们收到的数据。对于性能指标，我们需要了解用户接收到的典型值。我们可以评估平均值（均值），但这容易受到异常值的影响而偏移。相反，我们可以利用中位数的形式，即百分位数。

首先，我们可以关注 P50 阈值，即 50% 的数值超过该阈值的值。举一个具体的例子，我们有以下延迟值：20、37、45、62、850 和 920。计算 P50 时，我们移除数据点的底部 50%，然后查看第一个剩余的点：62（毫秒）。除了评估中位数以了解平均使用情况外，评估潜在值的长尾对于了解用户看到的最坏情况至关重要。为此，我们可以从 P90 延迟开始，意味着预计 90% 的时间延迟将小于此值。从我们的样本数据中移除底部 90% 的数字，并查看剩下的第一个点，我们得到 920。

通过汇总数据并评估典型的用户体验，我们可以更好地理解用户对我们应用程序的体验，并追踪潜在的性能退化。使用百分位数进行此类评估有两大优势：

1. 异常值不会像平均值那样扭曲百分位数。

2. 与平均值不同，每个百分位数数据点都代表了一次实际的用户体验。

分析 P90 和 P99 值能够更好地理解为什么某些用户的体验相对较差，并且可以揭示潜在的改进机会。人们很容易忽视 P99 延迟，认为"只有 1% 的用户会遇到这种情况"。然而，在这些数据中可能隐藏着一个趋势。也许这 1% 的用户都是具有某个共同特征的相同用户。在这种情况下，你可以显著改善这些用户对应用程序的体验。

13.4.5　监控与警报

为了评估我们性能指标的不同百分位数值，仅仅依赖临时对指标的查看是不足以理解应用性能和防止性能下降的。我们需要创建实用的警报和指标仪表盘，以便工程师能够了解问题发生的时刻并进行修复。如果我们知道只有 10% 的值预期会超过某个阈值，但看到这个比例突然上升到 50%，那么我们就知道有一个需要解决的问题。为了评估这些情况，我们可以创建展示我们关键顶层和中间指标的仪表盘，这些仪表盘能够实时更新。对于我们看到显著波动的情况，我们可以触发警报，确保工程师能够及时处理问题。

注释　仪表盘是监控中的关键工具，因为它们使工程师能够全面了解系统的性能，而无须执行可能耗时的临时查询。当触发警报时，工程师可以使用仪表盘的中间指标开始调查系统中问题的位置。

工程师可以通过将我们的中间指标、漏斗日志以及基于百分位数的中间和顶层指标理解结合起来，快速检查整体性能并了解潜在的性能倒退情况，整合到简洁的仪表板中。基于百分位数的阈值还可以用来为关键场景创建警报，使工程师能够迅速解决任何对公司至关重要的问题。

注释　监控与警报功能为基准化应用程序性能提供了结构，并在性能偏离基线时创建后续警报。

13.5　完整的性能周期

了解哪些指标需要评估只是解决了一半的问题。我们还必须理解这些指标以及解决性能问题的总体能力，如何适应应用程序从小到大的增长轨迹。

13.5.1　了解你的工具

无论应用程序的大小如何，为了防止性能不佳，了解如何编写高性能代码是必要的。所谓编写高性能代码，并不是指为了不存在的使用场景过早地进行优化，而是要理解系统如何运作以支持常规使用。例如，使用重用标识符（现在已被强制执行）并不是一种过早的优化，同样，将网络请求放到后台队列以避免阻塞主线程也不是。本书的第一部分解释了Swift 语言和 iOS 并发框架的最佳实践。理解并实施这些最佳实践并不是过早的优化，而是iOS 工程师个人需要学习的，也是高级工程师需要作为标准来执行的。

在编写高质量代码之外，理解 iOS 构建系统以优化性能至关重要。随着应用程序的增长，保持应用程序模块化的重要性也在增加。我们可以控制哪些模块被构建，以减少编译时间和构建大小。

注释　了解哪些任务必须在主线程上执行，哪些不必如此，至关重要。这样，我们就能准确知道哪些工作可以推迟到后台线程执行，从而提高应用程序的响应性。

最后，理解可用的性能监控工具至关重要。Xcode 提供了一整套工具：

1. Instruments：作为 Xcode 一部分提供的开发者工具，包含了一套用于检查和分析应用程序的丰富工具集。
2. MetricKit：一个框架，用于收集生产应用程序用户的电池和性能指标。
3. Xcode Organizer：一个为公开发布的应用程序提供综合卡顿率数据的工具。
4. XCTestMetric：一个用于性能测试的框架。

除了这些工具之外，还有第三方解决方案，例如 Firebase Performance（由谷歌创建的一个强大的应用程序性能监控库）。无论有哪些性能工具可用，理解如何最好地利用它们来评估应用程序性能是至关重要的。

注释　要始终在实际设备上对你的应用程序进行性能分析。设备具有移动硬件的限制，而 iOS 模拟器则拥有你的 Mac 的强大性能。在模拟器上运行可能会隐藏在设备上运行时出现的性能问题。

13.5.2　应用程序增长

令人沮丧的是，应用程序的性能预计会随着时间的推移而下降。每个新的发布周期都会增加越来越多的功能，这些功能可能会降低整体性能。性能差异往往不被注意到，并且常常被硬件的改进所掩盖，这些改进可能隐藏了应用程序的性能退化。

这就是"雪崩时，没有一片雪花是无辜的"。工程师会说他们只是增加了一个小功能，这不会对性能产生影响。当 50 位工程师，都在同一个应用程序上工作，多年来一再提出同样的声明时，突然之间，性能显著下降了。

采取全面的性能监控方法、实施必要的日志记录，并在推出新功能之前审查保护性指标，可以避免一些性能退化的问题。然而，性能退化问题仍然会悄然出现，许多公司选择成立专门的性能团队来确保应用程序性能得到控制。

13.5.3　调试性能问题

尽管我们尽了最大努力，但随着应用程序的增长，性能问题还是会悄然出现。那么，当问题发生时，我们该如何进行调试呢？首先，我们必须了解可用的工具来帮助调试。启动像 App Launch 这样的工具，在 Instruments 中查看整体性能相对容易。然而，识别实际的瓶颈以及如何解决它们则要困难得多。很多时候，问题是开放式的。我们可能只是想大致了解如何提高性能，却没有明确的出发点。

在这种情况下，我们首先需要了解我们的瓶颈在哪里，以及我们如何能够解决它们。在一个实际项目中，我们必须：

1. 了解可用的工具。

2. 利用现有工具寻找性能瓶颈。

3. 了解整个系统及其与性能瓶颈的关系。

4. 了解我们如何能够进行改进。

DoorDash 在其博客中发表了一篇精彩的文章，讨论了他们的团队为解决应用程序启动问题所经历的过程。首先，他们利用 Emerge Tools 的性能分析工具对其应用程序进行了瓶颈分析。Emerge Tools 提供了比 Xcode Instruments 更细致的粒度和更丰富的整体功能集。

DoorDash 团队了解并利用了现有的工具对他们的应用程序进行性能分析。在分析过程中，他们发现应用程序花费了过多的时间来检查一个类型是否符合某个协议（Swift 协议一致性），如图 13-1 所示。经过进一步的调查，他们发现使用 String(describing:) 来识别服务会因为检查类型是否符合各种协议而带来运行时性能的损失。

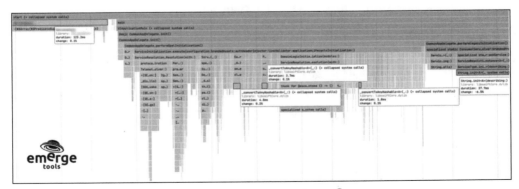

图 13-1　Emerge Tools 栈追踪[⊖]

⊖　https://doordash.engineering/2023/01/31/how-we-reduced-our-ios-app-launch-time-by-60/

一旦团队确定了根本原因，他们就能够取消字符串的类型要求，转而使用 **Object-Identifier**（一种指向类型的指针）来识别类型，从而使应用程序的启动时间加快 11% [⊖]。图 13-2 展示了类型检查的详细栈追踪情况。

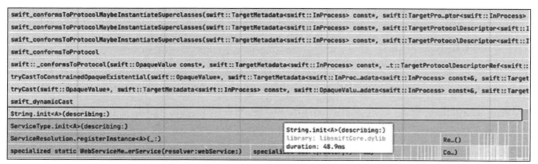

图 13-2 Emerge Tools 追踪 **String(describing:)** 的轨迹[⊖]

DoorDash 的性能提升令人印象深刻。通常来说，每年都能取得这样大幅度的进步是非常乐观的。相反，更常见的做法是花费大量时间寻找一些微小的性能提升，这些小的提升叠加在一起，就能形成更显著的改进。

13.5.4 应用奥卡姆剃刀原则

奥卡姆剃刀是一种哲学原理和问题解决原则，它推荐使用由尽可能少的元素构成的最简单的解决方案。就性能调优和软件工程师而言，我们应该采取最直接的解决方案，以优化大多数性能案例。我们可以在应用程序的整个生命周期中应用奥卡姆剃刀原则，以指导我们如何诊断性能问题以及我们如何考虑优化应用程序性能。

在调试和诊断性能问题时，奥卡姆剃刀原则告诉我们，首先应该调试最直接的原因，而不是先关注那些更隐晦的原因，比如长期存在的代码问题。当然，隐晦的错误确实存在。我们只是不想首先跳到不太可能的情况。

此外，在编写新功能时，我们应始终寻求优化应用程序中最常见操作的性能。例如，DoorDash 的工程师通过重新思考他们如何识别命令（提交给任务处理引擎执行的任务）以及生成其哈希值，提高了应用程序的性能。最初，命令的哈希值是其关联成员的组合，这被认为是一种维持命令灵活且强大的抽象的方式。在采用新的命令模式架构后，更大的团队意识到这一设计选择是过早的且未被广泛使用的。通过将此要求更改为一种不那么灵活但性能更高的方法，DoorDash 遵循了奥卡姆剃刀原则，使应用程序启动速度提高了 29% [⊖]。

13.5.5 持续测试与评估

现在，我们知道如何在兼顾性能时开发功能（了解你的工具），在问题发生时进行调试，并为正确的场景优化（应用奥卡姆剃刀原则）。我们还没讨论如何在多个功能开发周期中持

续确保应用程序表现良好。这需要性能测试和持续评估。在开发过程中，有必要测试新功能对整体应用程序性能以及正在开发的新功能性能的影响。此外，随着功能发布进行 Beta 测试和后续发布，有必要监控其性能，收集和分析内部测试以外的真实数据，以评估回退和整体性能。

Apple 在每个阶段都提供了默认的性能监控工具：

1. 在开发过程中，Xcode Instruments 提供了一整套工具，用于评估所有性能方面，包括对关键流程至关重要的性能测试。性能测试以自动化的方式提供了对性能的理解，以便进行回退检测。
2. 在 Beta 测试（包括公司的内部测试）期间，Apple 提供了 MetricKit、挂起检测和 Xcode Organizer 来发现性能问题。
3. Xcode 通过 MetricKit 和 Xcode Organizer 来检测生产中的性能问题。

除了提供的工具外，许多公司还使用定制解决方案或第三方解决方案，如 Firebase 和 Emerge Tools。无论使用哪套工具，流程都是相似的。我们想要：

1. 在开发功能时，把最佳实践和性能表现放在首位。
2. 在真实设备上测试功能，以更好地发现性能问题。
3. 运行自动化性能测试。
4. 对应用程序进行性能分析，以捕捉任何问题。
5. 根据应用程序的预期行为了解问题所在。
6. 进行适当的修复。

注释　在硬件配置较低的旧设备上进行频繁且早期的测试，以确保你的应用程序在所有设备上都能够表现出足够的性能。

13.6　性能指标

13.6.1　应用程序大小

虽然应用程序的大小不会直接影响应用程序内性能，但它会影响用户下载应用程序的决定。它对磁盘空间有限和网络资源受限的用户设定了硬性限制。如果用户的设备空间不足，那么他们将不得不选择保留哪些应用程序，而体积最大的应用程序通常会首先被删除。没有人希望自己的应用程序被删除。

就物理空间而言，如果你的应用程序旨在实现全球覆盖，那么确保所有潜在用户（即使是在农村和偏远地区的用户）也能下载你的应用程序是必要的。并非所有用户都能访问稳定的 Wi-Fi 或蜂窝数据。实际上，2022 年国际电信联盟发布的《衡量数字化发展：事实和数字》显示，全球农村人口中只有 89% 被 3G 及以上网络覆盖⊖。报告进一步指出：

⊖　www.itu.int/en/ITU-D/Statistics/Pages/facts/default.aspx

负担不起仍然是上网的一个主要障碍，尤其是在低收入经济体，尽管这个国家群体的移动宽带服务按收入调整后的价格下降了近两个百分点。与高收入经济体相比，世界其他地区仍存在巨大差距。与高收入经济体支付的中位价格相比，经过国民总收入（Gross National Income，GNI）人均差异调整后，宽带套餐在中低收入经济体的成本几乎是高收入经济体的 10 倍，而在低收入经济体的成本几乎是高收入经济体的 30 倍。

如果你正在开发一款具有全球影响力的 iOS 应用程序，则应考虑到发展中国家的情况。鉴于许多发展中国家仍然无法以同样经济的方式访问数据和互联网，保持应用程序的大小是非常重要的，以确保所有用户都有机会下载并尝试该服务。

减小应用程序的大小有助于：

1. 缩短用户下载应用程序所需的时间。
2. 允许用户在没有快速互联网连接的情况下下载应用程序。
3. 减少应用程序安装所需的硬盘空间。

Airbnb 通过压缩用户不太可能使用的本地化文件来减小其应用程序二进制文件的大小。这样，所有本地化字符串文件都在构建时被压缩，并且只在运行时按需解压缩。其次，Airbnb 通过删除不翻译的字符串来去重。这些优化帮助 Airbnb 减少了应用程序的大小，但需要构建一个完全定制的本地化系统，这需要维护和持续的开发工作[⊖,⊜]。对于小型应用程序来说，这种优化不值得。然而，随着应用程序的扩展，减小应用程序大小的收益超过了维护定制系统的缺点。

13.6.2 应用程序启动时间

应用程序的启动至关重要，因为它是用户打开应用程序时的首次体验。应用程序启动的重要性不言而喻，以至于 Apple 在 2019 年发布了官方指南，建议开发者应该努力在 400ms 或更短的时间内渲染出第一个应用程序画面[⊜]。

iOS 系统有三种启动类型：

1. 冷启动：所谓冷启动，是指应用程序不在内存中，且没有任何运行中的进程。这将触发一次完整的应用程序重启。
2. 热启动：热启动是指应用程序最近被停止，但仍部分保留在内存中（尽管不存在运行中的进程）。
3. 恢复：恢复是指应用程序被挂起的情况。在恢复的情况下，存在一个运行中的进程，且应用程序已完全加载到内存中。

我们可以将三种不同的启动状态视为一个连续的状态。例如，如果我们关闭应用程序

⊖ https://medium.com/airbnb-engineering/building-airbnbs-internationalization-platform-45cf0104b63c

⊜ www.youtube.com/watch?v=UKqPqtvZtck

⊜ https://developer.apple.com/videos/play/wwdc2019/423/

后立即重新进入，很可能会触发恢复操作。然而，如果我们使用了一个占用大量内存的应用程序，切换到消息应用快速回复一条消息，然后再重新进入最初的应用程序，那么底层的 iOS 操作系统可能已经将该应用程序从内存中移除，以便为前台应用程序提供更多内存。这可能会触发一个热启动，甚至是冷启动。在测试一个应用程序时，我们希望在各种条件下进行测试，以更好地匹配真实情况的性能。

　　注释　不要将恢复与应用程序启动混淆。在恢复的情况下，应用程序已经启动并且在内存中。

　　我们需要在现有的 iOS 应用程序启动周期内努力，以优化应用程序的启动。在最初的 100ms 内，iOS 将执行必要的底层系统工作以初始化应用程序，留给工程师 300ms 的时间来创建所需的视图、加载内容以及建立首个场景。这 300ms 的开销意味着时间有限，将工作推迟到后台队列或从应用程序启动路径中移除至关重要。图 13-3 详细展示了应用程序启动的时间线。在最初的 100ms 内，系统接口包括运行时链接器（DYLD3）、libSystemInit 以及初始化运行时环境。

图 13-3　应用程序启动时间线

　　在系统接口阶段，优化措施非常有限。然而，我们可以避免链接未使用的框架（包括第三方库），并且硬链接所有依赖项，以便利用 Apple 提供的底层链接器优化。

　　在系统的接口阶段之后，运行时初始化阶段开始，此时语言运行时环境被初始化，所有类的静态加载方法被调用。在这里，框架优化可以通过减少静态初始化的影响来帮助降低静态运行时初始化的成本。这可以通过完全移除静态初始化或者将代码从每次应用程序加载时调用的类加载中移出，改为在方法被使用时才惰性地调用类初始化来实现。

　　注释　Static Initializer Calls 工具可用于测量你的应用程序运行静态初始化器所花费的时间。

　　应用程序启动的第二阶段（目标为 300ms）包括 UIKit、应用程序以及首帧初始化。这一阶段是最值得改进的地方。在 UIKit 初始化阶段，如果 **UIApplicationDelegate** 类被用于大量执行启动时非必要的代码，那么这里就有优化的空间。同样，最佳实践是在 **UIApplicationDelegate** 中仅执行对应用程序启动至关重要的逻辑的代码。在应用程序初始化时，我们希望识别出可以推迟到后台线程的工作，或者从启动初始化中完全移除的工作。最后，对于首帧渲染，我们希望通过扁平化视图层级并对启动时未显示的视图进行懒加载来优化首帧。

　　既然我们已经明确了我们的目标和限制条件，我们需要对我们的应用程序进行性能分析，以了解它的表现如何。为了对应用程序进行性能分析，我们可以在 Instruments 中使用

App Launch 工具。以下是一些关于分析启动时间的最佳实践：

1. 重启并让系统达到稳定状态以避免差异。

2. 通过启用飞行模式减少网络依赖，模拟网络以保持稳定连接，并消除对 iCloud 的依赖（或确保没有 iCloud 数据变更）。

3. 使用应用程序的发布版本，以确保包含真正的编译时优化。

4. 通过配置热启动来帮助确保系统侧服务以一致的状态运行，避免存在与冷启动相关的差异。

5. 使用所支持的最古老的设备，因为它们的性能最弱。

前述步骤有助于为性能分析创建一个一致的基准。有时，我们可能想要改变条件，比如热启动与冷启动，或者模拟一个不良的网络连接。在尝试高级情境测试之前，最好先与前面的步骤建立一个一致的基线。

一旦应用程序发布，我们就可以利用 MetricKit 或其他第三方服务的指标来监控实际使用场景中的应用程序启动时间。

13.6.3 应用程序响应性（卡顿）

一个能够迅速响应用户操作的应用程序，包括触摸和手势操作，会让用户感觉他们直接在操控屏幕上的项目。反应迟缓的应用程序会造成用户的挫败感，因为应用程序看起来无法控制。应用程序的延迟通常被称为卡顿。据 Apple 公司称，超过一秒的延迟总会被视为卡顿，而较短的延迟根据情况也可能被感知为卡顿⊖。例如，在滚动时半秒钟的延迟会令人不悦，并可能被认为是卡顿，尽管如果加载视图需要半秒钟时则不会这样。

此外，响应速度的缺乏会降低用户的信任度，并表明应用程序运行不佳。用户的感知能力非常敏锐，能够察觉到微小的差异，要求应用程序在十分之一秒内做出响应。容易出现卡顿的常见区域包括视图加载、视图更新和滚动速率，这使得对这些区域进行性能测试和性能记录变得至关重要。

应用程序卡顿的常见原因如下：

1. 错误地使用 API，比如利用 CPU 来执行耗资源的图形处理任务。

2. 错误地使用主线程，例如让应用程序的主线程进行网络请求。

3. 在长时间运行的进程上执行同步更新，例如通过并发原语（如信号量）使异步操作同步执行。

工程师应通过恰当利用并发工具和缓存来减少主线程的使用，以避免昂贵的重复计算。此外，工程师在实现功能前应研究 API，以确保使用最高性能的 API。我们应该了解我们的工具。

除了了解我们的工具，我们还需要对应用程序进行性能分析和卡顿检测。Xcode 提供了三个有用的工具：

1. Time Profiler。

⊖ https://developer.apple.com/videos/play/wwdc2021/10258/

2. System Trace。

3. Xcode 在 Scheme 的 Diagnostics 部分提供了 Thread Performance Checker 工具。为了检测优先级倒置和应用程序主线程上的非 UI 工作，请从相应 Scheme 的 Diagnostics 部分启用 Thread Performance Checker 工具（如图 13-4 所示已启用）。

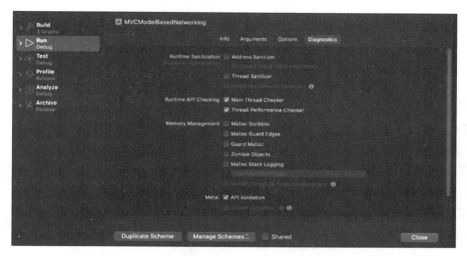

图 13-4　启用 Thread Performance Checker 的 Scheme

在应用程序发布后，我们可以利用监控和报警功能来检测卡顿。我们可以使用现成的 Apple 解决方案来进行设备卡顿检测，包括 MetricKit 和 Xcode Organizer。

1. MetricKit 是 Apple 提供的现成解决方案。它支持从你的测试版或公开发布的应用程序的单个用户那里收集非聚合的卡顿率指标和诊断报告[⊖]。

2. Xcode Organizer 为公开发布的应用程序用户提供了一个综合卡顿率指标。

3. 在设备处于测试模式下，设备上的卡顿检测能够在检测到卡顿时提供设备上的反馈通知。设备上的卡顿检测利用后台的低优先级队列来避免影响应用程序的性能。通过提供实时的卡顿检测，工程师们可以更好地在真实情况的低网络连接情况下测试应用程序，以确保应用程序表现良好。图 13-5 展示了如何启用设备上的卡顿率检测。

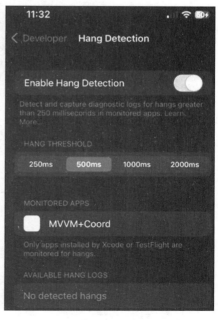

图 13-5　启用设备卡顿率检测

⊖ https://developer.apple.com/videos/play/wwdc2022/10082

13.6.4 耗电量

用户倾向于选择不需要他们频繁充电的应用程序。实际上，用户甚至可以查看哪些应用程序最耗费手机电量。如果你的应用程序相比于其他应用程序消耗了大量的电量，那么用户可能会停止使用你的应用程序，或者完全卸载该应用程序。

为了进一步调试电池耗电问题，我们可以仔细检查与电池耗电密切相关的 CPU 使用情况。单击调试导航器可以查看资源占用仪表盘，它会跟踪调试会话期间应用程序的 CPU 使用情况。图 13-6 展示了 Photo Stream 应用程序的 CPU 使用报告面板。高 CPU 开销超过了20%。在网络请求和数据处理期间，出现峰值是常见的，否则 CPU 使用率应接近于零。如果我们看到持续的高 CPU 使用情况，这可能是一个问题。

图 13-6　调试导航器中的 CPU 使用情况

一旦应用程序发布，MetricKit 允许开发者查看来自用户的有关电池耗电和性能回退的聚合数据。如果不使用 MetricKit，其他库也能提供有关电池耗电的数据。

13.6.5 应用程序崩溃

应用程序崩溃是难以避免的；然而，作为工程师，我们必须尽可能地减少它们发生的频率。通过增加应用程序崩溃的日志记录和监控，包括栈追踪，工程师可以监控应用程序的整体崩溃率，并根据最高优先级修复崩溃。在将新功能发布给公众用户之前，跟踪测试阶段的崩溃率至关重要。还应通过 MetricKit 或其他第三方工具跟踪整体崩溃率，以监控整体性能。

要使用崩溃报告调试问题，我们可以利用以下最佳实践：

1. 检索崩溃报告。

2. 确保崩溃报告已符号化，或获取一个已符号化的崩溃报告。

3. 检查崩溃报告，寻找问题线索，并尝试在本地复现问题以确定最佳修复方案。此外，查阅常见崩溃原因，以获取解决思路[⊖]。

4. 根据第 3 步的结果，实施修复及相关测试。

注释　符号化崩溃报告能够提供关于崩溃最深入的见解，并且在回溯的每一个帧上都有函数名称（而不是十六进制内存地址）[⊖]。

什么是符号化

在发布应用程序时，从最终的二进制格式中移除包含调试信息的编译步骤是标准做法。通过删除不必要的字符，这些步骤的消除会对源代码进行混淆和缩小，使得二进制文件更加紧凑，也更难以被逆向工程分析。然而，当接收到错误时，带有混淆信息的栈追踪使人无法追踪崩溃的源头。

符号化是将无法读取的函数名称或十六进制内存地址（在 iOS 中）转换为人类可读的方法名称、文件名称和行号的过程。必须对崩溃报告进行符号化，以可靠地确定崩溃背后的确切原因。

即使有了符号化的崩溃报告，基于崩溃报告的调试也可能是复杂的，可能需要额外的步骤来复现问题。如果你无法复现它，那么有时候依靠其他拥有不同设备的工程师或请求 QA 团队复现这个 bug 会很有帮助，特别是在提供一个符号化的崩溃报告时。或者，向构建中添加额外的日志记录，并审查日志以更好地理解可能导致崩溃的原因。

13.6.6　网络相关指标

网络连接对于任何现代移动应用程序都至关重要，尤其是在需要网络访问以拉取更新信息和跨设备同步时。随着移动设备的普及，用户在网络信号较弱的区域发出请求的可能性很高。如果你的应用程序能够处理这些情况，就能为用户提供一个强大的应用程序。在考虑因素时，我们需要思考所有可能的边缘情况，比如用户穿过隧道时会发生什么。通过对这些情况的思考，可以与产品经理一起探讨出全面的解决方案。此外，在 QA 团队的帮助下进行探索性测试有助于在功能发布前发现并解决网络连接性差的情况。

要充分理解网络连接对应用程序性能的影响，就必须评估：

1. 网络延迟。
2. 网络负载。
3. 网络错误。

网络延迟

为了正确理解网络延迟，我们必须追踪 API 延迟、应用程序中的中间点以及从整体网

⊖ https://developer.apple.com/documentation/xcode/identifying-the-cause-of-common-crashes

⊖ https://developer.apple.com/documentation/xcode/adding-identifiable-symbol-names-to-a-crash-report

络请求到视图渲染的端到端响应时间，一旦我们有了适当的日志来评估我们应用程序不同部分的延迟，我们就可以将网络流量分成百分位数，并评估其他用户的延迟。有了这些信息，我们就可以评估大多数用户（第五十百分位数——P50）和异常用户（P90）的应用性能。使用 P50 延迟，我们可以为应用延迟设定一个平均标准，并为应用设定一个标准。使用 P90 延迟，我们可以评估异常情况以了解最坏的情况。异常数据可以揭示有趣的趋势和潜在的改进领域。例如，如果我们确定几乎所有的 P90 端到端延迟都来自 3G 或 4G 的冷启动，我们就知道有一个具体的场景可以改进。

除了评估网络延迟之外，测量缓存丢失率和检索时间也有助于理解性能。在长时间等待网络内容与快速显示来自缓存的内容之间，也可能存在微妙的权衡。例如，在我们的 Photo Stream 应用程序中，来自网络的最新照片具有更准确的排名得分（基于机器学习的故事排名）。与存储在设备缓存中的照片相比，最新照片的相关性（更新和最近）也更高。然而，等待更长时间加载第一个故事与会话长度和用户返回应用程序之间呈负相关。在这里，我们不清楚应该等待网络请求多长时间才显示来自缓存的内容。我们必须平衡更新、更相关的网络内容的积极效应与网络延迟的负面影响。为了得出最佳解决方案，我们可以运行一个实验，使用不同的超时设置——我们等待网络请求之前显示来自缓存的内容的时间。

网络负载

除了网络延迟之外，我们还必须考虑网络负载，这指的是在特定时间段内网络事务或调用的数量。在高网络负载下，应用程序性能会下降。即使网络负载不会导致用户明显感觉到 UI 的延迟，它也可能导致显著的电池耗电，导致用户卸载你的应用程序。通过在 Xcode 中对应用程序进行性能分析，我们可以评估网络负载。为了更全面地了解用户设备上的网络负载，可以添加额外的日志记录来跟踪请求中的网络访问的数量。

网络错误

网络错误也会导致整体应用程序体验不佳，会导致需要重试和应用程序崩溃而降低性能。

13.6.7 参与度指标

参与度指标通常追踪对公司至关重要的顶层指标，一般用于跟踪不同用户群或地域的创收和产品增长情况。一些例子包括：

1. 月活跃用户（MAU）和日活跃用户（DAU）。

2. 设备与操作系统指标。

3. 地理位置。

4. 会话时长。

5. 用户留存率（流失率）。

参与度指标是至关重要的业务指标，它们有助于指导工程师并确定高优先级的工作领域和影响。这些指标指导如何判断事件的严重性以及所需的响应优先级。

虽然性能指标可能不会直接影响参与度指标，但应用程序的性能可以作为参与度的中间指标。例如，对于我们的应用程序来说，10% 的性能提升可能会带来 1% 的参与度提升。因此，通过提高应用程序的性能，我们可能能够提升对业务至关重要的参与度指标。

13.7　简要实例

我们的应用程序中可能存在一个潜在的卡顿。你能发现它吗？即使使用 App Launch Instruments 对应用程序进行性能分析，我们也不会立即发现卡顿。图 13-7 展示了应用程序的初始追踪。为了生成这个追踪，我们在一台设备上使用 App Launch Instruments 工具运行了第 8 章的 MVVM 应用程序。在图 13-7 中，设备上运行的一切似乎都加载得很快，整个应用程序的表现也很流畅。

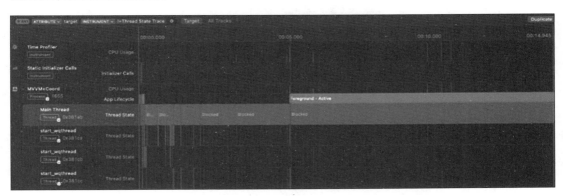

图 13-7　我们的 MVVM 应用程序的初始启动追踪

然而，我们正在将任务派发到照片库的主队列中，这意味着由于 `receive(on:)` 的调用，仓库中的接收框的工作是在主线程上完成的。

```
// Repositories/PhotoRepository.swift
```

```
photoRepository.getAll().receive(on: DispatchQueue.main)
```

如果我们将这个调度任务移至视图模型中，我们就可以避免在主线程上执行数据存储工作。我们可以在接收框中添加一个 sleep 语句，以模拟数据层中的一个大型复杂工作任务。

```
// Repositories/PhotoRepository.swift
  receiveValue: { [weak self] photos in
              guard let sSelf = self else {
              return
          }
            sleep(4)
            sSelf.allPhotos = photos
            .compactMap{ $0 as? PhotoModel.Photo }
    }.store(in: &cancellables)
```

现在，当我们执行追踪时，可以在图 13-8 中清晰地看到框中表示的卡顿。通过设备上的卡顿检测，我们还会在设备上收到关于卡顿的通知。

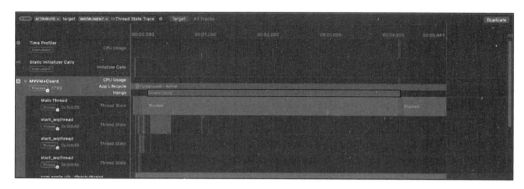

图 13-8　系统追踪中的 sleep 卡顿问题

那么我们该如何解决这个问题呢？我们可以将我们在主线程上的逻辑移至视图模型中，这样可以释放主线程并消除卡顿。

// Scenes/PhotoStream/PhotoStreamViewModel.swift

```
photoModel.allPhotosPublished.receive(on:
DispatchQueue.main).map
```

图 13-9 记录了使用 App Launch Instruments 工具的性能追踪，现在可以明显看到卡顿问题已经消失。即便是在数据加载完成之前插入了 sleep 语句，我们也使用户界面变得可用。请注意，在设备上，你现在可以切换到设置选项卡，而在之前，用户界面是完全无响应的。

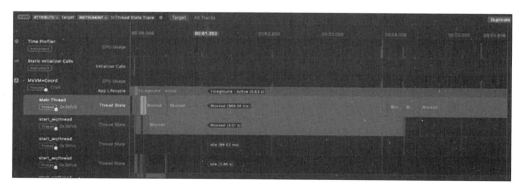

图 13-9　追踪如何移动 dispatch sync 并消除卡顿

如果这是一个比 sleep 更复杂的例子，那么它可能是数据层中需要时间加载的复杂逻辑。在那种情况下，我们需要仔细考虑何时派发到主线程进行 UI 操作，否则我们可能会在关键的加载时刻阻塞主线程。

13.8　总结

性能是应用程序开发的一个关键组成部分。性能下降会导致电池消耗加快、用户体验卡顿、应用崩溃以及二进制文件膨胀，这些问题都会导致用户参与度降低。通过整合性能测试，建立关键指标以进行监控和警报，并确保充分理解性能工具的使用方法，我们可以减轻性能退化的问题，并为整体应用健康保持高的标准。调试性能问题是一个庞大的领域，值得专门撰写一本书来讨论。在这里，我们介绍了一个框架，用于优先处理、理解和解决性能问题，通过跟踪关键指标并理解性能调查的原则来实现。

13.8.1　本章要点

1. 启动时间对于应用程序的成功至关重要。在启动路径上尽量减少工作量，并在可能的情况下优化我们所做的工作。
2. 性能对于确保用户能够享受到你的应用程序带来的出色体验至关重要。
3. 性能不仅仅是在工具中对应用程序进行分析。我们必须定义指标、创建性能测试，并监控应用程序性能的真实用户数据。
4. 随着功能的不断增加，应用程序的性能会逐渐下降。我们必须通过自动化性能测试、警报、监控以及充分利用现有工具来抵抗明显的性能退化和"雪崩时，没有一片雪花是无辜的"情况。

13.8.2　扩展阅读

1. Apple 如何优化应用程序的大小和运行时性能
   https://developer.apple.com/videos/play/wwdc2022/110363
2. 终极应用程序性能生存指南
   https://developer.apple.com/videos/play/wwdc2021/10181/
3. 提升应用程序性能
   https://developer.apple.com/documentation/xcode/improving-your-app-s-performance
4. 追踪应用程序卡顿情况
   https://developer.apple.com/videos/play/wwdc2022/10082

Chapter 14 第 14 章

实验操作

作为软件工程师，我们必须在 SDLC 的所有阶段中，对所做的任何更改进行认真的测试。测试包括性能测试、正确性测试（自动化测试）以及生产实验，以验证用户对更改的反应。在科学术语中，生产测试被称为假设检验。通常，我们会有一个假设，即用户会对新功能、变更或性能改进做出积极响应。然而，在得出变更成功的结论之前，我们必须测试并验证我们的想法。要在 SDLC 中包含假设检验，我们需要对统计学和支持此类测试的软件实验基础设施有一个基本的了解。

本章假设你的应用程序已具备进行测试所需的软件基础设施，而专注于介绍正确设置实验和分析结果所需的统计学知识。虽然统计学看似简单，但它并非总是直观的，这可能导致得出不准确的结论。

14.1 本章概要

本章我们将概述实验为何重要以及它如何成为所有主要科技公司使用的强大工具。为此，我们首先将了解一个理论实验平台，确保我们对此有共同的理解。之后，我们将继续说明以下方面：

1. 科学方法与假设检验。

2. 设计实验并控制意外影响因素。

3. 检验统计与结果分析。

4. 常见的陷阱，包括网络效应和实验污染。

14.2　为什么实验很重要

一次准确的测量胜过千百次专家意见。

—— Grace Hopper，海军上将

受控实验$^\ominus$是传统科学中使用的一种强大技术，然而，它并不总是应用于软件工程。人们通常会根据最佳猜测进行操作，并根据感知价值实施变更，然而，这并不能衡量实现的价值。正式的实验让我们能够确定对软件所做更改的实际效果。我们通常将这种测试方式称为 A/B 测试。A/B 测试是一种随机实验，涉及两个变体（测试组和对照组），尽管这个概念可以扩展到同一变量的多个变体。

注释　A/B 测试是一种实验过程，通过比较不同版本的体验来确定哪一个表现最佳。为了评估哪个变体表现最佳，需要使用统计分析。

基于统计的假设检验使软件工程师能够：

1. 使改动的价值最大化，无论是为了最大化利润、参与度，还是其他完全不同的目标。例如，如果更改用户界面以缩小广告之间的间隙，我们可以努力最大化广告收入。然而，如果没有统计数据，我们只能猜测用户对用户界面更新的反应以及收入的变化。为了充分最大化我们所做更改的价值，我们需要尝试不同的广告间隙并了解其效果。

2. 允许工程师验证他们的更改对最终用户行为的影响。评估更改的效果对于复杂软件迁移也很有帮助。例如，假设我们的应用程序正在迁移到一个新的数据库，在这种情况下，我们预期不会对用户行为产生任何改变，执行 A/B 测试可以确认这一点，或者深入了解迁移过程中存在的问题。

3. 通过基于实验数据的近乎实时的分析来评估对产品的想法，这有助于更快地对业务目标进行迭代。

4. 量化改动的影响，这使我们能够最大化改动的价值，并设定适当的目标。

每个软件应用程序都有一个目标，而实验让我们能够科学地验证我们在实现这一愿景方面的进展。

14.3　理论实验平台

在深入探讨实验细节之前，让我们首先建立对实验和 A/B 测试的工具及设置的共同理解。对于那些不熟悉 A/B 测试概念的人来说，本节将为你提供一个入门指南，帮助你进一步探索不同的领域。对于那些熟悉 A/B 测试平台的人来说，本节将介绍一种配置选项，并为后续章节讨论的细节提供一些背景。本节还包括通过聚类进行网络效应测试的部分。

实验平台的总体目标是：

1. 允许工程师将实验分配到测试组和对照组。在幕后，平台将处理随机用户分配、取

$\ominus$　一项在受控环境中进行的、用来管理外部因素的基于科学统计的测试。

消分配，并跟踪曝光记录（这决定了何时根据工程师指定的标准将用户分配到测试组或对照组）。

2. 允许工程师分析实验结果并查看必要的数据，以确保实验正确进行。

3. 允许实验之间相互排斥以测试正确性。

为了满足这些要求，我们需要一些结构来表示：

1. 单元：我们实验的对象。这将是用户（通过用户 ID 明确表示）。

2. 实验组：用户将看到的不同体验。每个组都有其独特的体验。

3. 实验：一系列分组及每个组所需的参数。大多数实验将有两个组（测试组和对照组）按 1 ： 1 分配。

4. 定向规则：定向规则使我们能够确定哪些单元（用户）有资格参与实验。

5. 总体：总体是实验的集合。一个总体允许同时运行多个实验，同时保证一个单元（用户）在同一个总体中不会同时参与多于一个实验（互斥）。

14.3.1 实验总体

在我们的示例设置中，一个总体包含了所有符合条件的用户（从统计学角度来说，总体是适合进行测试的人群）。我们可以拥有多个彼此正交存在的总体，这些总体包含相同的用户，这意味着总体之间并不是互斥的。一个用户可以同时在多个总体中参与多个实验。

在一个总体中，我们将用户分配到不同的实验中。我们将使用哈希算法将用户分配到特定的区段中，然后将其分配到某个实验中。

生成 1000 个区段的分段哈希算法示例：

$$segment_{userID}=hash(userID+universeName)mod1000$$

通过这种方式，同一个用户在一个总体中只能参与一个实验，确保总体内的实验是互斥的。一旦实验结束，这些用户就会回到待选用户池中，以便参与其他实验。图 14-1 展示了总体设置和可能的实验分配策略。

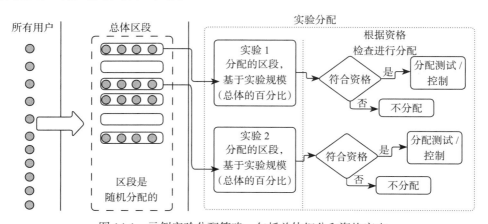

图 14-1　示例实验分配策略，包括总体细分和资格审查

图 14-1 概述了分配策略，而图 14-2 展示了工程师在总体内创建新实验时，可能会看到的潜在用户界面。该图来自 Darkly 平台，一个第三方实验框架。注意我们如何选择想要监控的指标，这一点的重要性将在本章后面体现出来。

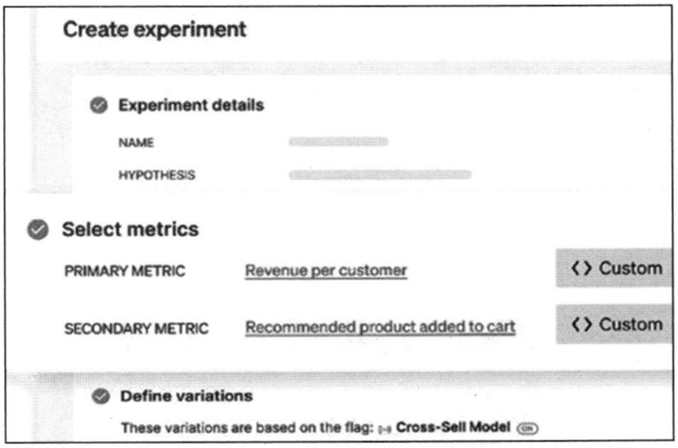

图 14-2　来自 Darkly 平台的实验创建示例[⊖]

14.3.2　实验工具

在一个实验中，我们希望控制用户到测试组和对照组（或多个测试组）的分配。对于这种设置，我们需要仔细考虑分析平台的能力。虽然从统计学上可以比较不同大小的测试组和对照组，但并非所有平台都支持这种分析。图 14-3 展示了在 Darkly 平台上，三个测试组都接收到 5% 的流量分配的情况。

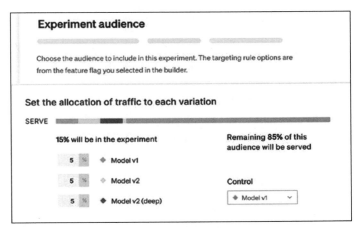

图 14-3　在 Darkly 平台上，将用户分配到测试组和对照组的示例，这些组别被称为变体[⊖]

⊖　https://launchdarkly.com/features/experimentation/

此外，我们希望支持不同的覆盖设置。这些覆盖设置使我们能够快速测试更改，而不会让用户接触我们对生产环境所做的处理。覆盖设置还可以让我们根据应用程序版本来定位用户（这避免了测试组中出现不符合条件的用户）。图 14-4 展示了在 Darkly 平台上进行此类定位的一个例子。

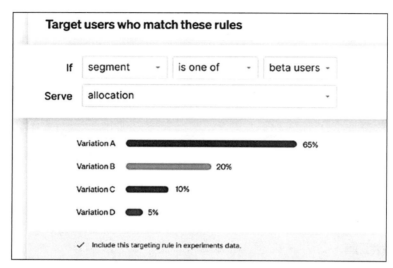

图 14-4　在 Darkly 中仅针对特定用户进行目标设定，并将他们分配到不同的实验组（变体）⊖

最后，我们要控制曝光记录。曝光记录是指用户接触到处理过程的时间点。例如，如果我们在应用程序的设置页面向用户展示一个新选项，那么我们希望在设置页面加载时对用户进行曝光。如果我们在应用程序启动时或自动对用户进行曝光，那么我们可能会让那些从未见过设置页面、因而也从未见过我们正在测试的处理方法的用户被曝光。这里有一个需要注意的地方，我们可能对变动的整个生态系统的总体效应感兴趣。在这种情况下，如果我们使用曝光记录，我们将无法追踪到未被曝光的用户的二阶效应，未能捕捉到对生态系统更广泛的影响。

集群测试（网络效应）

除了建立基于用户的实验之外，我们可能还希望能够追踪相应用户网络的变化。例如，假设我们为我们的消息应用程序开发了一个双人游戏。为了让用户进行游戏，他们两个都需要处于实验中。为了确保两个用户都在实验中，我们可以利用集群测试来设置相关用户的集群。对于我们的实验平台来说，几乎所有事情都将保持相同，除了在用户分配层面上。我们将不是分配用户，而是基于某些属性（比如，最常发送消息的前五名）将用户聚集在一起进行分配。图 14-5 概述了一种与早期用户分配策略类似的集群分配策略。在这里，我们

⊖　https://launchdarkly.com/features/experimentation/

根据我们定义的用户行为分配了集群。接下来，这些实验单元的集群通过哈希算法被分配到总体的区段中。之后，这些总体区段被分配到实验中。

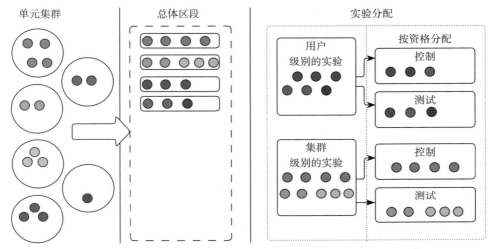

图 14-5　用户 ID 为圆点，圆圈代表用户 ID 的簇的集群实验分配⊖

　　实验位置策略的相似之处在于，通过基于实验名称的哈希，将总体区段进行哈希处理并随机分配成随机化的区段。根据区段是分配给单元实验还是集群实验，这些区段可以基于用户或基于集群，使我们能够同时为基于用户的实验和基于集群的实验分配资源。

14.3.3　度量评估平台

　　在软件工程实验中，我们的度量平台是我们的数据收集方法。由于所有度量都可以通过日志轻松收集，并通过数据管道格式化以便于使用，我们可以相对轻松地进行数据收集。虽然数据的管道和存储要求复杂，但整体的数据收集过程比实验室实验或在医疗现场手动收集数据的药物试验要简单得多。

　　具体来说，对于指标收集平台，我们希望利用我们的日志记录和数据收集管道，以易于使用的方式展示相关指标。通过这种方式，工程师可以利用统计最佳实践来推理他们的实验。图 14-6 展示了 Darkly 平台上的一个例子。本章将深入探讨支撑这个展示面板的统计计算及其重要性。

　　为了实时或近乎实时地计算这些数据，我们需要创建数据管道，以处理原始指标，比如错误率，或者在 Darkly 示例中的分页。一旦数据被收集，我们就需要能够对数据进行统计分析（14.4 节的主题）。最后，我们需要以易于使用和理解的格式展示这些数据。

⊖　https://arxiv.org/pdf/2012.08591.pdf

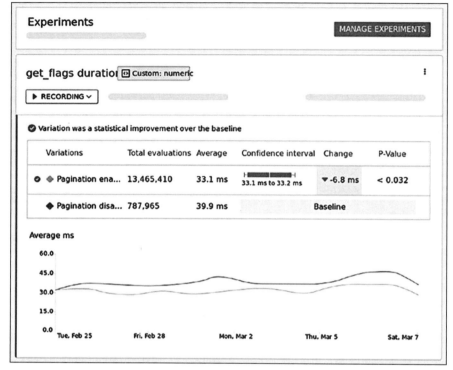

图 14-6　用于评估 Darkly 平台指标的示例面板。请注意包含了 P 值和置信区间⊖

14.4　科学方法与假设检验

　　现在我们已经定义了理论实验的设置，让我们深入探讨如何测试我们的工作。每当我们构建新功能或修复错误时，我们都是为了改善最终用户的体验。然而，为了确保我们改善了体验，必须验证这些变化对用户的影响。为此，我们使用科学方法和假设检验。科学方法在图 14-7 中进行了概述，它指的是理解我们想要进行的变更效果的整体思考过程。它从我们想要解决的问题开始，以分析和结果分享结束。假设检验明确指的是科学方法的三个步骤（研究主题领域、制定假设、通过实验进行测

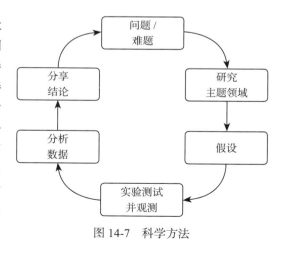

图 14-7　科学方法

⊖　https://launchdarkly.com/features/experimentation/

试），在这里我们应用统计技术到实验数据上，以确定给定的假设是否为真。我们之所以使用统计学，是因为统计学代表了评估归纳推理不确定性的数学技术，并为我们提供了一定级别的确定性，证明我们的变更是有效的。

注释 归纳推理是从一组有限的过去观察中概括，或将观察到的模式扩展到未来的实例或其他地方出现的实例。

14.4.1　将科学方法应用于我们的 Photo Stream 示例

想象一下，你是团队的一员，负责扩展 Photo Stream 应用程序的新的"发现"功能。以前，用户只能看到已关注用户的内容，但有了新的"发现"界面，用户现在可以看到未关注用户的内容。要访问"发现"界面，用户必须通过选项菜单导航（更多选项▶发现）。目前，"发现"页面的整体流量较低。你的团队认为，发现页面是提升应用增长的一个重要手段，并且希望能迅速增加该页面的流量。作为第一步，团队进行了一次头脑风暴会议，为解决流量不足的问题提出新的想法。

在头脑风暴之后，你想出了几个增加页面流量的方法，并决定采用最有前景的一个：不必先点击"更多选项"菜单，"发现"页面将拥有一个顶级标签栏图标，使得访问"发现"页面变得更加容易。

既然你的团队已经决定尝试这个想法，你就需要设计如何实现这个功能。作为功能设计的一部分，你还需要设计一个实验来测试这个功能。为此，你将使用 A/B 测试，其中一组用户将被排除在外，看不到"发现"标签栏图标（即对照组 a），而另一组用户则会看到新的体验（即测试组 b）。

一个月后（这是确保指标稳定所需的时间），你将使用公司的实验框架来观察与最初假设（关于"发现"标签页的整体流量和任何性能退化）相关的关键指标。然后，你将考虑这些数据点的结果与原始假设的关系，以及我们是否可以推翻零假设。最后，你将与更多的团队分享这些发现。

注释 度量的稳定性至关重要。有些度量需要时间来稳定并产生准确的结果。如果不等待度量变得可读，你就有可能读取到不准确的结果，并得出错误的结论。

在我们的科学方法框架下，我们可以将之前的步骤分解为以下几个部分：

1. 问题 / 难题：我们的"发现"页面流量偏低（难题）。如何提高"发现"页面的流量（问题）？
2. 研究主题领域：头脑风暴提出潜在解决方案。
3. 假设：通过为"发现"页面添加一个顶级标签栏图标，我们可以通过提高我们功能的可见性来吸引更多的流量。
4. 实验设计与测试：设计一个实验，以评估"发现"标签功能对一部分用户流量（即人群）的影响，收集数据和信息（即观察），并对假设进行 A/B 测试。如果实验严重影响用户体验，则可能需要提前终止。

5. 分析：当实验观察足够长的时间后，我们将分析结果以得出实验是否成功的结论。

6. 分享结论：在完成实验分析后，我们必须与更广泛的团队分享结果，以了解功能发布的可能性、分享知识和进一步的合作。

在本章的剩余部分，我们将深入探讨我们示例的假设定义、实验设计以及结果分析步骤。我们将跳过数据收集部分，因为数据收集通常通过数据管道自动完成，且指标是为软件工程师预先计算的，由数据工程师或独立的软件工程师团队负责管道的创建和维护。创建数据摄取系统以及后续的指标计算管道是一个复杂的话题，值得单独撰写一本书来讨论。

14.4.2 实验设计与实施

首先，我们必须定义我们的假设：

1. 零假设：将"发现"标签的入口点移动到标签栏，对访问"发现"页面的次数没有影响。

2. 备选假设：将"发现"标签的入口点移动到标签栏，将对访问"发现"页面的次数产生积极影响。

虽然看似简单，但假设定义可能变得复杂，并且人们可能同时测试多个事物而受到范围蔓延的困扰。范围蔓延的一个例子是将"发现"标签入口点和"发现"界面延迟改进捆绑在一起。通过将这两个变更合并为一个测试变体，我们失去了看到实验中观察到的结果的实际原因的能力。限制这一点并清晰定义待测试的假设至关重要。在定义了假设之后，我们需要定义实验。定义实验包括：

1. 选择检验统计量。

2. 评估样本量和分布。

3. 执行必要的工程工作以进行实验。

在实验设计和实施阶段的末尾，我们将明白需要使用哪些统计方法来评估假设，需要多大的样本量才能获得具有统计学意义的结果，我们将针对哪些用户，以及实施实验需要进行哪些工程工作。

选择检验统计量

在选择检验统计量时，我们希望找到能帮助我们评估备选假设是否成立的统计量。以我们的"发现"标签页为例，我们可以使用每日访问量作为统计量。实验进行后，我们可以观察测试组和对照组的每日访问量，并计算 P 值或置信区间（我们假设假想的实验平台会完成这一操作）。如果我们得到了预期的效果，那么我们可以接受备选假设并推出该功能，或者未能拒绝零假设，回到定义新假设的阶段。

***p* 值** 在零假设显著性检验中，p 值是在零假设正确的前提下，获得至少与观察结果一样极端的测试结果的概率。一个非常小的 p 值意味着，在零假设下，这样一个极端的观察结果是不太可能发生的[⊖]。

⊖ Muff,S.,Nilsen,E.B.,O'Hara,R.B.,&Nater,C.R.(2022).Rewriting results sections in the language of evidence.*Trends in ecology&evolution*,37(3),203–210. https://doi.org/10.1016/j.tree.2021.10.009

置信区间对未知参数的一系列估计值。置信区间是在指定的置信水平下计算得出的。95% 的置信水平是最常见的，但有时也会使用其他水平，如 90% 或 99%[一][二]。

置信水平代表了在长期内，相应置信区间包含参数真实值的比例。例如，在所有以 95% 水平计算出的区间中，应有 95% 的区间包含了参数的真实值[三]。

除了用于分析的目标指标外，包括反指标或防护指标也很有帮助。例如，我们希望为"发现"选项卡带来更多流量，但这并不影响主信息流页面的参与度。在这种情况下，我们可能会在主信息流的总体访问量中加入一个计数器指标。如果我们对此产生负面影响，那么它可能会影响我们的应用程序启动指标。此外，我们还应该监控应用程序和服务器的性能，以了解"发现"选项卡的更改是否会带来任何额外的性能成本（防护指标）。

评估样本量和分布

在评估样本量和分布时，我们想要了解以下内容：

1. 以具有统计学意义的方式推理测试统计数据所需的样本量（我们将在本章稍后部分定义统计学意义）。
2. 可能影响用户资格的因素以及这些因素如何影响我们所需的样本量和分布（同质与异质群体）。

所需样本量及其对分析的影响

更大的样本量会缩小我们的置信区间，让我们对实验的真实效果有更好的理解。例如，假设我们的实验中有 1000 名用户作为样本，我们记录了他们的访问影响。现在，让我们用 100 万用户来进行同样的实验。随着样本量的增加，我们将观察到的效应将更接近真实效应，表现为估计值的分布更接近真实效果（平均值）。

为了在小范围内说明这种效应，我们可以创建一个正态数据分布，并人为缩小置信区间，以模拟较大样本量的情况。由于 Python 拥有丰富的统计库资源，我们将在本章中使用它进行编码示例。

```python
# pip3 install to install dependencies
# run via command line: python3 example1.py 20 5
# to mirror a larger sample size rerun with: python3
# example1.py 20 3
import numpy as np

# Set seed for the random number generator, so we get the same
random numbers each time
np.random.seed(20210710)

# Create fake data
```

[一] Zar,Jerrold H.(1999).*Biostatistical Analysis*(4th ed.).Upper Saddle River,N.J.:Prentice Hall.

[二] Dekking,Frederik Michel;Kraaikamp,Cornelis;Lopuhaä,Hendrik Paul;Meester,Ludolf Erwin(2005)."A Modern Introduction to Probability and Statistics."

[三] Illowsky,Barbara;Dean,Susan L.(1945-).*Introductory statistics*,OpenStax College.Houston,Texas.

```
mean = 100
sample_size =  int(sys.argv[1]) if len(sys.argv) > 1 else 20
standard_deviation = int(sys.argv[2]) if len(sys.argv) >
2 else 5
x = np.random.normal(mean, standard_deviation, sample_size)

print([f'{x:.1f}' for x in sorted(x)])

## ['88.6', '89.9', '91.6', '94.4', '95.7', '97.4', '97.6',
'98.1', '98.2', '99.4', '99.8', '100.0', '101.7', '101.8',
'102.2', '104.3', '105.4', '106.7', '107.0', '109.5']
```

现在我们可以在图 14-8 和图 14-9 中查看我们的分布，分别对应"小"和"大"样本量。在图 14-8 中，值的分布更广，因此，95% 置信区间更大，被认为可接受的值范围也更宽。

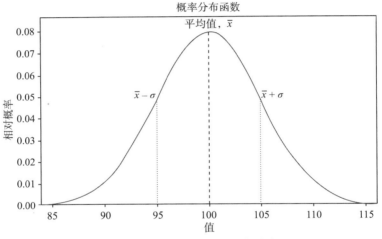

图 14-8 "小数据集"的概率分布

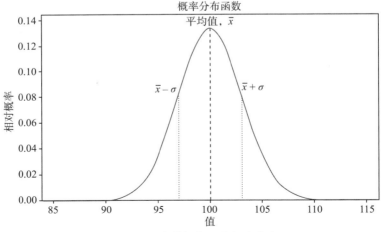

图 14-9 "大数据集"的概率分布

注释 样本均值是真实均值的最可能值。95% 置信区间表示，如果我们多次重复实验，并且每次都使用不同的用户，那么我们预计样本均值有 95% 的概率会落在这个区间内。

如图 14-9 所示，我们可以通过较小的置信区间准确检测较小的移动。虽然一个功能齐全的实验平台可以为分析目的提供这些置信区间的更简洁视图（我们将在 14.4.3 节进一步讨论），但我们必须确保有足够大的样本量进行分析。

不过，样本量的大小是有限制的。实验规模过大会增加处理过程被暴露的风险（我们可能不希望将太多用户暴露于极端测试体验中），并限制总体样本中的可用空间，这使得运行正交测试（在同一总体中进行的不同测试，以保持测试之间的相互排斥）变得更加困难。作为一条通用规则，测试应该足够大，以收集统计意义上的数据，但又不能过大。为了指导这一评估，我们可以利用 14.4.3 节讨论的最小可检测效应，作为估计实验大小的手段。

可能影响用户资格的因素

既然我们知道需要足够大的样本量来检测指标变动，我们就需要评估可能的障碍。在我们的案例中，我们希望确保有相当大数量的用户有资格看到并与"发现"标签互动。例如，如果"发现"标签仅在日本可用，但我们 90% 的用户在秘鲁，这可能会在我们分析数据的能力上造成问题。

14.4.3 结果分析

让我们把时间向前推移，假设我们在"发现"选项卡上的实验已经进行了一个月，考虑到我们的用户数量，这段时间足以收集到重要的结果。了解这个时间范围对于充分评估结果非常重要，它是包括实验能力在内的多种因素共同作用的结果，我们将在本节稍后部分计算实验能力。要正确分析实验结果，我们必须：

1. 了解我们可能遇到的错误类型。
2. 了解如何综合运用效应量、统计功效和 p 值来解读我们的研究结果。

错误类型

理解潜在的错误结果及其解决方法是结果分析的重要组成部分。我们将这些错误称为 I 型错误和 II 型错误。理解 I 型和 II 型错误至关重要，因为我们的实验是针对用户样本而非整个人群进行的，这在我们的指标中引入了一定程度的随机性，可能会影响我们的结果，使得从中得出结论变得困难或不可能（通常称为噪声）。通过理解这些错误类型，我们可以更好地学会如何诊断、解释和避免它们。

I 型错误代表假阳性率，即当原假设为真时我们错误地拒绝原假设的可能性。就我们的"发现"标签入口实验而言，I 型错误意味着我们得出结论认为我们的功能对访问和启动有影响，尽管实际上它对访问没有任何效果。

II 型错误代表假阴性率，即当原假设为假时我们未能拒绝原假设的可能性。就我们的实验而言，II 型错误意味着我们将得出入口点对"发现"界面访问量没有影响且对应用的启动指标没有影响的结论，尽管它确实影响了访问量。图 14-10 以表格形式展示了上述内容，并包含了这些错误对应的概率表示法。

	我们的功能对访问量没有影响	我们的功能会增加访问量
发布我们的功能	I 型错误的概率 $= \alpha$	正确率 $= 1 - \beta$
不发布我们的功能	正确率 $= 1 - \alpha$	II 型错误的概率 $= \beta$

图 14-10　错误类型及其含义概览

I 型错误通常被称为 α，代表显著性水平。我们会在实验开始前根据出现 I 型错误的风险来选择显著性水平。如果 I 型错误带来的风险很高，需要更高的信心来确保决策的正确性，那么我们可以选择将 α 从 5% 降低到 1%。这一效应在图 14-11 中有所示意。

图 14-11　在假设我们的特征不影响访问量的情况下，零假设的正态分布样本

II 型错误，也称为 β 错误，是由实验的显著性水平决定的。II 型错误率并不是在实验开始前就设定的，而是取决于显著性水平、δ 的大小、样本量以及数据的方差，如图 14-12 所示。β 的倒数是统计功效（如图 14-14 所示）。

图 14-12　在假设我们的功能影响访问量的情况下，备选假设的正态分布样本

统计功效代表在实际存在效应时检测到该效应的概率。功效帮助我们理解我们是否能够合理地检测到实验中期望的效应。统计功效是备选假设分布下的面积，位于零假设的置信区间之外。

理解统计显著性

在本章中，我们一直使用"统计显著性"这个术语，但我们还没有对其进行数学定义。当某个结果出现的概率极低，以至于我们几乎可以肯定零假设不成立时，我们就说这个结果具有统计显著性。要使一个结果具有统计显著性，它必须具有最小的 I 型错误率（假阳性率）。这就是为什么我们在实验开始时设定 α（I 型错误率）的原因。

在实验运行期间，我们使用 p 值来衡量实际的 I 型错误，即在零假设为真（我们的新入口点不影响访问量）的情况下，观察到的 δ 及比 δ 更极端情况的概率。如果 p 值小于 5%，那么我们观察到新入口点影响访问量的机会很小。因此，我们可以自信地报告，我们得到了一个统计显著的结果。

注释 当我们说我们对推出一款新产品或新功能充满信心时，这意味着我们在统计学上有信心，这暗示我们已经看到了统计显著的结果。

除了 p 值之外，我们还可以使用置信区间来了解一个结果是不是统计显著的。图 14-13 展示了一个样本置信区间覆盖在样本数据分布上。置信水平等同于 1 减去 α 值，这意味着 p 值和置信区间会得出相同的结论。

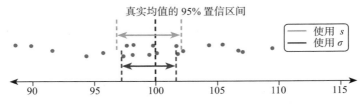

图 14-13　生成的置信区间，包括标准误差和标准偏差

计算 p 值

为了计算 p 值，我们首先必须确定如果零假设为真时获得我们结果的可能性。在软件工程的假设检验中，我们可以利用二项分布来模拟我们的数据。这种分布允许我们确定在一系列试验中观察到一定数量成功的概率，单次试验成功的概率用 p 表示。二项分布假设在所有试验中，成功的概率 p 保持不变[⊖]，在涉及用户访问和点击率的软件工程场景中经常是这样的。更具体地说，我们可以用数学模型来描述二项分布，以确定在一系列独立的伯努利试验中，给定特定成功概率 p 时，达到一定成功次数的概率。

$$P(k, n, p) = P(X = k) = p^k (1 - p^k)^{n-k}$$

我们可以使用 SciPy 工具包在 Python 中轻松建模，其中 **num_converted** 是我们在实验中看到的 k 次成功（例如，转化或访问），**total** 是 n 次独立试验，而概率基础转化率 **bcr** 是我们控制的基础转化率（预期率）。

```python
import scipy.stats as scs

def p_val(num_converted, total, bcr):
    """Returns the p-value for an A/B test"""
    return scs.binomtest(
        num_converted-1,
        total,
```

⊖　www.itl.nist.gov/div898/handbook/eda/section3/eda366i.htm

```
    bcr,
    'two-sided').pvalue
```

在这里，我们采用了双侧检验，用以判断样本均值是显著大于还是小于对照组的均值。

双侧检验与单侧检验

双侧检验，或称双尾检验，意味着我们希望在正态分布的两侧测试统计显著性。如果双尾检验的显著性水平（α 值）为 0.05，那么每个方向上的 α 值都是一半，即分布的每侧（尾部）为 0.025。例如，给定一个样本均值和数值 y，双尾检验允许我们比较均值是显著大于 y 还是小于 y。假设我们的 α 值为 0.025，如果检验统计量位于概率分布的顶部 2.5% 或底部 2.5%（导致 p 值小于 0.05），则均值与我们的数值 y 有显著差异。

相比之下，单尾检验只在一个方向上测试统计显著性，这意味着 0.05 位于你的检验统计量分布的一个尾部。回顾我们之前关于数值 y 的例子，我们必须选择检验均值是显著大于还是小于 y。如果结果位于其概率分布的顶部（或底部）5% 而不是 2.5%，则认为是具有统计显著性的（仍然导致 p 值小于 0.05）。

单尾检验在检测单一方向的效应时提供了更高的敏感性。然而，如果我们不在两个方向上进行测试，就无法考虑到意外变化的可能性。例如，如果我们仅通过单侧检验来评估我们的用户界面变更是否提升了用户参与度，那么我们就会忽略这种变更可能对用户参与度造成损害的潜在可能性。

回到我们的例子，假设我们抛了 100 次硬币，其中 70 次正面朝上。在这种情况下，我们的零假设是我们拥有一枚公平的硬币，会看到 50% 是正面，50% 是反面。那么，观察到至少和实际结果一样极端的结果的概率是多少？我们手中的硬币是否有偏差？

```python
import scipy.stats as scs
def p_val(num_converted, total, bcr):
    """Returns the p-value for an A/B test"""
    return scs.binomtest(
        num_converted-1,
        total,
        bcr,
        'two-sided').pvalue
# $ python3 example3.py
print(p_val(70, 100, .5))
# 7.85013964559367e-05
```

在运行了我们的代码之后，我们可以看到 p 值是 7.85013964559367e-05，这是一个非常非常小的数值，表明我们可以拒绝我们的零假设，硬币确实有偏差。

p 值是我们检测结果是否具有统计显著性的主要工具。同样重要的是要考虑我们的样本量。例如，如果我们只进行了十次试验，得到了七次正面朝上，我们能否几乎确定这枚硬币是有偏差的？或者我们是否看到了假阴性（II 型错误）？为此，我们还应该考虑统计功效。

统计功效与最小可检测效应

如前所述，II 型错误和统计功效会随着所选的显著性水平、δ 大小、样本量以及数据的方差而变化。图 14-14 展示了 I 型错误与 II 型错误之间的关系，并通过一个例子说明了统计功效。α 值为 0.05，代表单侧检验。

1. 显著性水平：随着 α 值的减小，β 值增加，统计功效降低，这意味着较低的 α 或假阳性率是以更高的假阴性率和较低的统计功效为代价的。

2. δ 大小：随着 δ 值的增大，β 值减小，统计功效增加。因此，更容易检测到指标的较大变化。

3. 样本量：实验的样本量增加时，样本分布的方差 / 宽度减小，β 值减小，而统计功效增加。

4. 数据的方差：随着数据中的方差增加，分布的宽度增加，统计功效降低。

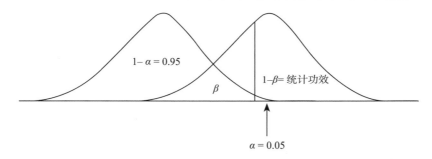

图 14-14 I 型错误与 II 型错误之间的关系

在实验开始时，我们能够控制的影响统计功效的因素包括样本大小和 α。为了确保我们的实验有最佳机会获得统计学上显著的结果，我们应该分析给定 α 值、可检测效应和功效水平所需的样本大小。可检测效应是我们的实验设置能够预期检测到的最小效应，称为最小可检测效应（Minimum Detectable Effect，MDE）。在开始实验之前，评估最小预期指标变动是很重要的，这样我们才知道最小可检测效应应该是什么。理解最小可检测效应需要在开始实验前就对预期的变动有所了解。为此，我们可以查看可能需要深入离线分析的其他类似实验（或者，在最坏的情况下，猜测并测试）。在评估实验时，质疑实验所有者期望看到的样本大小和指标变动是一个好习惯，以确保他们已经进行了计算。

即使实验结束后，回顾最小可检测效应也有助于我们了解在未来实验中重复获得统计学显著结果的可能性。最小可检测效应让我们知道我们的结果在未来实验中的可重复性有多高。

此外，如果你的指标读数为中性，那么你可能需要查阅实验的最小可检测效应，以了解是否有足够的功效来检测中性指标的实际效应。如果一个重要指标的最小可检测效应较高，那么你可能无法从当前实验中得出该指标的统计显著性结论。参考之前相似的实验来理解最小可检测效应以及随后所需的实验规模是很有帮助的。

理想情况下，你的实验框架将支持查看过去实验中的最小可检测效应。我们可以为类似的实验计算所需的样本量。在这里，我们将通过数学方式演示这样的计算，然后使用 Python 来实现它[⊖]。

$$n = 2(\underline{p})(1-\underline{p})\left(Z_\beta + Z_{\frac{\alpha}{2}}\right)^2 / (p_\beta - p_\alpha)2$$

n：每组样本量

Z_β：对应于功率的分数 z

$Z_{\alpha/2}$：对应于显著性水平或置信区间的分数 z。通常为 95%

$\underline{p}$：p_α 和 p_β 的平均值

p_α：对照组的成功率

p_β：试验组的成功率

$p_\beta - p_\alpha$：等同于效应量，或称为理论上的最小可检测效应（我们希望能够检测到的最小效应）。

在 Python 中，这将转换为：

```python
# min_sample_size.py
import scipy.stats as scs
from plots import *
import math

def min_sample_size(
    base_rate,
    mde,
    power,
    sig_level
):
    # standard normal distribution to determine z-values
    standard_norm = scs.norm(0, 1)

    # find Z_beta from desired power
    z_beta = standard_norm.ppf(power)

    # find Z_alpha
    z_alpha = standard_norm.ppf(1-sig_level/2)

    # average of probabilities from both groups
    pooled_prob = (base_rate + base_rate+mde) / 2

    min_sample_size = (2 * pooled_prob *
        (1 - pooled_prob) * (z_beta + z_alpha)**2
            / mde**2)

    return math.ceil(min_sample_size)
```

⊖ https://web.stanford.edu/~kcobb/hrp259/lecture11.ppt

现在我们可以在进行实验之前，可靠地确定我们所需的最小样本量了！

```
min_sample_size(.1, .02, .8, .05)
# Min sample size per test group: 3843
```

整体结果分析

到目前为止，我们讨论了评估 p 值以确保我们的结果具有统计学意义，以及 I 型错误和 II 型错误是如何表现的。然而，在评估我们的结果时，我们还需要考虑变化的总体幅度。我们的样本量是否如此之大以至于我们可以检测到微小但无意义的变化（比如提高点击率0.00002%）？最后，我们需要考虑统计功效，以了解我们是否可以轻松复制我们的结果，或者，虽然结果具有统计显著性，但在未来的实验中可能无法复制（II 型错误）。

全面评估实验结果，而不仅仅基于 p 值来判断实验的成功与否是非常重要的，因为较大的样本量可以轻易地产生统计显著但影响微小的变化。最近，美国统计协会（American Statistical Association，ASA）发表了一篇期刊文章，讨论了统计显著的 p 值并不一定意味着存在更大或更重要的效应，而较大的 p 值也不意味着缺乏重要性或甚至缺乏效应[⊖]。

然而，ASA 建议研究人员认识到仅凭 p 值评估的局限性，并考虑整体的研究设计和分析，包括对结果的全面理解，其中应包括功效、样本大小和实现效应。对于软件工程，我们可以利用我们的实验平台来计算这些值；然而，作为工程师，我们有责任正确利用该平台并确保：

1. 我们的结果是可重复的。
2. 我们的 p 值达到了显著性标准。
3. 我们的效应量足够大，能代表人群中的一个有意义的变化。

全面解读结果的实例

本节将基于本章早期提到的将"发现"入口添加到标签栏的实验。我们将回顾一些基础的统计计算，包括置信区间、实验功效以及在样本数据集上的统计显著性变动，以增强我们对结果分析技能的信心。理想情况下，你的实验框架会计算这些值，因此你无须手动进行这些计算。为了更好地理解实验结果分析，我们将使用生成的数据，在 Python 中演示一些这样的计算。我们将略过 Python 内部的一些细节，转而关注对我们之前理论上的"发现"标签入口点实验的实验结果阅读的高层次影响。

继续我们在本章早些时候提到的"发现"标签示例，回顾一下我们的零假设和备选假设：

❏ 零假设认为，标签栏中添加"发现"选项卡入口不会改变访问率。
❏ 备选假设认为，在标签栏中添加"发现"选项卡入口会改变访问率。

我们可以用数学的方式定义零假设和备选假设，同时定义 $\hat{d}$（﹀符号表示估计的概率）为零假设和备选假设之间的概率差异：

⊖ Ronald L.Wasserstein&Nicole A.Lazar(2016).The ASA Statement on p-Values:Context,Process,and Purpose,The American Statistician,70:2,129-133,doi: 10.1080/00031305.2016.1154108.

$$\hat{d} = \widehat{p_b} - \widehat{p_a}$$
$$H0 : \hat{d} = 0$$
$$H1 : \hat{d} \neq 0$$

为了模拟我们测试的数据，我们将使用预生成的数据，样本量为 2000（测试组和对照组各 1000），并假设测试组和对照组之间的改善率为 0.02。为确保结果相符，样本数据集以 sample_data.csv 的形式包含在源代码中。

```
import pandas as pd

ab_data = pd.read_csv('sample_data.csv')
# skip formatting code...
"""
      converted  total    rate
group
A           94    985  0.095431
B          125   1015  0.122167
"""
```

现在我们可以检查原始访问数据和访问率了。在测试组和对照组之间，变化率约为 0.03，这接近我们最初理论上的 0.02。这为我们提供了整体变化率的理解，并表明测试组与对照组之间确实有了不错的改进。然而，我们还没有评估这一变化的统计显著性，因此，我们还没有足够的证据表明这一变化确实有效。

首先，让我们对样本数据进行格式化，以便我们能够分析试验中的总参与者数量、看过发现标签页的总人数（在代码中标记为转化用户），以及这些群体的转化率。

```
# example3.py
# Conversion Data
a_group = ab_data[ab_data['group'] == 'A']
b_group = ab_data[ab_data['group'] == 'B']

a_converted = a_group['visited'].sum()
b_converted = b_group['visited'].sum()
a_total = len(a_group)
b_total = len(b_group)

p_a = a_converted / a_total
p_b = b_converted / b_total

# base conversion rate
bcr = p_a
# difference
d_hat = p_b - p_a
```

现在我们可以利用之前的计算来确定我们的变化是否具有统计显著性。

```
p_value = p_val(b_converted, N_B, bcr)
# .006
```

太好了！现在我们知道我们有了一个统计上显著的变化。0.006 小于我们的 α 值 0.025

（双侧检验）。然而，我们仍然需要理解我们的实验功效，这有助于我们全面地推理我们的
结果。

为了建立信心，我们可以从成功概率的角度来观察这些分布。为此，我们可以将它们
绘制为二项分布，并在图 14-15 中比较它们以看出差异。

```python
# example3.py
# Raw distribution

fig, ax = plt.subplots(figsize=(12,6))
xA = np.linspace(
    a_converted - 49,
    a_converted + 50,
    100,
)
yA = scs.binom(a_total, p_a).pmf(xA)
ax.bar(xA, yA, alpha=0.5, color='red')
xB = np.linspace(
    b_converted - 49,
    b_converted + 50,
    100,
)
yB = scs.binom(b_total, p_b).pmf(xB)
ax.bar(xB, yB, alpha=0.5, color='blue')
plt.xlabel('visited')
plt.ylabel('probability')
# display plot
plt.show()
```

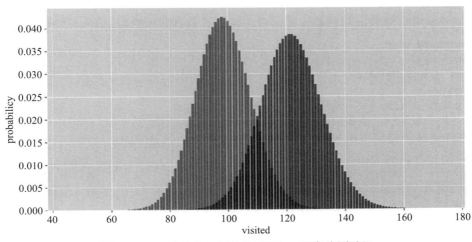

图 14-15　二项分布。红色为对照组，蓝色为测试组

我们可以看到，蓝色测试组的访问次数比红色对照组要多。测试组的峰值也低于对照
组，这意味着样本数量不同。我们的样本均值不同，样本大小和标准差也不同。为了更准

确地比较我们的测试组和对照组，我们必须计算测试组和对照组成功的概率。

为此，我们需要标准化数据以消除人口规模差异，然后比较成功的概率。首先，我们可以规范化我们的个体测试和对照组分布。为此，我们需要计算每个组的标准误差。通过评估标准误差，我们可以理解我们样本数据的变异情况，并观察样本值与平均值的接近程度。

为此，我们必须定义均值和方差（标准差）。我们可以按照以下方式进行，其中 p 是成功（访问"发现"标签）的概率：

$$E(X) = p$$
$$\text{Var}(X) = p(1-p)$$
$$\sigma = \sqrt{p(1-p)}$$

接下来，我们可以利用中心极限定理来计算标准误差。中心极限定理指出，从具有均值 μ 和方差 σ^2 的总体中抽取大小为 n 的随机样本，这些样本的均值将呈正态分布，其均值为 μ，方差为 $\sigma^{\frac{2}{n}}$ ⊖。实际上，这意味着通过计算许多样本均值，我们可以近似地得到真实均值，即使原始变量不呈正态分布，标准差也将等于均值的标准误差。

因此，我们可以根据成功概率来定义标准误差。

$$\sigma_{\underline{x}} = \frac{s}{\sqrt{n}} = \frac{\sqrt{p(1-p)}}{\sqrt{n}}$$

利用中心极限定理，我们可以将分布定义为正态分布，如下所示：

$$\hat{p} \sim \text{Normal}\left(\mu = p, \sigma = \frac{\sqrt{p(1-p)}}{\sqrt{n}} \right)$$

在 Python 中，我们可以模拟标准误差，并在图 14-16 中创建我们分布的新图表。

```python
import numpy as np
import matplotlib.pyplot as plt
import scipy.stats as scs
# example3.py
# standard error of the mean for both groups
se_a = np.sqrt(p_a * (1-p_a)) / np.sqrt(a_total)
se_b = np.sqrt(p_b * (1-p_b)) / np.sqrt(b_total)
"""
Standard error control: 0.009558794818157494
Standard error test: 0.010199971022850756
"""

# plot the null and alternative hypothesis
fig, ax = plt.subplots(figsize=(12,6))
```

⊖ Kwak,S.G.,&Kim,J.H.(2017).Central limit theorem:the cornerstone of modern statistics.Korean Journal of Anesthesiology,70(2),144–156.https://doi.org/10.4097/kjae.2017.70.2.144

```
x = np.linspace(0, .2, 1000)
yA = scs.norm(p_a, se_a).pdf(x)
ax.plot(xA, yA)
ax.axvline(x=p_a, c='red', alpha=0.5, linestyle='--')
yB = scs.norm(p_b, se_b).pdf(x)
ax.plot(xB, yB)
ax.axvline(x=p_b, c='blue', alpha=0.5, linestyle='--')
plt.xlabel('Converted Proportion')
plt.ylabel('Probability Density')
```

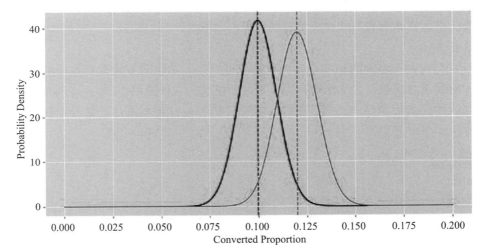

图 14-16　控制组（红色）或测试组（蓝色）的正态分布，平均转化率由虚线表示

红色和蓝色的虚线代表的平均转化率之间的距离被称为 $\hat{d}$。我们此前对 $\hat{d}$ 的定义如下：

$$\hat{d} = \widehat{p_b} - \widehat{p_a}$$

通过对数据进行标准误差的标准化分布绘制，我们能够以一种统一的方法来分析数据。但是，我们注意到，即便如此，两组数据的标准误差仍有所不同。为了彻底统一分析结果并考虑到这种差异，我们需要引入一个合并标准误差。合并标准误差使我们能够为整个系统计算出一个统一的标准误差值，而之前我们是分别为测试组和对照组计算的。

使用合并方差计算的一个问题是，它假设测试组之间的方差是齐性的。如果这个假设不成立，我们样本间的方差不是齐性的，那么我们的分析将会失效（检测效应的能力低下）。现代统计平台是如何避免这一假设的详细解释（有些甚至在结果视图中将方差的齐性作为自由度之一）超出了本章的范围。尽管如此，了解这一注意事项以及考虑非齐性的方差的计算是重要的。

现在，让我们回到合并方差计算。首先，我们可以将合并概率定义为：

$$\hat{p}_{\text{pool}} = \frac{p_a + p_b}{n_a + n_b}$$

合并标准误差为[⊖]：

$$\mathrm{SE}_{\mathrm{pool}} = \sqrt{\hat{p}_{\mathrm{pool}} * (1 - \hat{p}_{\mathrm{pool}}) * \left(\frac{1}{n_a} + \frac{1}{n_b}\right)}$$

n_a 是第一个样本（对照组）的样本量。

n_b 是第二个样本（测试组）的样本量。

p_a 是第一个样本（对照组）成功的概率。

p_b 是第二个样本（测试组）成功的概率。

注释 当零假设表明测试组和对照组的比例相等时，我们使用合并比例估计值（$\hat{p}$）来估算标准误差。

一旦我们得到了合并的标准误差，我们就可以以标准化的方式重新绘制数据，从而使测试组和对照组之间进行公平比较。为了更好地可视化这种关系，我们可以使用 Python 中的一些高级绘图功能来显示 p 值、功效、α 和 β。图 14-17 展示了这一计算，实现了我们之前的计算。

```
# plot with stats
plot.abplot(
    a_total,
    b_total,
    p_a,
    d_hat,
    b_converted,
    show_power=True,
    show_beta=True,
    show_alpha=True,
    show_p_value=True
)
```

在回顾结果时，我们可以看到统计功效较低。虽然我们观察到转化率有 0.03 的变化，且 p 值为 0.006（低于我们的 α 值 0.025），但低统计功效指向了潜在的 II 型错误。如果我们在实验后在全球范围内推出我们的更改，那么我们可能无法实现我们的收益。提高功效的一种方法是增加样本量。在启动之前，我们可能会将此称为一个风险，并重新用更大的样本量运行实验以验证我们的结果。

利用本章前面提到的最小样本量计算器，我们可以重新绘制数据图，样本量足够大以产生 80% 的效能，如图 14-18 所示。

```
# utilizing our min_sample_size calculator
min_sample_size = m.min_sample_size(.1,.02)
```

[⊖] Cote,Linda R.;Gordon,Rupa;Randell,Chrislyn E.;Schmitt,Judy;and Marvin,Helena, "Introduction to Statistics in the Psychological Sciences" (2021).*Open Educational Resources Collection*.25. https://irl.umsl.edu/oer/25

```
# Min sample size per test group: 3843
# plot power
plot.abplot(
    min_sample_size,
    min_sample_size,
    p_a,
    d_hat,
    b_converted,
    show_power=True
)
```

现在我们可以看到一个情况，我们的结果具有统计学意义。统计功效等于 0.8，因此，零假设和备选假设的曲线更加狭窄，置信区间也更小。

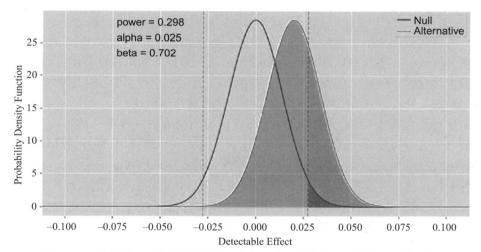

图 14-17　控制组（红色）和测试组（蓝色）的正态分布，虚线代表置信区间

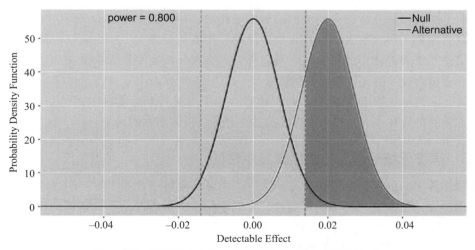

图 14-18　对照组（红色）和测试组（蓝色）的正态分布

通常，你会有一个实验框架和既定的指标计算方法，因此你不需要以临时的方式重新创建这些图表和统计数据。然而，核心原则仍然适用。我们必须能够以统计学上合理的方式对数据进行推理，以确保我们拥有足够的统计功效、样本量和对结果的整体理解。否则，我们就有可能错误地接受或拒绝零假设。

14.5　常见陷阱

既然我们已经讨论了假设检验和适用于软件工程师的科学方法，现在让我们来谈谈一些常见的实验陷阱，以及如何避免它们。

14.5.1　多重比较问题

每个备选假设都集中于单一指标。如果我们想要检验某个特性对多个指标的影响，这就需要多个假设。多重比较问题的一个实际例子是，当指标结果被进一步过滤或分组以深入探究特定变化时。例如，假设我们只想查看 iOS 数据，尽管实验覆盖了两个平台。然后我们进一步深入查看，只为了揭示不同设备型号的性能回退问题。

解读这种性能回退可能会有问题，因为一旦我们深入到这种细分的平台或模型内部，我们可能会失去分析结果所需的统计能力（比如，只有一小部分用户使用较旧的设备）。这个问题没有完美的解决方案，因为它需要一种务实的方法来理解我们为什么会在特定情况下看到各个指标值。它也不提供一个简单的出路，当看到统计上显著的指标回退时（假设回退是不好的）。可能我们看到的确实是一个实际的回退。但是，它需要仔细的分析来理解我们是否有足够的实验能力来检测我们所看到的变化。

14.5.2　实验污染

当两个实验以非互斥的方式测试类似的变化时，可能会发生实验污染。比如，一个实验为发现页增加了一个额外的标签入口，而另一个变化是增加了一个横幅以跳转到发现页面。如果两个实验群体中的用户有大量重叠，那么就无法判断是哪个变化产生了统计显著的效果，还是两者的结合导致了这一结果。

在设计实验和与其他团队合作时，建立一个能够进行互斥实验的总体是至关重要的。此外，重要的是要有一个过程来审查实验并在开始前检测潜在的污染。

14.5.3　声称无统计显著性的结果是中性的

如果你的实验的置信区间包含零，这并不意味着实际变化等于零。这意味着根据观察到的数据，无法排除变化为零的可能性。要确信你没有显著改变一个指标，仅有一个包含零的置信区间是不够的。置信区间的下限还必须大于中等或较小的负值。

14.5.4　进行规模过小的实验（低功效）

实验的样本量越大，你能检测到的变化就越小。如果进行的实验规模太小，结果往往没什么用处，因为其包含噪声数据和较大的置信区间。确保你的实验规模足够大，以便在估计真实 δ 值的情况下，有机会找到具有统计学意义的结果，这一点非常重要。这就是我们之前讨论过的功效计算的基础。

14.5.5　p 值操纵

p 值操纵是指工程师通过不同的过滤器和时间范围（子群体选择）搜索，以识别符合其成功标准的特定模式。当实验因业务压力而需要产生特定结果，而实验结果又是中性时，p 值操纵就很常见。一种常见的 p 值操纵策略是修改群体选择标准，例如特定日期或设备类型过滤器，这会导致结果读取为统计显著的，尽管整体汇总结果是中性的。通过这样做，95% 置信区间并不代表实际人群（即不能保证 95% 是正确的）。

此外，p 值操纵的结果使得重复实验变得困难，因为这需要基于最初的假设。工程领导者应该审查所有实验，以确保工程师没有通过 p 值操纵手段来操纵结果，以产生预期的效果。

14.5.6　对后处理变量的过滤

在用户的一个子群体中观察实验效果可能会因为处理本身影响了谁最终成为那个子群体的一部分而产生偏差结果。例如，假设我们没有一个准确的指标来确定谁是青少年，而是基于几个因素进行推断，包括用户的"发现"标签页浏览习惯，来定义青少年状态。如果在实验中，我们对"发现"标签入口点对访问率的影响感兴趣，那么我们应该在指标平台上评估访问率指标。然而，如果我们基于青少年作为指标平台上的一个子群体来过滤，以评估青少年对"发现"标签的访问数据，我们就引入了一个混杂结果，并可能创造一个反馈循环，因为我们可能通过我们的处理行为改变了谁会被定义为青少年。鉴于这个混杂结果和潜在的反馈循环，我们无法正确解释实验结果。

14.5.7　稀释

即便我们正确进行了功效分析并确定了 MDE，我们仍然可能会遇到问题。例如，如果我们在应用启动时向测试组的 100% 用户展示了某项变化，但实际上只有 40% 的用户看到了这一变化，这就使我们的样本量减少了一大半。特别是如果我们没有注意到这一点，那么可能不会意识到我们检测变化的能力已经严重受损。

14.5.8　不等待结果稳定

一些变化，尤其是与用户界面相关的变化，可能会产生新奇效应，即用户最初的反应与随时间推移的反应不同。他们可能会看到一个新的标签栏按钮，并出于好奇去探索它，但这可能不会转化为长期的参与度。如果我们利用新曝光用户的最初几天的数据，可能会极大地改变我们的结果。

此外，假设我们要查询一个特定的时间范围，可能是在我们实验的非常早期，那么可能只有一小部分用户看到了实验的改变，而这些用户可能仅代表"高频用户"（最频繁的用户）。那么我们的结果将偏向于高频用户，并且由于曝光记录的方式影响，其效力有限。最好是等待足够长的时间，让数据稳定下来，这样差异才能反映我们感兴趣的长期效应，而且用户才能代表我们平台上的所有用户。

14.5.9　非代表性测试体验与人群

这个问题与前述问题紧密相关。我们之前提到，仅关注特定子集的高频用户并不能代表更广泛的人群。然而，我们可能因为其他原因陷入这种情况，比如由于监管限制无法在不同地理位置进行测试，或者只有 iOS 已准备就绪（不等待 Android）。然而，如果我们在不包括这些被排除的用户的情况下发布应用程序，那么我们的发布结果可能与测试数据有显著的不同。

此外，假设我们将实验分成几个阶段，大幅提升"发现"标签的性能，并单独测试增加"发现"标签的入口点。在这种情况下，我们无法清楚地了解这些变化是如何相互作用的。性能的变化可能是无关的。然而，如果我们分别测试不同的用户界面变化，那么我们可能会遇到体验冲突和用户不喜欢它们的情况。如果不将所有变化一起测试，那么我们将只能在产品发布后才发现这些情况。

14.5.10　忽视网络效应

某些实验可能依赖于多个用户的共同参与。例如，假设我们要推出一项通过消息功能共享可发现内容给用户朋友的功能，在这种情况下，测试这一变化对用户的影响可能非常困难，因为发送者和接收者都需要成为实验的一部分。假设一个用户的前十位朋友（他们互动的其他用户）没有与他们一同参与实验，即使他们可以通过消息分享内容，他们也可能不会使用分享功能，因为通常与他们交谈的人都没有资格接收消息。为了解决这个问题，我们可以利用基于网络的测试。在这种设置中，我们将使用基于集群的总体分配方法，将用户及其亲密朋友聚集到测试和对照组中。这样，我们就知道用户可以按照我们的意图使用该功能，使我们的测试更加贴近生产环境。

14.5.11　Pre-AA 偏差

Pre-AA 偏差发生在用于测试的一个或两个部分之前存在的偏差影响当前实验结果的情况下。大多数实验平台会随机分配用户进行实验。然而，对于一些需要仔细测量并可能存在混杂因素的处理，比如改善会话丢失，Pre-AA 偏差仍然可能存在并对结果产生负面影响。对于其他实验，比如延迟测量，AA 偏差可能并不重要。与你的团队合作，理解实验的具体细节。在某些情况下，有必要启动多个同时进行的实验或特定的 AA 变体来评估 AA 偏差的影响。

此外，一些实验平台可以通过在实验开始日期之前计算所需指标的七天平均值来消除部分 Pre-AA 偏差的影响。这样就可以在后续结果分析阶段计算不同的测试统计量时，对起始水平进行标准化。

14.6　额外验证步骤

在阅读了本章之后，你已经具备了成功进行实验和审查他人实验正确性的能力。然而，即便我们遵循了这里介绍的所有最佳实践，并且拥有一个经过实战检验的分析和实验框架，我们仍可能遇到意料之外或无法解释的行为。有三种方法可以帮助我们应对这些挑战：

1. 通过回测验证结果：即使在产品发布后，我们也应该创建一个由少部分用户组成的小组，这些用户将不会看到我们的体验（通常称为保留组）。这样，即使在我们发布时，我们也可以将变化与保留组的用户进行比较。如果我们看到了意料之外的指标变化，我们可以在保留组中检测到它们。
2. 如果可能，在启动前，我们可以在另一个总体中的一个独立实验中运行我们的发布候选版本，以更好地保证获得一个更加随机的"新"用户群。这将帮助我们更好地理解结果的可重复性。
3. 如果预期存在 AA 偏差，应在实验开始前评估关键指标值，并有可能启动同一实验的多次迭代以降低风险。

14.7　总结

通过 A/B 测试进行实验是软件工程师的一项关键工具，它让我们能够验证和衡量我们所做更改的效果。作为工程领导者，我们必须深思熟虑地设计我们的实验，并且分析结果，以确保我们得出正确的结论并进行最有效的更改。分析实验结果时，你可能会依赖于实验平台，而不是自定义的 Python 代码。然而，理解我们为什么以这种方式进行实验，以及该方法背后有哪些统计学原理，在审查实验的正确性和理解潜在的边缘情况时是很重要的。

14.7.1　本章要点

1. 确保实验过程遵循科学方法。通过这样做，你正在应用一个经过实战检验的标准决策过程。
2. 确保你的实验或你审核的工程师的实验设置得当，避免常见的陷阱。通过恰当地审核团队中的实验，你可以确保实验一次做对，并对结果建立信心。
3. I 型错误率与 α 水平相关，而 II 型错误率与实验的统计功效有关。为了避免 I 型错误，我们需要将实验的 α 设定在适当的水平。为了避免 II 型错误，我们必须确保我们的实验具有足够的统计功效来可靠地检测到我们想要的效果。

4. 在评估结果时，重要的是要全面地查看可用数据，以理解整体效应大小、统计显著性（p 值）和实验功效。

14.7.2 扩展阅读

1. *Statistical Power Analysis for the Behavioral Sciences(2nd Edition)*

2. 通过萨特思韦特近似法进行的异质性容忍度测试：www.ncbi.nlm.nih.gov/pmc/articles/PMC3783032/

3. "Using Effect Size—or Why the P Value Is Not Enough"：www.ncbi.nlm.nih.gov/pmc/articles/PMC3444174/

4. 可操作功效工具：https://rpsychologist.com/d3/nhst/

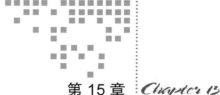

应用程序发布与维护

在我们的 SDLC 中，我们通过实验和自动化测试，来规划和开发可测试的功能。现在是时候发布已完成的功能或项目了。发布后，我们需要确保功能得到正确的维护。虽然发布和维护一个小功能相对简单，但发布一个大型项目则更为复杂。正确地发布和维护大型项目需要时间、协调以及一个成熟的构建系统，并且需要周密的计划以确保对发布进行正确的监控。图 15-1 概述了我们将在本章讨论的 SDLC 的维护和部署（发布）部分。

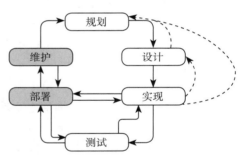

图 15-1 SDLC 中强调的维护和部署步骤

15.1 本章概要

本章将详细探讨与持续集成和持续交付（Continuous Integration/Continuous Delivery，CI/CD）相关的工程挑战，这是一个在应用程序生命周期内提供持续监控的系统，包括测试、用于手动测试的 Beta 版本的发布，以及最终的发布。在本章，我们首先将深入探讨 CI/CD 系统在支持大型项目的发布和维护中所扮演的角色。接下来，我们将讨论确保顺利发布所需的步骤，包括一些技术领导必须确保发生的更多过程导向的步骤。最后，我们将讨论维护先前发布功能所需的一些关键警报和监控步骤。

15.2 持续集成与交付管理：构建过程

要成功发布一个大型项目，快速高效地发布带有未完成功能（这些功能对生产用户禁用）的构建是至关重要的。这意味着需要仔细地对新功能进行控制，并且要有一个系统来禁用它们（使用功能开关，这是实验平台的一部分）。功能开关允许在整个 SDLC 的迭代中以及在启动功能或项目之前，对项目进行持续的测试和反馈。

假设我们想为 Photo Stream 应用程序构建"发现"界面，正如第 14 章所提到的。如果完整构建该功能需要三个月的时间，我们可以将其分解为三个一个月的周期（我们甚至可以有更细粒度的周期）：

1. 构建模块、实验基础设施以隐藏功能、API 调用和界面入口。该周期结束时，应用程序框架将合并[⊖]到主分支，并对生产用户隐藏起来。
2. 构建 UI 组件以显示"发现"标签页的界面元素并与之交互。该周期以组件合并到主分支并隐藏在一个功能开关后面结束。
3. 将界面端对端连接起来，包括对通知进行深度链接支持和分享到其他界面。该周期结束时，已完成的功能将隐藏在功能开关后面并等待发布。

注释 功能开关是一种常见术语，用于描述一种允许工程师在运行时远程动态地切换功能的可见性（或者如果功能不面向用户，则切换功能性）的门控机制，而无须更改基础设施或进行部署。

每个周期代表一个或多个 SDLC，并且至少在每个步骤中，我们都会希望为已完成的功能进行测试。此外，在每个周期中，现有应用程序的功能必须保持完整。第二个和第三个周期还应该涉及一些手动测试。图 15-2 概述了这三个 SDLC 如何促成一个发布。我们需要 CI/CD 强大的构建和发布管道，以支持大规模自动化测试和为手动测试分发测试包。虽然许多大公司都会定制发布解决方案，但像 Fastlane 这样的常用工具和 CircleCI 及 Travis CI 这样的第三方服务有助于支持 CI 和 CD。本节将概述管理大型发布系统的一些基本特征和关键方面，同时尽量不涉及特定的工具。

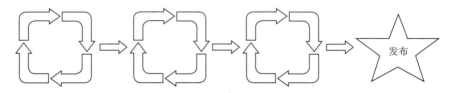

图 15-2　三个 SDLC，随后进行 100% 的生产发布

就像 SDLC 一样，整个 CI/CD 管道可以被细分为更小的步骤，从个别的拉取请求开始，直至完整的生产发布，这些步骤可以保证发布流程顺利进行。

⊖　在本章中，我们使用"合并"（merge）一词通常指的是将功能分支上的更改合并到主分支中。根据所使用的版本控制工具，具体术语可能有所不同。

在每个层面上，我们都希望能够快速获得高信号连续反馈，了解开发人员代码更改的效果，同时高效利用公司的计算资源（毕竟服务器并不是免费的）。高信噪比至关重要，以确保工程师不会浪费时间追踪与他们的更改无关的错误。例如，如果每次工程师提交拉取请求时，几个自动化测试总是失败，工程师就不会认真对待这些测试。他们将绕过这些失败的测试，进而接受所做的变更。如果这种行为持续下去，测试将不会提供有用的信号，反而会被归类为噪声。没有适当的测试，潜在的生产问题更有可能发生。快速且频繁的高精度（高信号）反馈至关重要，这样工程师就可以迅速修复代码中的错误，而不是试图绕过或忽略测试以节省时间（可能是由于业务压力或测试不可靠）。

为了应对时间压力和可靠性限制，在提供高保真结果的同时保持较低的服务器计算负载，我们必须根据以下条件在不同时间运行不同的构建和测试套件：

1. 覆盖率：除非更改可能真的降低了测试覆盖率，否则不要构建和测试它。
2. 速度：更快的构建和测试将消耗更少的资源。
3. 脆弱性：脆弱的构建和测试既不可靠又具有破坏性。脆弱测试是一个常用术语，指的是一个测试不论代码如何变化都可能通过也可能失败，使其成为代码正确性的不可靠反馈。
4. 相关性：如果构建总是一起成功或失败，那么每次改动只构建一次。

我们遵循一个持续交付和集成的流程，这个流程专注于特定的约束条件。这一过程从个别的拉取请求开始，一直持续到应用程序提交给 Apple 进行审核，并在 App Store 上发布。

当我们提交一个拉取请求进行审查时[⊖]，我们会运行一系列自动化测试，以确保代码更改不会产生任何意外后果。这包括使用持续集成服务器分析代码更改，并运行所需的测试，这些测试通常是包含最相关测试的小型、快速的快照。这个过程在图 15-3 中有所概述，通常是小项目的全部过程。在拉取请求通过测试并获得批准后，它会立即被变基或合并到主工作分支（通常称为主干）以进行提交。然而，这种策略并不具有很好的扩展性。这是因为变基和合并过程需要将拉取请求中的更改整合到主干中。当数百名工程师在单一项目上工作时，工作分支可能变化迅速，会导致合并冲突或变更之间的不良交互，引发失败。根据我自己在大型单仓库 iOS 应用程序上的经验，每小时可能有多达 100 个拉取请求被合并，这意味着主干变化非常快！

图 15-3 拉取请求的生命周期。准备提交表示 PR 已准备好进行合并或变基操作，允许代码被添加到主干

为了缓解这个问题，一旦拉取请求被批准并计划纳入主干，我们就可以将拉取请求的变更变基到主干上，并运行额外的测试，如图 15-4 所示。这有助于减轻每次迭代拉取请求

⊖ 为简单起见，我们在此只使用 Git 版本控制术语，但该流程适用于任何版本控制工具。

时运行过多测试的顾虑（使用宝贵的计算资源并给工程师造成额外的延迟时间），并有助于防止因合并冲突导致的失败。最后，一旦提交合并到主干，我们就可以运行额外的测试以确保主干稳定。检查主干增加了一层额外的保护，以防止合并冲突和变更，这些变更虽然独立通过所有自动化测试，但在一起会产生不良影响，从而导致失败。

图 15-4　将 PR（合并或变基）应用到主干上

图 15-5 将这些不同的流程整合为一种大规模管理持续集成的整体方法。在这里，我们有数百名工程师在不同的功能上工作，并将他们的代码直接合并到主干中。这种版本控制的风格通常被称为基于主干的开发。在大规模开发中，相比长期存在的功能开发分支，更倾向于使用短暂存在的开发分支，因为这避免了由于长期运行的开发分支变得陈旧且与主干上的最新更改不同步而产生的复杂合并冲突。当大量工程师在同一个项目上工作时，与长期运行的开发分支相关的合并冲突极其棘手。

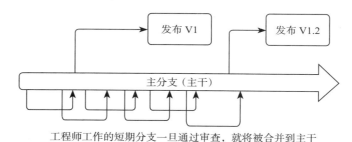

图 15-5　基于主干的开发

在代码合并到主干之外，一系列的测试会以较低的频率持续运行，覆盖更大的功能范围，以协助检测额外的失败情况。这些测试有助于在对服务器容量影响最小的情况下，提高整体覆盖率。表 15-1 概述了我们回顾的不同测试阶段、它们的频率以及对服务器容量的影响。值得注意的是，提供更快的反馈需要更多的服务器计算，这可能是成本高昂的。当许多开发者同时进行更改时，测试运行的数量会呈指数级增加，消耗大量计算资源。

表 15-1　测试阶段对应的反馈时机和容量需求

	提交 PR 后	准备合并 PR 时	合并到主干后	持续测试
频率	每一个 PR	在合并的时候	在合并之后	在设定的时间
反馈时机	非常早期	早期	延迟的	高延迟
容量需求	非常高	高	高	低

此外，鉴于开发的规模，我们必须在拉取请求更新至准备合并的主干时（第三列）以及提交至主干后（第四列）进行额外的测试，以确保整个单体仓库保持稳定。这些额外的测试会产生额外的服务器负载，但确保了主干的稳定性。

另外，持续测试每天只需要运行固定次数的测试，扩展性会更好。为了平衡工程师接收即时、可操作的反馈与可用计算资源之间的关系，精心选择在每个阶段运行哪些测试至关重要。

15.2.1 保持主干稳定

尽管我们在自动化测试方面做出了最大的努力，有时候，破坏性的更改仍会被引入主干，导致不稳定。主干的不稳定可能是由于合并冲突（尽管采用了基于主干的开发）以及在测试过程中未被捕捉到的破坏性更改直接合并所致。为了保持主干的稳定并避免故障，我们可以建立一个特殊的值班轮换制度，由工程师监控主干上的测试，以确保它们能够通过。如果主干上的测试失败，值班工程师必须根据在那段时间内合并的提交来进行调试，并且撤销有问题的代码。鉴于每小时可能有数百次更改，这可能相当复杂[一]。

注释 值班轮换是指一组工程师轮流承担特定（通常是耗时的）任务的常用做法，例如，保持主干的稳定。通过轮换，工程师共享工作量和知识，避免了过度劳累和单点故障[二]。

15.2.2 管理构建时间

为了加快自动化测试过程并缩短工程师基于其更改收到反馈的时间，建议对应用程序的构建时间进行评估。实现这一目标的一种方式是将应用程序分解成模块，并使用像 Buck 或 Bazel 这样的高级构建系统工具。采用这种方法，系统可以缓存未更改的模块，从而在持续集成中实现更快的构建时间。例如，Airbnb 在切换到 Buck 后，CI 构建速度提高了 50%[三]。

Uber 在其应用程序的模块数量从 5 个增加到 40 多个时，也转而使用了 Buck。Uber 之前使用的是 CocoaPods，这使得自动化测试执行得较慢，因为每次提交代码更改审查时，都需要为每个应用程序和模块进行构建。

注释 Buck 是为单体仓库（monorepo）设计的构建工具，它能够构建代码、运行单元测试，并在机器间分发构建产物，这样其他开发者就可以减少编译旧代码的时间，将更多时间用于编写新代码[四]。

高级构建系统工具，如 Buck，是为了管理单体仓库（一个版本控制的代码仓库，包含多个项目）而设计的。高级构建系统是管理大型 iOS 应用程序的常见方式，因为它们降低了工具维护成本，并在相关代码区域之间标准化了开发流程。一个设计良好的单体仓库包含小型、可重用的模块，Buck 利用这一点，智能地分析所做的更改，并且只构建所需的内

[一] https://engineering.fb.com/2017/08/31/web/rapid-release-at-massive-scale/

[二] https://developers.soundcloud.com/blog/building-a-healthy-on-call-culture

[三] https://medium.com/airbnb-engineering/building-mixed-language-ios-project-with-buck-8a903b0e3e56

[四] https://buck.build/

容。Buck 特别提供了缓存功能，并且利用多核 CPU 的优势，可以同时构建多个模块，包括单元测试。

Uber 利用 Buck 的分布式缓存功能，将其作为构建系统优化的一部分，这样当一个目标被构建时，除非该目标（或其依赖的目标之一）的代码发生变化，否则不会重新编译。这意味着你可以设置一个仓库，其中的工具将智能地确定哪些需要被重建和重新测试，同时缓存其他所有内容。Uber 的工程师通过在本地使用 CI 服务器远程编译的构件来为他们的构建节省时间[⊖]。

15.2.3　持续交付

现在我们有了稳定的构建系统，并且优化了构建时间，我们就可以建立一个发布周期。对于内部发布周期，我们可以利用构建系统，基于稳定的主干，持续地交付更新的构建。在这个过程中，我们可以集成像 Fastlane[⊜]这样的工具来帮助将代码签名和发布流程自动化，免去了工程师手动进行这些更改的麻烦。有了这些功能，我们可以向 QA 团队提供夜间构建，并在稳定的主干构建上启用全公司范围的内部测试。这些构建可以通过内部解决方案或 TestFlight(Apple 提供的用于构建分发和 Beta 测试的工具)[⊜]来交付，这将模拟 Beta 测试环境。

Dogfooding（内部测试），这个词最早在 1990 年代被定义为"吃自己的狗粮"，最初是由广告商使用的[⊛]。后来，软件公司采用了这个术语，意指员工使用自己的产品。内部测试有助于提供一个客户对产品的视角，并协助团队建立更好的产品直觉。它还有助于在软件开发过程的早期发现错误。

在整个公司范围内进行内部测试可以让工程师及早收到反馈，尽早发现回退的问题。将持续交付设置与我们的实验平台以及功能开关的概念结合起来至关重要，以避免向用户展示尚未准备好发布的更改。通过实验框架，我们可以为员工、QA 或这两者的某个子集启用功能，以实现有针对性的内部测试。

15.2.4　发布基础设施

从基础设施的角度来看，到目前为止的每一步都是通往成功发布的关键，虽然成功发布还需要很多其他因素（我们将在 15.3 节中讨论），但目前，我们确信我们已经具备：

1. 一个稳定的开发环境，能够持续向 QA 和开发人员交付应用程序的早期构建版本进行测试。

2. 能利用基础设施通过自动化测试获得持续反馈，并结合每日的手动测试和内部测试，

⊖　www.uber.com/blog/ios-monorepo/

⊜　https://fastlane.tools/

⊜　https://developer.apple.com/testflight/

⊛　W.Harrison,"Eating Your Own Dog Food" in IEEE Software,vol.23,no.03,pp.5–7,2006,doi:10.1109/MS.2006.72

以在开发过程的早期发现错误。

到目前为止，我们可以在内部构建中构建、测试和内部测试我们的功能，但我们还没有向终端用户发布（或部署）它。发布阶段有其自身的工程挑战。在发布阶段的高层次上，我们必须确保以下几点：

1. 所有工作都在一个短暂存在的开发分支上完成，并且首先合并到主干上（假设测试通过）。

2. 以每周一次的节奏，比如说，在周一的凌晨4点，分支会被剪切并合并到发布分支中。图 15-3 展示了一个从主干分割出来的发布分支。

3. 接下来的一周将用于修复可能阻碍发布的错误，并确保分支的稳定性。

4. 在周一的一天结束时（大约在分支切出后一周），我们将分支上的代码提交给 Apple 公司进行审核。

5. 应用程序随后应由 Apple 公司审核，并在周四（如果审核顺利的话）正式发布。

表 15-2 以日历格式概述了之前描述的过程。

表 15-2　遵循的三个 SDLC，随后进行 100% 的产品发布

周一	周二	周三	周四	周五	周六	周日
切出分支 V1	只合并和修复发布障碍的代码				只合并修复对公司至关重要的障碍的代码	
提交 V1 切出分支 V2	V2 只合并和修复发布障碍的代码		发布 V1	V2 只合并修复发布障碍的代码	只合并修复对公司至关重要的障碍的代码	

在理想情况下，我们会在为产品发布预留的发布周期之前，发现潜在的发布障碍。如果项目定于 5 月 1 日发布，那么在 4 月 15 日之前确定所有的更改，将提供额外一周的时间来发现和修复任何问题，而不会影响到表 15-2 中概述的发布周期时间线和约束（尽早完成更改总是最好的，以留出更多时间进行额外的测试和最后一刻的错误修复）。

发布周期对代码变更能够纳入发布版本的时间点造成了额外压力。自发布前一周起，只有符合发布障碍因素标准的更改才能被包含进去。这是因为在测试后期更改的时间有限，而新添加的改动可能在最后一刻引入错误。我们必须提供明确的指导，授权工程师决定是否满足发布障碍标准或者是否满足对公司至关重要的障碍标准。通过给出明确的标准，我们可以自信地将决策权委托给工程师，让他们能够决定在一周的哪个阶段可以合并哪些内容。为了正式定义这一流程，我们可以为发布设立一个随时待命的工程师，该工程师代表一组工程师，他们将轮流担任任何与发布相关问题的联络人（这一过程类似于我们保持主干稳定的方式）。

以下是一些可以为发布工程师定义的发布障碍和对公司至关重要的障碍的示例标准：

1. 发布障碍

a. 你想要推出的一个新功能存在一个错误，除非修复，否则将推迟发布。不过，你可以通过功能开关来禁用该功能。

2. 对公司至关重要的障碍

a. 一个新的代码更改破坏了应用程序内的现有功能，导致程序立即崩溃。

b. 一个新的代码更改给应用程序的启动时间引入了一个关键的性能回退问题。

发布值班机制

为了处理发布过程中的问题，团队通常会设立一个工程师轮换机制，负责发布应用程序，这被称为发布值班工程师（有时也称为“队长”）。这有助于在团队成员之间分担发布责任，减轻与管理应用程序发布相关的压力和认知负担，避免总是由同一位工程师负责发布应用程序而导致的单点故障问题。

在他们的值班周内，发布工程师应专注于解决任何阻碍发布的问题，并确保构建的所有自动化测试都能通过。他们还应在每周推送期间监控关键指标。根据应用程序的范围和规模，可能需要多个发布值班工程师。为了减少准备时间并帮助团队成员更快地熟悉发布值班工作，我们应该做以下几点：

1. 为了确保值班流程的一致性，必须建立单一的文档来源。充足的文档能帮助新工程师学习流程、常见的陷阱以及值班时面临的典型问题的解决方案。这份文档，也被称为操作手册，应以正式和集中的方式编纂最佳实践。这能使新团队成员更快地熟悉工作，并能使知识在团队内得到更好的传播。

2. 提前数月在工程师的工作日历上规划发布值班计划，以便留出准备时间并根据工程师的可用性调换时间段。允许工程师更换值班周可以减轻值班带来的压力，并减少对工程师工作生活平衡的影响。没有人愿意取消带薪休假来管理应用程序发布。

3. 自动化，自动化，再自动化。我们能通过像 Fastlane 这样的工具自动化的发布流程越多，工程师需要做的工作就越少。除了自动化 CI/CD 部分之外，自动化必要的签字和批准、沟通状态更新以及排队等待解决的发布阻塞任务也能帮助减轻工作量。即使这些任务不能完全自动化，部分自动化和有良好记录的流程也能帮助减少认知负担，从而减少人为错误。

如何衡量系统成功

正如我们讨论过的测量性能和实验成功，我们也希望确保我们的构建系统满足目标，并持续兑现其承诺。我们的目标是能够让工程师可靠、快速地合并代码，同时保护我们的应用程序和发布免受失败的影响。为此，我们可以定义三个顶级指标：

1. 可靠性：工程师如何持续交付高质量的代码？

2. 正确性：拉取请求有多频繁地导致主干出错？

3. 信号等待时间：工程师需要等待多久才能完成自动化测试？

通过追踪这些指标，我们可以确保 CI/CD 系统有效地满足工程师的需求。

我们能否行动得更快

目前，发布应用程序大约需要一到一周半的时间才能完全推出新的更改，这与当前网络开发的持续发布节奏形成了鲜明对比，在那里更改可以在短短几小时内上线。对于移动应用程序而言，需要较慢的发布节奏有充分的理由，因为一旦应用程序发布，修复任何问题都需要时间，这意味着一旦问题达到生产环境，就难以修复。我们不能像在 Web 上那样简单地回滚更改。简而言之，移动端的限制如下：

1. 我们需要对即将推出的变更保持高度警惕，因为一旦发布，就不容易撤回。这种级别的细节需要额外的调试时间，以确保最终发布的质量达到高标准。

2. 我们必须为 App Store 审核预留时间。我们无法实质性地改变 Apple 所需的审核时间，而必须在 Apple 提供的限制条件下进行合作。

3. 持续为所有设备提供测试版程序是一项艰巨的任务，这意味着需要额外的时间来在更大的设备范围内进行稳定性测试和检验。

15.3 发布一个大型项目

现在我们已经构建了一个能够支持我们持续测试和交付功能的 CI/CD 系统，我们需要正确地利用它来简化大型项目的发布。无论我们想要启动什么类型的项目，在构建功能和发布之前，都有一些最佳实践需要遵循。这些最佳实践对应于功能开发的不同阶段：

1. 在构建功能时。
2. 在对应用程序进行内部测试时。
3. 达到发布标准时。
4. 在小范围发布期间。
5. 在产品发布期间（部署给所有符合条件的用户）。

15.3.1 在构建功能时

我们不能等到即将发布时才考虑发布所需的步骤。在功能开发期间，我们必须深思熟虑地考虑发布及其特定的产品发布要求。这些要求可能包括：

1. 性能限制。
2. 隐私标准。
3. 安全标准。
4. 业务或参与度指标变动。
5. 用户界面标准。
6. 对其他工程团队的依赖。

在开发过程中以及项目发布前的各个 SDLC 中，我们必须确保正确测试功能，并且不断与业务合作伙伴协调，向他们提供有关功能和关键指标数据的最新信息。

其中一些限制，比如隐私和安全标准，可能与代码不完全相关。这可能需要对产品情况和终端用户的业务承诺有更细致的理解。例如：

1. 假设我们正在对 Photo Stream 应用程序进行端到端加密。在这种情况下，我们需要确保应用程序完全迁移到端到端加密栈，并且没有遗留的端点访问，以免被发现后带来风险。

2. 我们可能需要保护特定的用户群体，比如青少年，或者按地理区域（如欧盟 -EU）划分的用户。我们必须确保代码符合产品标准，并且选定的用户群体看不到该功能。

3. 在端到端加密的情况下，作为工程师的我们最了解代码库，并且必须确保这些原则得到维护。例如，如果我们在设备上解密文本后对其进行检查，那么我们可能会违反端到端加密的原则。更为严重的是，如果我们为了调试而记录那些数据，那么我们绝对是在破坏端到端加密。

作为工程师，我们的职责是在问题影响用户之前识别出潜在的问题。由于我们熟悉代码库，因此我们应该向产品团队报告可能出现的任何问题。例如，如果我们计划在产品中实现一个特定功能，我们应该考虑到 Wi-Fi 连接可能受限的情况，并向产品团队提出解决方案。

在进行依赖于指标的项目时，确保我们的上线候选版本有实现目标的潜力是非常重要的。在整个开发过程中，团队应该追踪长期趋势，以了解产品发布后可能发生的情况。这将使团队在发布后的结果与发布前不同时，有一个参考框架来调试问题。

注释 *在发布前，如果我是负责审查发布的工程师，我会问哪些问题？或者我的领导会问什么问题？确保准备好答案。*

如果你正在进行与基础设施相关的更改或更大范围的基础设施迁移，那么你的目标可能不是移动指标，而是保持它们的稳定。在构建阶段了解潜在的指标移动情况至关重要，这有助于增强向发布迈进的信心。如果你在早期检测到回退的问题，那么你可以努力改进它们，或将问题上报给领导层，以更好地理解负面指标移动与发布之间的权衡。例如，假设出于隐私限制或遵守欧盟法规的考虑，发布是至关重要的。在这种情况下，尽管存在问题，也可能需要发布，并为未来的指标改进做出深思熟虑的权衡。

我们必须确保不要等到最后一刻，更不要说在发布之后，才去解决可能出现的问题。为了避免这种情况，我们应该从一开始就考虑发布要求，并在实验和发布过程中始终记住这些要求。如果我们正在迁移需要其他团队进行更改的基础设施，那么我们需要及时地向这些团队提供更新。通过早期让团队参与进来，我们可以结合他们的交付能力，共同创建一个迁移时间表，并避免在发布时不小心破坏任何功能。

谁是关注这些问题的业务伙伴

在本书中我们曾多次讨论，我们可能需要理解业务伙伴的观点并考虑他们的意见。本质上，业务伙伴可以是任何与你合作或你依赖来帮助制定指导方针或产品标准的人。这可能包括：

1. 法律和政策顾问。
2. 市场营销和宣传团队。
3. 隐私专家。
4. 产品专家，包括用户研究员、产品经理和国际化专家。
5. 销售团队。
6. 其他工程师。如果你从事基础设施项目，那么其他工程师可能是你的主要客户和业务伙伴。

在准备一次重大发布时，我们必须与所有业务伙伴紧密合作，以满足所有业务需求。此外，可能需要外部沟通和其他政策变动，这些都将影响发布时间表。例如，如果营销团队需要在工程发布之前发布一系列全球通信帖子，那么从工程方面来说，我们必须确保在营销准备就绪之后再进行发布。

15.3.2 满足发布标准

在发布之前，确保所有外部利益相关者保持一致是至关重要的。对于基础设施或数据迁移，这可能涉及更多的业务伙伴，但通常更倾向于工程方面。关键是确保所有相关的工程师团队都了解迁移、采用的方案和时间表。此外，我们必须了解任何回退的情况。对于与产品相关的功能发布或修改产品体验的基础设施变更（例如，UI 重新设计为新组件），可能需要不同业务利益相关者的更多参与，他们的输入是必需的。

虽然作为一名工程师，你不一定需要管理整个过程并与每个利益相关者达成一致，但你的职责是保持整体发布的标准，并确保工程部署顺利进行。顺利部署需要和业务对齐。如果你发现或感知到任何差距，那么你必须提出问题并推动解决。例如，假设你知道在发布之前必须完成隐私审查，而你没有看到或完成任何隐私审查以避免错过关键步骤。在这种情况下，你必须向适当的业务利益相关者提出这个问题，以推动问题的解决。

对于以指标为导向的团队来说，除了业务方面的考虑可能会阻碍发布外，将发布定位在正确的时间以获取指标数据也至关重要。一些团队会有特定的指标获取周以确保稳定性。或者对于广告来说，通常会避开节假日，因为那时广告定价会发生巨大变化。虽然不可能了解每一个细微的要求（比如广告定价的变化），但评估情况并与有经验的利益相关者讨论，以确保正确定时发布是至关重要的。

15.3.3 内部测试与灰度发布

一旦我们有了一个符合发布标准的合格的发布候选包，我们就必须在真实用户身上进行有限的测试，以限制错误造成的影响。对于一些产品来说，内部测试可能相对容易（让内部员工定期使用该功能）以在发布前收集反馈。然而，对于某些应用程序来说，这可能会因为用户基础的性质而变得更加困难。为了应对这一点，工程师可以组织内部测试会议，让项目团队成员尝试新功能。即使有员工内部测试，内部测试会议仍然可以在发现错误方面增加价值。

此外，团队可以采用灰度发布的方式，即将产品发布给一小部分选择参与测试新功能的用户。如果产品是面向企业的，那么这些企业可能已经安排好了测试早期功能。无论采用哪种方式，收集基于用户和基于指标的反馈都至关重要，以确保新项目的推出不会导致性能和用户体验的退步，并满足项目最初的目的。

灰度发布与内部测试的主要区别在于，内部测试可以更连续地进行，因为构建被推送到主干时，它可以作为测试周期的一部分，每周分发给员工。而灰度测试则是一个更正式的过程，通常只在需要对重大新产品发布进行测试时进行，例如一个全新的应用程序，或者当不可能进行大规模的内部测试时。

15.3.4 发布

一旦项目能够通过灰度发布阶段而不出现任何倒退，它就终于准备好发布了。此时，所有更改应该被包含在生产应用程序中，并通过功能开关（实验框架的一部分）进行禁用。通过在功能开关后面发布，我们可以控制发布速度并密切监控对用户的影响。

在发布过程中，团队必须确定一个合适的发布时间。例如，选择在周五发布是个坏主意，因为周六和周日没有人可以监控发布情况。一旦选定了一个合理的发布日期（比如说周二，因为周二非常符合我们之前列出的假设发布周期），我们还必须制定一个计划来管理发布过程中可能出现的任何问题。我们需要一个明确的联系人，以防出现问题，以及一套明确的指标来监控，以确定是否出现了问题。

在发布之后，我们应该开始进行回测。回测是指我们从少数用户那里保留我们的功能，使用实验框架来监控持续的效果。我们应该看到预测的实验数据和回测数据之间的一致性。如果我们没有看到一致的数据，则这可能表明生产环境的功能存在潜在问题。

15.4 警报与监控

警报和监控是功能开发和发布的关键组成部分。虽然它们不是软件工程中最令人兴奋的部分，但它们能让我们深入了解产品的性能，并提供一种工具来检测和调试只有在生产中才能发现的潜在细微复杂问题。

15.4.1 日志记录

有效的警报和监控需要适当的日志记录。在功能开发的关键阶段添加日志记录，以收集监控项目所需的数据是至关重要的。工程师应确保所添加的日志记录能够让他们在细粒度级别证明其功能正常工作。例如，如果项目要求在两张照片之间投放广告，那么日志记录对于展示服务器和客户端上的广告与照片的排序和投放至关重要。为避免遗漏日志记录，建议在项目规划文档和任务跟踪器中添加一个专门的日志记录部分。这样，团队可以审查日志记录，并在他们认为需要更多或更少日志记录时提供反馈，同时可追踪进度。此外，需要创建一个专门的与日志记录相关的区域，并明确提及任何数据收集的变化都可能触发隐私审查。

一旦我们建立了日志记录系统，我们收集的数据就被称为指标。指标可以代表我们之前讨论过的任何与性能相关的问题，包括崩溃率、用户参与度、使用率，以及对你的应用程序或项目至关重要的任何其他事项。记录的日志指标是用来关联不同因素、理解历史趋势以及测量消耗、性能或错误率变化的基准。

15.4.2　监控

指标是指系统中的数据，而监控则涉及收集、汇总和分析这些数据，以更好地理解系统组件的特性和行为。使用公司工具创建一个仪表面板来可视化这些指标也很重要。在监控阶段，将原始指标数据进行汇总并以一种能让其他工程师理解系统行为重要部分的方式呈现出来至关重要。

将原始的度量数据转换成可用的聚合数据可能是一个耗时的过程。为了有效地展示数据和可视化警报阈值，评估特定条件和识别与预期的偏差至关重要。例如，对于每日访问量指标，我们可能需要创建基于趋势的图表或使用缓慢漂移检测来追踪随时间发生的渐变。另外，对于崩溃率或超时，百分位检查（如性能部分）可以帮助我们理解典型用户体验（P50）和异常值（P90，P99），以便我们可以设置适当的静态阈值。例如，如果我们注意到平均应用程序延迟的峰值超过了我们认为的 P99 情况，那么这可能表明系统存在明显的问题。

为了实现有效的数据聚合，监控系统应当保留数据并且随时间进行指标追踪。这使我们能够利用数据趋势来理解预期和期望的行为，并根据与历史趋势的偏离来定义有应对措施的警报。

15.4.3　警报

警报是监控系统的一个关键组成部分，它根据指标值的变化采取行动。警报由两个属性组成：

1. 基于指标的条件。这可能是一个预定义的静态阈值。
2. 当数值超出可接受条件时采取的行动。这可能是以呼叫工程师来通知他们存在问题的形式。

通过合适的警报，工程师无须不断检查仪表面板来了解系统性能。警报通过定义需要主动管理的情况，并在这些情况发生时通知工程师，以允许被动式软件系统管理。

为了有效处理警报，我们需要区分它们的严重程度。这使我们能够以适合问题重要性的方式通知团队。此外，这种方法有助于避免因过多的"高优先级"通知而引起的警报疲劳。警报疲劳可能导致真正的高优先级问题被忽视。例如，对于轻微的崩溃，工程师可能通过内部任务系统或电子邮件得到通知，而对于阻碍发布的重大崩溃，他们将直接通过电话或在手机上收到通知⊖。

15.4.4 日志记录到警报示例

在 15.3 节提到的端到端加密迁移中，如果我们知道我们想要在迁移过程中特别保护的特定用户群体，尤其是在欧盟内部，比如说要防止他们看到未加密的分享内容，我们可以为分享的发送和接收设置特定的日志记录，通过国家进行交叉引用，并且如果检测到欧盟用户的分享活动出现激增，就创建一个关键警报。

15.5 维护

一旦发布成功，团队就将转向新的工作，与发布相关的额外关注将会减少，留下常规团队的值班人员来处理问题。由于我们已经建立了适当的警报和监控系统，因此我们准备好了检测任何意外问题。一个特殊的团队会实施值班轮换，以接收任何生产问题的警报。

如果团队正在进行的项目严重依赖于指标，他们可能需要频繁地报告回测数据以确保他们正朝着既定目标前进。例如，如果团队承诺在一年内将收入提高 2%，那么随着更多项目的启动，回测中的收入数字应稳步接近 2% 的增长。任何收入的波动或减少都可能对团队构成重大挑战。

15.6 总结

本节标志着我们对 SDLC 的探索画上了圆满的句号。我们已经讨论了规划、构建、测试以及发布关键项目的各个环节。通过恰当的规划，我们为项目的顺利执行奠定了基础。而通过考虑早期发布的限制条件，我们可以为团队的顺利发布流程做好准备。首先，我们必须建立适当的 CI/CD 系统，以管理大规模项目的维护和发布。接下来，我们必须引领项目发布的关键组成部分。

1. 确保所有内部利益相关者都同意发布日期，并已签署必要的隐私或其他承诺。
2. 确保发布候选包稳定并通过所有测试阶段。
3. 确保建立一个发布计划，包括以下内容：
   a. 为了支持发布，需要设置一个实验。
   b. 发布值班轮换机制。
   c. 正确的警报和监控。

⊖ www.pagerduty.com/，一种常用的警报服务。

　　d.计划在发布后建立回测。

　　在项目的功能开发阶段，我们可以通过对现有构建版本的早期内部测试和对功能早期版本的实验，确保我们达到质量标准并拥有一个可行的发布候选版本。如果没有持续交付测试包的能力和一个用于测试的实验框架，我们将对我们的更改效果一无所知。最后，一旦发布，我们就必须继续监控以确保功能和变更的成功——这对于以指标为驱动的成功尤为重要，其中指标变动必须在整个半年期间持续。图 15-6 将 iOS 构建分发的 CI/CD 系统与我们的发布流程结合起来。

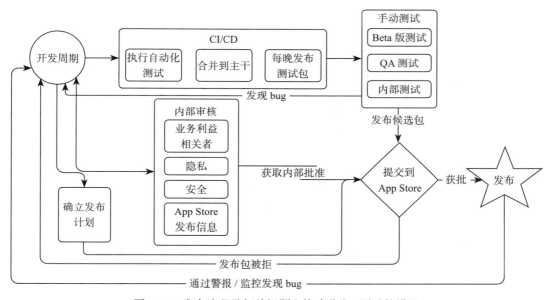

图 15-6　发布流程及相关问题和构建分发 / 测试的设置

　　在 SDLC 的每个阶段，我们都审查了工程和人员相关的挑战。特别是在项目启动的前期，需要大量的沟通来使所有利益相关者保持一致。在本书的最后部分，我们将讨论成功完成 SDLC 并发布大型项目所需的人际交往技能。

15.6.1　本章要点

1. 提前规划，频繁修订。在软件构建阶段，持续确保项目按计划进行（或趋向于）满足发布标准至关重要。
2. 确保设置了警报、监控，并进行了适当的回测，以确保项目发布后能够持续进行正确性评估。
3. 发布一个项目并非全然是技术挑战，虽然需要基础设施和软件的正确性，但同样重要的是要应对人员挑战和业务限制，以确保构建的软件满足预期。
4. 在大规模的环境下，持续集成的做法有所不同。我们必须在上线过程的额外阶段运行测试，并仔细监控主干上的失败情况，以确保所有工程师都能有效工作，并持续合并高质量的更改。

15.6.2　扩展阅读

1. 基于主干的开发：

   https://trunkbaseddevelopment.com/

2. Uber 优化 CI 构建时间（这是用 Go 语言完成的，但同样适用于 iOS）：

   www.uber.com/blog/how-we-halved-go-monorepo-ci-build-time/

在大型项目中的领导力

领导多个团队

我们已经走过了一段不短的旅程。现在，我们必须讨论如何将本书的不同部分（iOS 基础、软件架构、SDLC 技能以及项目领导力最佳实践）与成功所需的期望和软技能结合起来。在高级工程师以上的级别中，需要的不仅仅是工程技能，还需要能够确定项目优先级和推进项目的能力，特别是在长期项目中，对初级工程师的培养和与更大的组织建立良好关系也是至关重要的。

在职业生涯中，当你开始领导多个团队并负责更广泛的产品方向时，大多数科技公司会分成两条平行的发展道路：管理层和高级个人贡献者（Individual Contributor，IC）。高级个人贡献者级别通常对应于专家和首席。在专家和首席级别，工程师不仅需要具备本书第一部分和第二部分中提到的技术技能，还需要领导力和软技能，以成功领导大型团队。

有一种方法可以模拟达到这些超高级职位所需的技术技能，即 T 型模型。图 16-1 概述了 T 型模型，其中经验的深度来源于前两部分，这两部分主要关注 iOS 基础和架构。同时，知识的广度来自围绕领导项目、实验最佳实践、CI/CD 最佳实践（开发运维）以及后端工程（我们没有讨论过，但值得了解）的章节。除了 T 型模型所涵盖的技术深度和广度之外，随着你将更多时间花在规划和解决冲突或其他问题上，沟通和软技能变

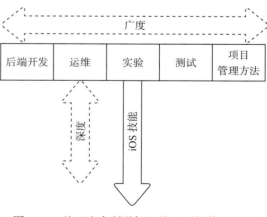

图 16-1　基于迄今所学知识的 T 型软件工程师

得越来越关键。你的目标是确定方向，以便解决工程师的障碍，使他们能够专注于更多技术性任务，而无须担心产品的发展方向。

16.1 本章概要

本章将根据不同层次和高级工程师原型，对 T 型开发者模型进行情境化讨论。在更高层次，你将不再仅负责一个工程师团队。实际上，你将负责领导多个执行独立项目的团队，这些项目必须相互协调、整合，以实现共同的目标和联合发布，这是本章的重点。你将真正地与管理层合作，以实现团队目标和设定技术方向。此外，我们还将讨论导师制。成功不仅仅是通过执行一个项目来定义的，而是能够指导、发展和培养一个团队，使其可以在多年取得多个项目的成功。通过将软技能与技术能力结合起来，我们可以达到这种成功水平，并与团队一同成长。

16.2 工程师原型

一位高级工程师必须具备足够的能力范围、知识广度和深度。这些要求在更高级别的工程师身上都会相应地增加，忽视其中任何一个都是不行的。在这里，我们将定义以下工程师原型：

1. 修复者。
2. 技术负责人。
3. 架构师。
4. 执行助理。

无论你属于哪种原型，你都需要保持技术技能和深厚的知识储备，否则你将无法提供可行的建议或技术指导。此外，你还需要出色的沟通和领导技能（软技能），以应对棘手的决策和复杂的冲突。

16.2.1 修复者

修复者能深入挖掘复杂问题，并在其他人无法解决的地方推动解决方案。以 iOS 为例，修复者可以是一位理解整个应用程序架构的工程师，能通过修复棘手的 bug 或改进整体的应用架构模式来推动性能改进。这位修复者可以跨整个应用程序工作，包括产品和底层基础设施层。修复者还可以识别问题，并不是自己单独解决，而是领导一个团队来解决问题。

16.2.2 技术负责人

技术负责人是最常见的工程师原型，他们与管理层紧密合作，推动进展并引领项目走向成功。以 iOS 为例，技术负责人可能是一位负责新用户引导功能团队的高级工程师。这位工程师是所有新功能的主要联系人，负责监督应用程序引导流程业务的技术架构、范围界定和目标设定。随着技术负责人级别的不断提升，他们的职责范围也会增加，他们将领导多个团队，并拥有下属的技术负责人。

16.2.3　架构师

通常，架构师这一角色是为在组织层面或更高层面工作的高层级工程师所保留的。他们主要负责一个关键领域的方向、质量保障和方案设计。架构师依靠对技术限制、用户需求和组织层面领导力的深入理解来成功执行任务。以 iOS 为例，架构师就是设计应用程序整体架构流程的人。例如，一个消息应用程序的架构师需要处理客户端缓存、消息接收、消息发送、通知处理和整体元数据存储（以及其他事项）。他们与其他后端架构师合作，将前端整合到整体软件系统中。

16.2.4　执行助理

执行助理的角色较为少见，他们通常需要与组织领导者紧密合作，为领导层提供工程视角，并常常协助组织内部的关键但未明确的项目配备人员。一般而言，他们为大型组织提供额外的领导力支持。例如，执行助理可能是一位与高级管理层紧密合作的工程师，负责识别尚未配备人员但至关重要的项目，然后在组织内部寻找有能力承担这些项目的高级工程师。执行助理随后将帮助跟踪项目进展，并在需要时提供技术指导和人员辅导。

鉴于角色的多样性和整体灵活性，执行助理没有统一的定义。例如，Staff Engineer 博客作者 Will Larson 对这些高级工程师原型的描述略有不同[⊖]。此外，具体的工作角色还会根据资历水平和公司期望而有所不同。无论如何，每种原型都必须指导和领导其他工程师。因此，不管是哪一种高级工程师原型，软技能（指一个人与他人关系中所表现出的人际交往能力）对于长远的成功和除个人贡献者之外的职业发展都至关重要。

在本章中，我们将把高级工程师称为技术负责人。然而，其中大部分要求适用于任何高级领导原型。如果你是执行助理或修复者，有些部分可能不太适用，因为这些角色依赖于略有不同的技能集（修复者更倾向于技术方面，而执行助理则更倾向于广度和管理技能）。无论如何，对于大多数高级工程师来说，能够领导并成功交付项目至关重要。

16.3　高级工程师的要求

要想担任高级工程师，你必须具备足够的广度、深度和能力范围。这三个要素定义了软件复杂性的不同方面。

1. 广度是指了解项目成功所需的核心领域之外的概念的能力，例如，统计学和实验方

⊖　https://staffeng.com/guides/staff-archetypes/

面的知识。

2. 深度是指深入了解自己核心技能的能力。

3. 能力范围决定了项目的规模。在大型项目中，协调成本随之增加，项目领导力和沟通技巧也变得越来越重要。

16.3.1 广度

高级工程师需要具备广泛和深入的专业知识，这样他们既能应用于现有系统，也能用于创建新系统。他们应该对系统有透彻的理解，这使他们能够将系统分解成更小的部分，并将任务委派给子团队或单个工程师。

16.3.2 深度

在软件开发中，深度指的是设计或实现系统中高度复杂部分的能力，这是只有少数人能够完成的。它意味着你充分理解自己的优势，并能有效地将其应用到实际的问题中。

我们可以在 T 型开发者的背景下考虑广度和深度。作为软件工程师，我们两者都需要。然而，过分关注广度会使领导更复杂的项目和在高级工程师的道路上进一步成长变得充满挑战。

我们也可以将本书内容分解成不同部分。在第一部分和第二部分中，我们讨论了 iOS 架构和语言基础。这两部分都侧重于深度。接下来，我们将通过理解实验、性能和发布流程，专注于拓宽专业知识的广度。

16.3.3 范围

在一些罕见的情况下，你可能是一个专家，在一个非常专业的狭窄领域解决极其复杂的技术问题，但这并不是常态。在大多数情况下，对于高级工程师的期望是他们的能力范围足以应对他们当前的级别。在这里，我们按如下方式对级别进行分类：

1. 六级——高级首席工程师：跨多领域或组织。

2. 五级——首席工程师：横跨特定领域或组织。

3. 四级——专家：工程师的职责范围仍然相当大，但限于一个领域或组织。

4. 三级——高级工程师：工程师的工作范围中等，一般是 1 ~ 2 个团队，在一个领域或组织中交付项目。

项目范围通常归因于跨职能合作，但也适用于以工程为中心的项目。一些与我们级别相匹配的范围示例包括：

1. 在 iOS 领域的深入知识，特别是在设备上的机器学习或图形处理等专业领域。

2. 在多个团队中推动一项导师计划。

3. 扩大导师计划的范围，包括多个方向，例如让产品管理组织参与进来，帮助软件工程师提高他们的项目管理、优先级排序和沟通技能。

4. 找出开发实践中的瓶颈并解决它们。

5. 为跨底层系统基础设施的多个项目设计整体解决方案。

注释 本章节讲述的是软技能和领导力实践，并非关于如何在你所在的特定组织或公司中获得晋升。不同公司之间的标准有所差异，最佳做法是向你的经理询问你所在团队的不同级别是什么样的。

16.3.4 运用广度、深度和范围

三级：高级工程师

高级工程师可以管理小团队项目，并负责项目中最具挑战性的任务。在这个级别上，你的项目将包括可以由你自己或团队中较初级成员完成的任务，这取决于带宽限制。图 16-2 概述了一个小项目的情况，包括多个任务，以及高级工程师完成最复杂部分的情况。

四级：专家

你的团队现在变得更大，项目也更加庞大。在这个层面上，人们期望你能够将一个模糊的项目分解成可管理的任务和三级范围的子项目，并确保所有项目相互关联（这就是广度）。在项目中，你可以选择一些项目核心的复杂任务，或者由于团队工程师短缺，你可能不得不完成一个已定义的子项目。图 16-3 概述了一个专家级项目，包括多个子项目和由专家承担的复杂任务或部分任务。

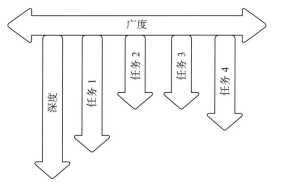

图 16-2　包含多个任务的小型项目

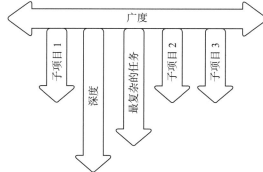

图 16-3　一个由小型子项目和一些复杂任务组成的中等规模项目

五级及以上：首席工程师及以上级别

此类及更高级别的项目通常相当模糊，由董事、副总裁或 C 级高管界定范围。它们通常需要来自跨职能合作伙伴的输入，包括法律和隐私部门。这些级别的项目可以细分为三级和四级项目。首席工程师监督这些项目，确保各个团队积极合作并弥补任何不足。图 16-4 展示了一个首席工程师负责的项目，该项目包含多个更为复杂的子项目，需要委派给专家或高级工程师。

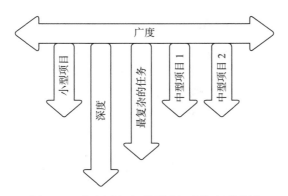

图 16-4　由小型和中型项目组成的大型项目

16.3.5　连接整个系统

作为高级工程师，除了承担项目中一些更为复杂的部分外，确保整个项目的成功也是你的职责。在领导多个复杂的子项目时，至关重要的是要确保工作不会重复，并且所有项目的关键部分能够协同工作，没有遗漏。将整个系统连接起来需要专家级的知识和向子团队提供清晰指导的能力。

作为一个以指标为导向的团队领导，确保每个子团队在其负责的项目上的工作能够为整个项目目标的实现做出贡献，通过实现各自的指标来共同促进团队的成功是至关重要的。例如，如果你负责的是专注于新用户获取的用户引导流程团队，那么你的团队可能会致力于性能提升、引导流程中的用户界面变更以及基于机器学习的营销活动。作为技术负责人，你需要确保项目的每个部分都能相辅相成。如果性能提升主要针对低价值区域的用户，但机器学习团队仅针对高价值区域，则性能提升带来的新用户将不会在机器学习团队的工作基础上增加额外价值。这就需要设定可实现的目标，或者与机器学习团队合作，了解低价值区域的影响以及评估模型如何在这些区域对新用户进行定位。

对于更侧重于产品和基础设施的团队来说，这可能涉及确保项目的所有部分正确地结合在一起。例如，假设你正在领导团队向新的基础设施迁移，并且负责产品用户界面集成以及产品基础设施团队，为产品团队创建中间层应用接口。在这种情况下，你需要确保中间层满足产品团队的规范，并且包含所有项目。如果中间层没有正确地考虑跨设备同步元数据，并且这个问题直到后期测试时才被发现，那么可能会延迟整个工作的上线时间。

在这两种情况下，技术负责人还负责规划产品发布的整体路径。这将包括对主要的等待发布的项目进行一系列实验，以确保团队对成功发布充满信心。正如前几章所讨论的，这可能需要大量使用实验框架来监控关键指标。在这里，沟通同样至关重要。技术负责人必须确定所需的测试版本及每个测试的目标。技术负责人还必须与所有相关方进行沟通，以了解产品的发布时间表，并确保关键的跨职能部分准备就绪。

16.3.6 以指标为导向的团队简介

对于产品或基础架构团队,其交付成果主要基于代码,而指标驱动型团队可能需要一种更为复杂的杠杆组合,以推动他们选择的指标(在下面的例子中,团队通过广告投放来推动收入)。因为这并不总是那么简单明了的,这里有一个组合和战略方法的例子,用于计算不同团队可能在项目的其他方面工作时的相对指标增益。

确定目标

目标示例——在 Photo Stream 应用程序顶部展示广告,同时将参与度损失降至最低,即收入与会话损失的比率达到 90% 或以上。如果比率低于 90%,我们将无法发布。

通过迭代实验,确立主导杠杆

这里的每个杠杆都将由一支不同的工程师团队进行研究和优化,技术负责人负责如何最佳地组合它们以进行最终发布。

1. 建立基准线:我们的收入增加了 6%(假设 100% 的收入为基准线),但我们的会话损失了 0.6%,这让我们的效率仅为十分之一,这并不是很好。

$$6\%/0.6\%=10$$

2. 杠杆 1:通过机器学习技术实现的基于用户的个性化定制,根据覆盖用户的百分比产生一系列收入和会话损失的数据。这是基于模型产生的曲线下面积(Area Under the Curve,AUC),其中收入和会话损失被绘制在 x 轴和 y 轴上。曲线展示了不同用户覆盖率值的相对效率以及最高效率点。在此我们不深入探讨,可以假设建模团队利用这些数据为我们绘制了一个包含关键运营点的图表。每个运营点都包括收入、会话损失和相关的用户覆盖率。作为后续示例使用,假设我们在曲线上有两个点:
   a. 在收入达到 60% 时,我们会造成 30% 的会话损失,而目标用户占 40%。
   b. 在收入达到 90% 时,我们会遭受 50% 的会话损失,而目标用户占 80%。
3. 杠杆 2:仅在特定间隔(每两小时一次)触发广告。产生基础收入增长的 60%,但仅导致 20% 的会话损失。
4. 杠杆 3:通过基于感知到的广告价值的过滤,确保只有高质量的广告被放置在顶部位置。在这里,我们有一个相对效率曲线,这取决于我们过滤的广告百分比。为了简化,我们假设这个曲线是线性的,剔除 50% 的低质量广告能保留 75% 的相对收入和 50% 的会话损失。

相对收入是与上限(基准)收益增长之间的百分比差异,因此 75% 的相对收入意味着 4.5% 的绝对增益(以 6% 作为绝对增益)。

了解候选发布产品的杠杆组合

首先,我们必须找到最高效的杠杆,并将其作为基准,因为它是最有效的。在我们的例子中,考虑到收入与会话的权衡,触发广告(杠杆 2)是最高效的。这让我们有 60% 的可能（也许那 40% 机会是留给下一次发布的）达到收入上限。接下来，我们有两个可根据具体值进行调整的杠杆：个性化曝光的用户数量和广告质量过滤的广告数量。在这里，我们可以根据实现目标所需的剩余效率提升来评估多个点。我们的思考过程如下：

1. 假设起点是触发广告，因为与其他任何杠杆相比，它具有最佳的效率提升。触发广告为我们提供了 60% 的收入效率比和 20% 的起始会话损失，提供了 30 的效率指标。这比我们原来有了很大的改进，但还不够！

$$(6\% * 60\%) / (0.6\% * 20\%) = 30$$

2. 评估剩余的杠杆。我们剩余的杠杆显示，个性化定制更为有效，因为它可以在相同的会话损失下带来 90% 的收入。将个性化的添加纳入我们的公式中，我们现在有了一个 54 的效率指标。这已经好多了，但我们还需要更多！

$$(6\% * 60\% * 90\%) / (0.6\% * 20\% * 50\%) = 54$$

3. 鉴于我们需要更多的提升力，我们可以考虑加入我们的第三个最有效的杠杆——广告质量。如果我们的目标是保留 75% 的收入，那么我们就能获得 81 的效率指标。现在这达到了我们的目标！

$$(6\% * 60\% * 90\% * 75\%) / (0.6\% * 20\% * 50\% * 50\%) = 81$$

我们可以在表 16-1 中为此创建一个表格格式。

表 16-1　附加杠杆及其效果的表格格式

杠杆名称	保底收入	剩余收入	会话损失	剩余会话损失	效率
基准	无基准	6.00%	无基准	0.60%	10.00
触发广告	60.00%	3.60%	20.00%	0.12%	30.00
个性化定制	90.00%	3.24%	50.00%	0.06%	54.00
广告质量	75.00%	2.43%	50.00%	0.03%	81.00

技术负责人的角色在这里比起直接领导和基于代码的项目要微妙得多。他们必须深思熟虑，确保关键实验得以执行，以确定主导性能的杠杆，并且确保可以对发布候选产品进行合理推敲和充分构建。

16.3.7　平衡每个维度

无论工程师级别如何（四级、五级还是六级），深度都是至关重要的。你必须能够引领项目的技术愿景，并指导你的下属工程师。如果你没有完成项目的任何技术部分，或者没有所需的技术深度，你将无法提供这种指导，也无法轻易保证项目的成功。随着级别的提升，跨职能沟通和项目管理方面的工作将变得更加繁重——你将需要更丰富的经验和卓越的沟通技能，以领导日益复杂的项目。

高级工程师的工作目标是确保你所在团队的项目按时交付。如果你独自完成，将会花费很长时间。周围的人也不会有成长，因此需要专注于委派周围人能够完成的任务，并集中精力处理最需要你注意的事项——例如，设计和呈现整个项目架构、设计和实现项目中最复杂的部分，或作为事实上的联系人代表你的团队参加会议，让开发团队的其他成员可以不受会议干扰地编写软件（如果你的团队会议非常频繁的话）。

16.4 成为一名全面发展的高级工程师

我们已经讨论了高级工程师的要求，以及在不同层面、广度和深度上技术能力的必要性。现在的问题是，你如何到达那里，需要哪些技能？我们已经讨论了技术的广度和深度，但还没有谈到必需的软技能。

这些技能包括以下几点：

1. 了解该产品及其对工程的影响。
2. 了解公司的整体战略以及你的团队所扮演的角色。
3. 秉持最好的意愿，保持友善。
4. 指导并帮助你周围的人成长。
5. 成为沟通专家。

16.4.1 理解技术概念的简短题外话

仅仅理解基础的 iOS 应用程序设计和架构是不够的。技术负责人还必须深入了解他们工作的应用程序架构的细节。随着项目的扩大，理解更大范围的公司架构模式变得更加重要，这不仅仅是针对 iOS 应用程序，还包括前端和后端。这关乎技术深度，并确保你能开发出符合现有系统架构的大型项目。

16.4.2 为什么需要软技能

1. 随着你负责的项目越来越大，你需要涵盖的内部系统知识面也将越来越广。
2. 项目规模越大，你在沟通和项目管理方面就需要越出色。适用于 5 个人项目的特定活动，可能不适用于 50 个人的项目。
3. 为了按时完成工作或进一步扩大项目规模，将任务委派给他人至关重要。帮助团队成长是实现成功的关键。
4. 大型项目由于其不确定性增加，需要与更多人进行更频繁的会议。第一印象至关重要，而且将负面的第一印象转变为持久的正面印象可能需要大量的时间和努力。友好待人完全可以避免这种情况的发生。留下良好的印象并树立一个勤奋工作、能够完成复杂项目的声誉，对潜在的成长至关重要。

16.4.3 情境领导模型

如果资历较低的团队成员能够处理某些事务，则把他们委派出去，这样你就可以腾出手来专注于系统中最关键的部分，同时也让你手下的人有成长的机会。我们可以应用情境领导模型来更好地理解何时委派以及委派谁。情境领导模型为如何培养和发展你周围的人提供了一个框架。

情境领导模型基于这样一个原则：没有一种适用于所有情况的领导方式。最有效的领导者能够根据他们所遇到的具体情况，调整自己的领导风格，同时考虑到他们所领导的个人或团队的准备情况和意愿。有效的领导取决于被影响的人以及需要完成的特定任务或职能[⊖]。

情境领导模型有两个基本概念：

1. 领导风格。

2. 个人或团队的工作准备水平（也称为成熟度或发展水平）。

领导风格

Hersey 和 Blanchard 提出了情境领导模型，用以描述领导风格，这些风格基于领导者对其追随者提供的任务行为和关系行为的程度。他们将所有的领导风格分为四种行为风格，分别标记为 S1 至 S4。然而，这些风格的名称会根据所使用的模型版本而有所不同。

在这里，我们将对它们定义如下：

1. S4 授权：领导者将责任委托给团队并监督进展，但在执行和决策过程中的参与度较低。在 S4 中，员工对于做什么、怎么做以及何时做拥有较大的决策权。领导者的角色是重视个人的贡献并支持他们的成长。

2. S3 支持：领导者与团队紧密合作，在决策中提供比委派时更多的帮助。在 S3 中，领导者和员工共同做出决策，领导者的角色是促进、倾听、引导、鼓励和支持。

3. S2 指导：领导者提供方向和直接反馈，以获得对其方法的支持，并帮助做出决定。在 S2 中，领导者解释原因，征求建议，并鼓励完成任务，试图激励个人。

4. S1 指示：在指示过程中，领导者会明确告诉个人具体该怎么做以及做什么，同时密切监控整个过程。在 S1 中，领导者会密切跟踪绩效和目标，以提供持续的反馈。

在所有四种风格中，领导者负责以下事项：

1. 积极倾听：高效的导师会积极倾听团队成员的意见，提出问题并试图理解他们的观点。

2. 目标设定：领导者与团队成员一起设定清晰、可实现的、与组织目标相一致的目标。

3. 提供反馈：领导者对团队成员的表现提供建设性反馈，专注于具体的改进领域，并提供可行的改进建议。

4. 行为榜样：领导者以身作则，通过自己的行为和价值观为团队成员树立榜样。

5. 鼓励与支持：领导者鼓励并支持他们的团队成员，庆祝成功并在需要时提供帮助。庆祝胜利和对辛勤工作表示赞赏能够激励团队成员继续追求卓越。

6. 持续学习：高效的领导者致力于不断的学习和发展，紧跟行业趋势和最佳实践，并

⊖ Hersey,P.and Blanchard,K.H.(1977).*Management of Organizational Behavior 3rd Edition–Utilizing Human Resources*.New Jersey/Prentice Hall.

与团队成员分享这些知识。

虽然没有一种领导风格能适用于所有情况，但有影响力的领导者必须具备灵活性，并根据问题进行调整。此外，要成功领导一个大型项目（四级或五级），不可能指导甚至辅导每一个人，必须在所有四个层级之间平衡自己的投入，并且要深思熟虑地考虑针对特定个体的方法。例如，我们不能将一个五级项目的大部分工作委派给一位刚毕业的大学生——那将使他们和我们都面临失败。我们可以利用发展水平来理解使用哪种领导模式。

发展水平

发展水平在软件工程内部也是特定于任务的，由解决任务的承诺和能力决定：

1. D4 极高水平：愿意并能够独立承担复杂任务并完成。这些人具有自主性，通常被认为是专家。他们坚定且充满自信。

2. D3 高水平：具备完成复杂任务的高技能水平，需要更多的自信或意愿。他们是能干但谨慎的贡献者，拥有中等到较高的自信心。

3. D2 中等水平：愿意完成任务，但缺乏成功完成任务所需的技能。这一水平的特点是浅尝失败的学习者，这可能带给他们挫败感和动力的丧失。D2 水平的个体有时也会害怕犯错和过分谨慎，阻碍他们向 D3 水平的成长。最后，一个正常进步的 D2 水平个体可能正从 D1 水平积极向前迈进，这个人的表现可能会有波动，并且在进入 D3 之前需要额外的指导。

4. D1 低水平：个体不愿意独立承担任务，且缺乏完成这些任务所需的技能和信心。在这一水平上，技术领导者寻找的是渴望学习的人。

一个人可能在他们的工作中通常技能娴熟、自信满满，并且充满动力（D3），但如果要求他们执行超出其技能范围的任务——比如要求一名 iOS 工程师构建一个 Ruby on Rails 后端，他们的发展水平仍然会是 D1。这种个体在接受一些特定领域的指导后，很可能会迅速回到之前的发展水平。以被要求从事 Ruby on Rails 工作的 iOS 工程师为例，他们可能需要在学习 Ruby 最佳实践或 Rails 框架方面得到支持，但在一些初步的指导之后，他们应该能够回到 D3 以上的水平。当将必要的领导风格变化与发展水平结合起来时，我们的示例工程师从 D3[可能是你可以依赖于委派任务的人（S3 或 S4）] 变成了 S2。然而，通过适当的指导（导师制），他们可以迅速进步到 S3 或 S4，并在新的技术栈中回到 D3 或 D4。

作为一名领导者，理解这些情况并为个人及其独特环境提供恰当的指导至关重要。为了实现这一点，我们可以将情境领导模型细分，将工程师划分为不同的象限，以更好地理解我们可以分配给他们什么级别的工作。根据他们的成熟度水平，我们还可以提供有针对性的指导，帮助他们达到下一个水平。

图 16-5 将模型作为一个整体展示，每个发展水平对应一种领导风格，其中指令性行为位于 x 轴，支持性行为位于 y 轴。在指令性行为中，领导者提供频繁的反馈和单向沟通。这对领导者来说更加费力。在支持性行为中，领导者提供建设性反馈，实践积极倾听，并帮助下属参与决策。这两个维度都是从低到高。

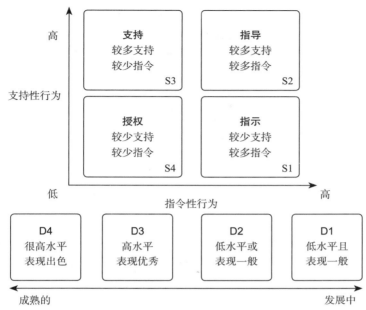

图 16-5　情境领导模型及其发展水平

情境领导模型产生了四种理想情况：

1. D1：低能力和高承诺，在这种情况下，领导者需要采用 S1 策略，提供高度指导性行为，帮助员工达到工作所需的能力。这里，员工高度投入，只需要一点点激励。期望是员工能快速进步到下一个层次。D1 通常代表着刚毕业的新人在入门级别的情况。

2. D2：需要高度指导性和支持性行为。领导者必须培训且激励员工完成任务。这是最复杂的发展阶段，但对于进入 D3 阶段至关重要。

3. D3：要求 S3 级别。领导知道员工能够解决这个任务，但员工对此有所保留。领导明白这一点，并支持员工完成任务。

4. D4：员工能够解决任务，并且非常愿意去解决，领导和员工都清楚这一点。因此，员工在这方面可以拥有很大的自主权。员工在某一特定任务的技术能力和工程项目等级上可以达到 D4 水平[○]。

常见误区

过度监督：微观管理

微观管理是一种领导风格，其中经理或主管密切监督并控制团队成员工作的每一个方面。这可能包括监控他们的一举一动，提供过多的反馈，以及承担本应由团队成员负责的任务。微观管理可能会损害团队成员的士气、动力和自主性，导致生产力下降和职业倦怠。

为了避免微观管理，领导者可以采取几个步骤：

○ Blanchard,Kenneth H.(2003).The one minute manager.[New York]:Morrow,an imprint of HarperCollins Publishers.

1. 设定明确的期望值：明确沟通每个项目或任务的目标、期望和截止日期。这将帮助团队成员理解对他们的期望，并减少对他们持续监督的需求。
2. 分配任务：将任务指派给团队成员，并给予他们以自己的方式完成任务的自由。这将有助于建立对团队成员能力的信任和信心。
3. 提供支持：根据需要为团队成员提供指导和支持，但让他们对自己的工作负责。
4. 鼓励开放式沟通：营造一个团队成员感到自在提问、分享担忧以及提供反馈的环境。
5. 关注结果：与其关注过程，不如关注结果。这将有助于将注意力从微观管理转移到授权团队成员实现他们的目标上。

监督不足

当经理或主管未能为其团队成员提供足够的支持和指导时，就会发生监管不足的情况。这可能导致困惑、挫败感和缺乏方向感，最终可能影响团队成员的表现和工作满意度。

为了避免监督不足，领导者可以采取几个步骤：

1. 设定明确的期望：这与如何避免微观管理是一致的。
2. 提供定期反馈：对团队成员的表现提供建设性反馈，关注改进的具体领域，并提供可行的成长建议。
3. 随时待命、平易近人：随时准备回答问题，提供指导，以及在团队成员需要时给予支持。鼓励开放式沟通，并明确表示你在这里是为了帮助和支持他们。
4. 培养教练式思维：采用教练式思维，与团队成员合作，帮助他们发展技能并实现目标。这涉及持续提供指导、支持和反馈。
5. 培养学习文化：通过提供培训、指导和辅导机会，鼓励团队成员学习和成长。庆祝成功并认可团队成员的成就，以激励持续的成长和发展。

通过避免过少和过多的监督，领导者可以确保他们的团队成员得到需要的支持和指导，以便发挥出最佳表现。记住，有效的领导力应该在提供建议和支持与赋予团队成员对自己工作的主导权之间找到正确的平衡。

注释 有效的领导力需要将特定个体对领导风格的需求与迈向 D3 和 D4 以及 S3 和 S4 的目标相匹配。

应用于领导多个团队

通常情况下，一个领导者直接管理的团队成员最佳人数是 5～10 人，随着你负责的项目越来越重大，预期他们也将领导各自的团队，而你将通过他们来进行领导。这使得领导者能够有效沟通、提供支持和指导，并与每个团队成员建立良好关系。

当领导者直接管理的下属过多时，他们可能难以给予每个人所需的关注和支持，导致混乱、挫败感和缺乏方向感。此外，随着直接下属数量的增加，领导者可能会花费更多时间处理行政任务，花在战略规划和指导方面的时间则会减少。

为了支持这些大型项目，我们可以扩展情境领导力模型。与其直接将特定工作分配给个人，不如现在让被授权的个人负责项目的更大一部分，并可能向其他人委派任务。这种微妙的转变要求在更广阔的范围内追踪变化（增加广度），同时保持类似的知识深度。如果出现任何问题，你需要能够帮助调试并提供专家级的支持。或者，如果该领域不在你的专长范围内（即属于你的广度部分），那么你需要找到合适的人来帮助，或将此问题上报给管理层以获得适当的支持。

注释 我们的目标是创建能够在特定时间内自主完成既定目标的自组织团队。为此，我们必须提供清晰的目标（记住，好的目标是 SMART 的），这样人们才能理解指导和方向背后的目的，并做出积极响应。

实例

正如我们在本书中所做的那样，我们将提供一个实际的例子来说明情境领导力的应用。现在，作为一名高级领导者，你的团队刚刚聘请了 Jon。

Jon 刚刚大学毕业，很高兴找到了一份工作。他充满动力，相信自己能够迅速掌握这份工作所需的技能（代表 D1，S1）。作为技术负责人，你为 Jon 指明了完成简单开发任务的方向，并不时进行检查。

过了一段时间，你注意到 Jon 对于理解构建系统和提交高质量代码的过程所需的时间比他最初预想的要长，感到越来越沮丧。和他交谈后，他分享说，最初，较慢的构建速度和他对编码的不熟悉导致了多次迭代的延期。然而，现在他对系统有了一点了解，他变得更加高效，迭代周期减少了，但他对特定的构建周期感到沮丧，并将功能开发缓慢归咎于构建系统。Jon 已经达到了 D2 阶段，并且由于这些挫折，可能变得缺乏动力。

为了解决这个问题，你转而采用 S2 策略，解释发生这种情况的原因，进行引导，并重新教导他在进行耗时的测试之前预防错误的重要性。你还提供了一些技巧，关于如何利用 Buck 编译更小、更集中的改动以加快速度。随着时间的推移，你密切关注这位员工的持续进步。他变得越来越独立，完成任务的速度也越来越快。现在，你更加积极地回应他的选择以及支持他，帮助 Jon 在迈向 D3 的过程中建立信心。

三年后，你发现 Jon 不再向你征求反馈，而是能够独立做出令人印象深刻的选择。你认识到他的专业能力，并让他来完成更具挑战性的复杂任务，包括给予 Jon 四级的项目，而之前，Jon 完成的是三级任务。随着 Jon 承担更多四级项目，他可能会回退到 S2 或 S3 阶段。这是正常的，甚至是预期之中的，因为你会提供更多指导，帮助他应对更复杂的挑战。

请留意在我们的实际例子中，随着 Jon 在情境领导层级中前进和倒退，他所承担的职责范围是如何从三级增长到四级的。这反映了工程师的晋升路径，虽然晋升是管理者的职责，但高级工程师的指导和辅导在晋升和成长过程中起着至关重要的作用。

权衡利弊

情境领导模型没有考虑同时朝着多个任务和目标努力，也没有在审视各个层次时明确考虑到这一点。此外，该模型没有考虑员工为何能力不足或缺乏动力。有些人过于自信，而有些人则因为害怕报复或失去工作而隐藏他们的真实意图。

为了应对这些问题，情境领导的实践者需要成为一位能干的领导者。领导者必须理解不同的领导需求，并在这些原则上具备能力，这可能需要额外的自我学习和经验。在本书中，我们已经回顾了这些能力。此外，作为一名技术领导者，你并不孤单。你应该与你的领导合作，以更好地理解个人需求、关注点以及紧迫的目标，从而确定正确的领导参与度。

高级工程师与管理者之间的关系

高级工程师和管理者在他们的角色中有一些重叠，这一点可以通过情境领导模型中提升工程师的级别来看出——无论是高级工程师还是管理者都会：

1. 指导他人。
2. 进行项目规划和路线图制定。
3. 与业务伙伴及其他跨职能团队合作，推动解决方案并澄清不明确的需求。

然而，也存在一些显著的差异：

1. 高级工程师建议管理层对项目进行人员配置和优先级排序。最终的人员配置决定权留给了管理层。
2. 高级工程师通常不处理人员安排或绩效评估。然而，高级工程师可能在指导工程师达成绩效目标方面发挥关键作用。

随着你在职业生涯中地位越来越高，你将会与你的领导更紧密地合作，几乎像是伙伴一样，共同努力解决相同的问题，只不过是从不同的角度出发，你将花更多时间解决技术挑战，而你的领导则会花更多时间在人员、资源配置上，有时还包括和跨职能团队建立关系。

导师制：个人成长的加速器

要成功应用情境领导模型，我们必须指导周围的人从 D1 发展到 D4，从 S1 进步到 S4。作为一名高级工程师，很少有机会直接加入一个完善的团队，并在四级及以上水平交付高优先级项目。通常，高级工程师在团队成长中扮演着重要角色，可能起初只有几名初级成员，之后发展到需要更高级领导力的复杂项目，这些领导力来自曾经的初级工程师。没有明确的指导安排和成长轨迹，这基本上是不可能实现的。

有效的指导关系可以成为职业发展和个人成长的有力工具。它涉及在经验更丰富的导师和经验较少的被指导者之间建立一种积极且支持性的关系。通过导师制，被指导者能够获得宝贵的见解和指导，以便在职业道路上成长并实现他们的目标，而导师则能够培养他们的领导技能并回馈社区。

要成为一位有效的导师，从关系开始的那一刻起就必须建立清晰的期望和目标。这包括定义被指导者的目标、识别他们的优势和需要改进的领域，以及为进步设定清晰的里程碑。导师还应对反馈持开放态度，并愿意调整自己的方法以满足被指导者的需求。沟通在导师制中至关重要，导师应该是平易近人的，并且要积极倾听被指导者的担忧和问题。

导师还应提供学习和发展的机会，比如分享他们的知识和经验，提供建设性的反馈，推荐培训和拓展人际关系的机会。他们应鼓励导师制中的被指导者对自己的发展负责，并探索新的挑战与机遇。最后，成功的导师制应建立在信任和相互尊重的基础上。导师应以身作则，展现道德行为，尊重被指导者的隐私，并始终保持专业性。

16.4.4　建立关系

除了指导外，高级工程师还必须是建立关系的专家。通过在技术和非技术领域与周围人发展良好的关系，我们确保人们愿意与我们合作。事实上，他们会喜欢与我们一起工作，并且愿意提供反馈，因为他们相信我们以及我们所领导的项目，因此他们也投身于项目的成功中。

在构建人际关系方面，有多种模型可以采用；我们将在这里介绍的三种模型在处理棘手的技术工作对话、更大的社交场合以及团队建设方面能够很好地协同工作，并共同促进与同事建立良好的关系。

1. 友善待人。一个简短的口头禅值得你去思考和实践：记住，永远要友善！如果你没有什么好话要说，那就什么都不要说。"友善待人"是一个很好的短语，提醒我们在回应时总是假设对方有最好的意图，并提供帮助。
2. 建立信任。Robin Dreeke 在其著作 *The Code Of Trust* 中提出了一套原则，用于在团队之间建立关系和信任。这在思考如何进行对话和团队建设时极其有用。
3. 影响他人。这是来自 Dale Carnegie 的书 *How to Win Friends and Influence People* 中的一个框架。虽然这本书的内容极为过时，但它为如何影响他人以及通过铭记他们的生日和孩子的名字等历久弥新的做法以建立关系设定了黄金标准。小细节会带来巨大的不同，能够改进我们在前两个框架中进行对话的方式。

如何变得友善

友善可以分为三个部分。第一部分体现在技术对话和决策中。在技术背景下，我们希望表现得友好，确保他人觉得他们的观点得到了认可和倾听。然而，我们也要对自己认为正确的决策保持坚定。通过支持而不是驳斥他人想法，促进形成一个开放的环境，每个人的反馈都被重视，他们也会更乐于分享。

友善的第二部分体现在日常互动和会议中。这适用于第一印象和整体上了解你的同事。了解你的同事，不仅仅是他们在办公室的工作，还有一些关于他们工作之外的事情。通过建立个人联系，有助于与同事建立积极的关系，提高信任和沟通。信任和沟通是健康团队的关键组成部分。

为了建立这种联系，你可以努力了解他们的爱好是什么，他们有没有孩子（如果有，多大了？），他们的生日是什么时候。你不应该过分打探他们的私生活，但这些对话可以通过像"周末过得怎么样？"这样的简单问题自然而然地展开。当他们提到像"哦，这个周末我去看了我孩子的足球比赛"这样的事情时，现在你可以问："他们踢足球多久了？"或者"他们多大了？"现在你已经进行了一次非常典型的对话，接下来记住这些细节，以便将来询问他们孩子的足球进展。这样做的目的是进行日常的对话，但要询问相关的细节（积极倾听），然后想方设法记住相关信息。你可以做笔记或者在特定的日历上标记生日。

友善的第三部分，就是提供清晰、可操作的反馈，并给出具体例子。这样做之所以被认为是友善的，是因为这是一位优秀领导者应有的期待，你通过对周围的人坦诚直接，实际上是在帮助他们。通过给出具体例子，你可以使反馈尽可能地具有可操作性。

如何建立信任

在 *The Code Of Trust* 中，前美国联邦调查局（FBI）特工 Robin Dreeke 提出了一些原则，帮助人们在个人和职业关系中建立信任。他提出了五个主要原则：

1. 放下你的自我：这意味着暂时放下对你认为的正确的坚持，转而专注于对方的观点和感受。
2. 保持不带评判：避免对他人做出假设或评判，而是以开放的心态接近他们。
3. 建立融洽关系：寻找与对方的共同点，并基于共同的兴趣和经历建立联系。
4. 认可对方：对对方的想法和感受表示同情和理解，并认可他们的观点。
5. 提出战略性问题，帮助你理解对方的需求和动机，并让他们分享自己的观点⊖。

遵循这些原则，任何人都可以培养出与他人建立信任和建立牢固关系的技能。我们可以将这些原则应用到我们的技术性和非技术性沟通中。

如何影响他人

How to Win Friends and Influence People 是 Dale Carnegie 在 1936 年首次出版的一本自助书籍。这本书提供了如何与人建立牢固关系并赢得他们的信任与尊重的实用建议。基于这一框架，我们可以努力影响我们周围的人并与他们建立牢固的联系⊜。

1. 对他人表现出真正的兴趣：积极倾听并对他人表现出同理心。
2. 微笑：一个简单的微笑能让人感到轻松和舒适。
3. 记住别人的名字：在对话中使用某人的名字有助于建立联系。
4. 做一个好的倾听者：让别人谈论他们自己和他们的兴趣。
5. 避免批评：相反，提供建设性的反馈和赞扬。
6. 基于共同兴趣建立关系：寻找共同点以建立联系。
7. 表达感激：人们对于被欣赏和重视的反应总是积极的。
8. 鼓励他人开口：通过提问表达兴趣，鼓励他人敞开心扉。
9. 从他人的兴趣出发：了解激励他人的因素，并利用这一点建立联系。
10. 给予真诚的赞赏：对他人表达真挚的感激和赞扬。

综合以上原则

这些原则能帮助你与他人建立牢固的关系，并通过积极倾听和提供真诚反馈，成为一

⊖ Dreeke,R.,&Stauth,C.(2017).*The code of trust:an American counterintelligence expert's five rules to lead and succeed*.First edition.New York,St.Martin's Press.

⊜ Walsh,B.(December 1,2014).*How to Win Friends and Influence People*.Director,68(4),32.

名沟通专家。这也将使你轻松获得周围人的信任和尊重，从而增强你对他们的影响力。影响他人的能力贯穿于你所做的技术性和非技术性决策中，这影响着你如何建立关系以及保持友好，因为你的朋友们自然更倾向于同意你的观点。与你的团队以及更大范围的团队建立良好的关系，可以使你的工作环境更加快乐和高效。

16.5 总结

在本章中，我们回顾了不同的高级工程师原型，这些原型在职责上有很多重叠。也就是说，你必须持续领导大型项目，同时支持其他初级工程师的成长和发展。我们可以通过应用情境领导模型来帮助这些工程师。此时，你可以将自己作为一个 T 型开发者，在广度和深度上协作运用你的技能，并通过与人为善、影响他人和建立信任来利用不同的沟通模式，在复杂的工作环境中完成任务。

在本书的第 17 章也是最后一章中，我们将通过一个虚构的公司作为例子，讨论如何在各个层面上整合不同的项目，以便全面理解项目是如何被拆分和确定工作范围的，以及在每个层面上面临的独特挑战和期望。

16.5.1 本章要点

1. 如果你选择在职业生涯中继续作为一名独立贡献者，那么你将与管理层形成平行的职业发展轨道，成为一名专家或高级工程师。要在这一高级别上取得成功，除了技术技能外，至关重要的是你需要：
   a. 更多地了解产品及其对工程的影响。
   b. 理解公司更长远的战略以及你的团队所扮演的角色。
   c. 更多地了解公司更广泛的技术架构，包括前端和后端，足以理解它们的工作原理，以便在设计时考虑到它们。
   d. 指导并帮助你周围的人成长，这有助于你提升领导更大团队的能力。
2. 在你职业生涯的任何阶段，都应该抱有最好的意愿并保持友好！通过这样做，别人会愿意与你合作，这将为你和你日后的职业生涯打开大门。
3. 作为一名专家或首席工程师，保持你的技术深度和广度至关重要。你的技术技能是你与同事区别开来的关键因素。

16.5.2 扩展阅读

1. Robin Dreeke
   讨论建立关系和组建稳固的团队。
2. Right the Ship
   讨论一个类似的领导框架，旨在赋予每个人的权力。

实 际 案 例

本章是本书各个部分的总结。我们将概述工程师在不同层面上的角色，展示他们的日常活动以及他们如何运用特定技能来完成工作。我们将看到，高级工程师（专家和首席）依赖于沟通、软件架构和知识广度，而基层团队的高级工程师则更多地依赖于技术深度。在任何情况下，都需要一定的技术深度，以确保项目符合其目标、时间安排和预算限制。

为了阐述这些情况以及工程师之间的互动，我们将回顾一个自上而下的项目 MVP 迭代的案例。在本章的末尾，我们附上了一个项目计划的样本。

17.1 自上而下与自下而上

自上而下的软件项目管理方法涉及从一个总体项目计划开始，然后将其分解为更小的任务和活动。在自上而下的方法中，项目的创建发生在管理的更高层次。然后，参与的基层团队创建全面的项目计划，这些计划定义了他们负责的项目目标、范围和主要交付产物。

自上而下的项目管理对于需要大量跨组织细致沟通的大型迁移和项目计划非常有效，因为这种方法有助于提供一个清晰的指挥和控制关系。通过从高层计划开始，自上而下的方法有助于有效分配资源，并确保在项目早期识别和优先处理关键任务。

然而，自上而下的方法缺乏团队的个体自主权，决策从高层管理层逐层传递下来。这导致基层团队感到沮丧，特别是当他们认为有更好的解决方法，或者团队的实际能力与给定的目标之间存在不匹配时。团队参与度的缺失还可能导致沟通不畅，因为高层管理决策者很难拥有做出决策所需的信息（且信息必须通过多个层级传递）。

自下而上的软件项目管理采取了一种不同的视角。它涉及首先由高层管理层提供目标，然后达成目标的方式是开放的。在这种情况下，基层团队成员识别并定义帮助他们达到更广的组织级目标的各个项目。自下而上的项目管理通过让团队中的所有成员参与规划和项目创建的所有阶段，来鼓励创新和创造性地解决问题。

虽然自下而上的规划提高了士气和效率，但是由于团队不必在所有决策上都等待高层领导，这种方式确实会引入风险，因为团队难以朝着共同的目标努力。此外，随着团队成员自主性的增加，他们可以自由地向项目中添加额外的需求，这可能导致项目范围的扩大和对公司优先事项的关注度下降。

这两种方法都需要将任务详细分解成更小的任务和里程碑。选择自下而上或自上而下的方法取决于多种因素，如项目的复杂性、团队的情况和组织偏好。在实践中，可以结合使用自上而下和自下而上的方法，其中自上而下的指导有助于更快地朝着一个更大的共同目标迭代前进，而自下而上的方法对于朝着明确目标进行创新十分有用，并且实现这些目标的方式是开放的。

设置场景

为了开始我们的实际案例，我们将遵循科技公司 Mango 的项目综合计划。Mango 是一家拥有众多应用程序的大型科技集团。Mango 通常严格实行自下而上的规划。然而，对于这个项目，CEO Steve 采取了一种混合方法，因为迁移到端到端加密（End-to-End Encryption，E2EE）是公司的首要任务。

角色阵容：

1. Erica：Photo Stream 应用程序的首席技术架构师。
2. Blaine：线程视图（thread-view）iOS 产品团队的技术负责人，目前正在努力晋升为专家。
3. Sally：担任高级工程师，具有执行助理的典型特征。Sally 负责协助调查和配备项目人员。
4. Mike：Erica 的领导，与她合作进行指导工作。
5. Tom：后端基础设施技术负责人，支持项目的后端服务器基础架构工作。
6. Kelly：支持项目 Web 前端部分的 Web 前端技术负责人。
7. Garrick：一名在 iOS 和移动应用程序的不同领域工作的代码修复者，负责解决代码库中的问题。

为了响应近期隐私策略的发展趋势，Mango 公司的 CEO Steve 以及其他 C 级管理层正在讨论对安全基础设施进行重大升级，计划将 Photo Stream 应用程序升级为使用 E2EE。这是一项复杂的任务，因为 Photo Stream 应用程序包含：一个互关用户动态的功能，展示了相互关注（同意相互关注和分享内容的用户）用户的内容；一个直接发消息的功能，用于直接发送和分享照片或视频（包括支持群组消息）；一个"发现"页动态，主要展示来自有影响力用户而非关注用户的内容。这两种信息流都展示了广告，这也是公司主要的收入来源。

为了帮助确定实现 E2EE 所需的更改，专注于整个公司应用程序业务战略的 CTO 建议与首席工程师 Erica 合作。Erica 是 Photo Stream 产品组的首席架构师，对应用程序的整体，包括当前的安全模型和客户 - 服务器架构有深入且全面的了解。

Erica 与 CTO、Photo Stream 产品副总裁、设计副总裁、Photo Stream 数据与分析副总裁以及她的领导 Matt（Photo Stream 项目组的一名主管）会面，讨论转向端到端加密的事宜，并就整个项目的方向达成一致。他们同意从小处着手，最初只将消息功能设为 E2EE，且仅限于一对一聊天消息。

走进 Erica 的一天

Erica 在与领导会面讨论将 Photo Stream 应用程序转移到端到端加密之后，回到她的办公室。她简单地查看了一下电子邮件，以跟进她另一个需要花费 20% 时间项目⊖（改进实验的最佳实践）的未完成的高优先级事项。接下来，Erica 开始根据与领导和其他关键业务人员达成一致的目标编写五年计划。Erica 回顾了 Photo Stream 应用程序的主要产品界面，包括 iOS、Android 和 Web 应用程序。Erica 结合了必要的基础设施组件，草拟了一个五年计划的初稿，首先将基础设施迁移到 E2EE，支持基本产品需求，并以最小可行产品（Minimally Viable Product，MVP）为起点，迭代式发布。

在整个一周中，她与移动端、桌面客户端、基础设施、后端基础设施以及网页团队的关键利益相关者进行一对一的会面，以推动整体架构的进一步发展，并构建一个全面的计划。Erica 正在指导并推动所有利益相关者就尽可能利用现有基础设施的观点达成一致。此外，Erica 还推荐使用信号协议进行 E2EE，这大大减少了工程实施的开销，它同时支持 iOS、Android 和 Web 客户端⊜。

在草拟初稿之后，Erica 与她的领导 Matt 会面，讨论工程师的选择（完整项目计划见附录）。

"嗨，Erica ，这份提案看起来很棒。我们还应该更多地与基础设施团队协调发布的顺序。我们必须确保他们有足够的能力来实现这些需求。"

"谢谢，"Erica 回答道，并继续说，"我还想讨论一下人员配置问题。我们需要每个领域至少有一名高级工程师代表，并对不同的部分进行更详细的分配。"

Mike 点头回应："是的，我已经和更大范围的组织管理层进行了沟通。我们将会有 Mike（安卓产品）、Steph（移动基础设施）、Tom（后端基础设施）、Kelly（网页前端）以及 Blaine（iOS 产品）参与。对于 Blaine，我正致力于培养他成为首席工程师并担任团队负责人。这个项目非常适合他展示他的技术广度。我希望你能帮助指导他，确保他理解日益增加的责任。"

"当然，我认为 Blaine 在这里也需要额外的帮助来拓宽技术视野。他主要从事优化应用程序方面的工作，对线程视图栈的了解较少。"Erica 回应道。然后，她回到自己的工位前，

⊖ 一个用来指主要项目以外的兼职项目的通用术语。

⊜ https://signal.org/docs/

安排了一个会议，邀请他们五人讨论启动项目和一些技术细节，这些是完成五年计划所必需的。Erica 还将她的领导作为可选的参会者，以便提供背景信息。她将会议安排在一周后举行，并在此之后，她将与 Mike、Steph、Tom、Kelly 和 Blaine 进行定期的一对一会谈。通过这种方式，她可以从第一次会谈中收集意见，并在更大范围的会议之前就他们的方案达成共识。

　　Erica 开始主持会议，与来自移动端、网页端、移动基础设施和后端基础设施领域的工程带头人交流。"大家好，"Erica 开始说，"我希望大家都有机会审查初步的工程计划、里程碑和架构图。今天，我想回顾一下我们暂定的 E2EE 迁移计划的里程碑和整体系统架构图。"

　　Erica 继续介绍当前系统状态的架构图（如图 17-1 所示），"首先，让我们来看看客户端 – 服务器协议。我们将尽可能利用现有的基础设施，并在消息服务中增加对 E2EE 流量的支持。"

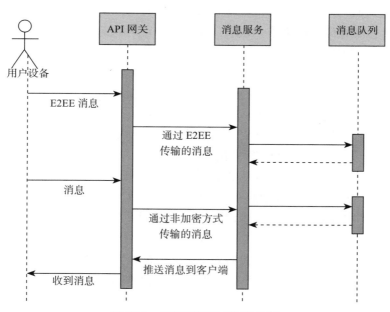

图 17-1　当前系统状态的架构图

　　Erica 继续说："接下来，对于移动端，我们将遵循现有的约定，利用跨平台的 C 语言库以及信号协议来实现端到端加密。这将使我们能够保证在移动端之间的一致性，并且能够很好地与我们现有的用于 SQLite 数据库访问的 C 语言封装库集成。这样做还有一个好处，那就是减小了二进制文件的大小，并且能够与我们现有的基于推送的消息内容处理方法兼容。"

　　Erica 进一步为小组定义了功能集和后续里程碑。

1. V0：MVP 功能集

　　a. 成功标准：为直接消息启用 E2EE 选项，包括照片和视频等多媒体类型。性能指

　　　　标不能出现回退。

　　　b. 发布：E2EE 是一个可选功能，用户可以选择开启，并将通过一个实验性功能开关
　　　　来控制。我们将在仔细测试后逐步发布。

　2. V1：扩展功能集

　　　a. 成功标准：实现 E2EE 分享、交互和群组消息功能。性能指标不能出现回退。

　　　b. 发布：通过实验和功能开关对新功能进行控制。遵循类似的测试和发布流程。

　3. V2：高级功能集以匹配生产需求

　　　a. 高级共享加密密钥用于加密传输中的内容。

　　　b. 发布：通过实验和功能开关对新功能进行限制。遵循类似的测试和发布流程。

　4. V3：切换并最终达到稳定

　　　a. 成功标准：支持将所有支持的模式默认切换至 E2EE，且对性能影响微乎其微。

　　　b. 发布：通过开启实验和功能开关，向 100% 的用户发布。

　　"大家对里程碑有什么问题吗？"Erica 一边说，一边请大家提问。Blaine 问道："关于详
细的指标评估——我们应该监控哪些总体指标集合？有没有特别需要用于 E2EE 的指标？"

　　"这是一个好问题，"Erica 回答说，"我已经安排了一个后续会议，与数据分析团队和其
他关键利益相关者一起讨论。我们还需要就项目中应用程序的性能达成统一的理解，并就
其时间线进行后续跟进。"

　　"另外，我们是否和 UI/UX 团队讨论过设计模型什么时候能准备好？否则，我不确定能
否开始进行大部分的工作。"Blaine 继续说。

　　"是的，考虑到只有一些小改动，我们预计 UI 模型需要一个月的时间。根据我之前与
设计团队的沟通，他们现在将开始制作 MVP 的模型，然后立即着手 V1 的模型，以确保不
会阻碍开发工作。"Erica 回答说。她稍作停顿后继续说："好的，还有其他问题吗？我们快
要结束会议了。"

　　"对于现有的客户端日志框架，我们需要做出什么改变来支持向 E2EE 的迁移吗？我担
心我们是否满足了所有的隐私要求。"客户端基础设施团队的 Steph 插话道。

　　"我们还需要与隐私团队达成一致，以了解需要做出哪些更改。幸运的是，日志记录框
架已经支持基于策略的过滤，因此总体工作量应该不大。"Erica 回答说。

　　"好的，看来我们的会议时间到了，另一个团队需要用会议室。两周后，我们将就架构
模式的各个部分进行同步，作为后续事项。我还会与数据分析团队跟进，以确保启动时关
键指标的收集。会议结束后，我会将会议记录发布到小组中，包括上述的行动事项。大家
保重，两周后我们再会，届时将敲定各个团队的里程碑。"

　　根据技术领导层会议的反馈和她自己的想法，Erica 安排了与几个关键合作团队的后续
会议，并简要记下了一些关键问题的议程。

　1. 数据分析

　　　a. 我们有什么样的支持模型可以帮助我们理解在更大规模的推广中工程师需要监控

        的关键指标？

    b. 是否需要额外的指标管道？或者为了支持端到端加密，现有部署管道需要做出哪些改变？

2. 隐私基础

    a. 要遵守 E2EE，需要哪些步骤？

3. 核心基础设施

    a. 服务器基础设施的必要变更是否会给服务器容量带来问题？

4. 设计（UI/UX）

    a. 我们何时能看到 MVP 功能集的设计原型？

5. 营销

    a. E2EE 的上市策略是什么？为转向 E2EE 造势的计划是什么？这个时间表会影响我们的发布吗？

6. QA

    a. 我们希望尽早让 QA 介入，以便在不同团队之间优先考虑手动测试计划，并帮助子团队负责人达成一致。谁是我们子团队合适的联系人？

在每个人都忙于制定他们的项目计划时，Erica 确保自己安排了与每位团队领导每周一次的一对一跟进会议，以进一步讨论复杂性和项目计划。Erica 在与 Blaine（iOS 产品技术负责人）的下一次会议中提出了她现有的项目计划。

"我很高兴你提到了项目计划，" Blaine 回答，"我需要知道我应该与客户端基础设施团队中的哪一位进行沟通，以获取 API 接口规范。"

应该把 Steph 作为你的主要联系人。她正在负责整个客户端基础设施在 iOS 和 Android 上的迁移工作。接下来在本周的会议上，请确保你已经和她敲定了 iOS 的 API 契约，" Erica 回复道。"回顾你的项目计划，我很好奇你们打算如何监控生产中的变更？" Erica 问道。

"哦，我以为我们会使用现有的日志框架，并为 E2EE 流量设置一个标志。然而，我们可能需要在产品级别增加额外的日志记录，以便理解针对 E2EE 功能的特定流量。" Blaine 评论道。

"这很好，但我觉得我们处理这一变化的方式中有一些隐藏的复杂性，团队中的每个人都应该理解你将如何应对这一变化。特别是对于大规模迁移，我们必须确保我们有稳固的中间指标来衡量用户体验。这将帮助我们验证用户体验，" Erica 说。在会议结束前，她建议 Blaine 与数据分析团队合作，审查潜在需要收集的实验指标。

在 Erica 的指导下，Blaine 开始将 iOS 产品级别细分为他团队工程师的子项目。在与领导的会议中，Blaine 解释了他的计划："所以，我已经将项目分成了三部分。我将直接与 Samantha 合作处理线程话视图，并为她提供明确范围的任务。我认为通知处理部分将会相对复杂，这是一个适合高级工程师的项目，我们可以交给 Dale。最后，我将与 UI 相关的更改分解为范围宽松的任务，交给 Evan 和 Kelly，他们在下一季度应该有足够的编码任务。"

"这看起来很棒,"Blaine 的领导回答说,"我认为大型 UI 任务非常适合 Evan 和 Kelly。我有一个担忧是关于 Anthony 接下来半年的工作。他将需要一个范围更广、更为模糊的项目。"

"是的,我也在考虑这个问题,"Blaine 说,"我觉得这里对他来说没有足够的发展空间,但我知道群组消息对下一个里程碑非常重要。我希望 Anthony 能专注于团队的主题工作。我知道这与加密无关,但这是与下一个里程碑相关的产品知识,让 Anthony 建立这种背景对团队来说非常有价值。"

"好的,我会和 Anthony 谈谈,看看他对这个项目有什么看法。我想确保他对这个决定感到满意,"Blaine 的经理回答说,"除此之外,我认为这看起来不错。我喜欢你为团队分工的方式。"

与此同时,根据不同团队联系人的输入,Erica 创建了整体时间线,包括 V0 部分更详细的里程碑,并与她的项目经理一起审查了这项工作。有了最终确定的项目计划,Erica 准备向副总裁级别的领导和首席技术官汇报整体策略、成功标准和里程碑。

V0 时间线:

1. 基础设施(并行)
   a. 客户端基础设施对 E2EE 的支持以及新 API 的工作将持续 6 个月。首份草案将于 4 月份提供。
   b. 支持 E2EE 的服务器架构。
2. E2EE 相关的 UI 设计更改将在 2 月初完成。
3. 桌面客户端需要 4 个月来支持新的写入路径和 UI 控制。
4. 到 7 月 1 日前,更新数据管道,数据分析团队将收集关键指标集合进行分析,包括应用程序性能的统一视图。
5. 在 9 月初,我们将开始实验和测试流程,为正式发布做准备。

规划 / 范围界定阶段的说明

我们的理论项目规划 / 筹划阶段已经结束。规划阶段的一些要点如下:

1. Erica 利用一个深思熟虑的项目计划,遵循公司的模板和推荐流程。通过遵循公司的模板,Erica 确保她的项目计划能够被所有人轻松理解。然后,她利用这个计划在整个规划过程中推动讨论。在整个过程中,她通过一对一会议建立关系,并在呈现最终想法之前,征求各个利益相关者的反馈。通过这种方式,她避免了意外或不同意见的出现,并做出了一个全面的设计。

2. 安排一对一会议和每周团队例会。一对一会议是获取反馈、发展个人关系和提供建议的重要工具,这在团队会议中很难实现。通过安排一对一会议,Erica 确保了她与团队建立了长久的关系,并给予自己为团队成员提供指导的机会。

3. Erica 为她的下属领导设定了限时的目标。这有助于她成功地委派任务,因为她设定了固定的时间点来检查,确保团队成员不会落后。

4. Blaine 正通过安排 Anthony 负责主题工作来构建他的团队。虽然这是一个较小的项目，但他正在帮助 Anthony 在技术栈的一个关键领域建立知识基础，为后者将来承担更大范围的工作做准备，同时也让 Blaine 自己作为技术领导能够承担更大范围的工作。

5. 我们可以看到，在各个层面上，技术负责人都在忙于为团队规划和界定工作范围。Erica 和 Blaine 在为他们所在的团队排除障碍方面发挥着至关重要的作用。Erica 作为团队技术负责人，完全专注于手头的项目，而 Blaine 则与他的领导紧密合作，确保他的团队中所有工程师都有足够合适的工作和成长机会。

回到我们的故事中

现在项目的总体目标已经确定，项目被置于长期技术路线图/架构的背景下，团队成员被分配任务，计划也已经概述。团队进入执行阶段。为了支持执行过程，Erica 安排了每周与每位技术负责人（Tech Lead，TL）进行一对一会议，并且每两周与关键工程和跨职能合作伙伴进行同步会议，以同步进展、识别障碍，并确保项目按计划进行。

为此，Blaine 与他的领导和产品经理紧密合作，确定了定期会议的频率和高优先级工作事项，他的两位高级工程师已经将项目的较小部分分解成相关任务，并继续监督他团队的工作，审查差异，并帮助解决工程师遇到的障碍。

工程开发与客户端基础设施紧密相连，顺利进行，使得 Blaine 的团队能够开放一系列接口。在开发过程中，Blaine 为团队审查了大量代码，并承担了项目中一个复杂部分的重写工作，即直接消息组件的线程视图，同时在内部与他的团队就如何将新的 UI 组件与底层 API 连接进行了对齐。

在下一次状态更新会议上，Blaine 提供了他的更新："进度按计划进行。对于 iOS，我们正在加强端到端测试，并确保在真实数据上测试这些功能。我们还创建了一个任务板，用于分类 P0 或阻碍发布的错误。到目前为止，我们还没有发现任何问题，但我们仍然需要引入更多功能进行测试。"

"这是一个好消息，"Erica 回答说，"关于我的更新，我正在继续与数据分析和隐私团队合作，以确保产品发布的一致性。我们还需要一份公司关键指标的清单，与法律团队的隐私审查也在最后阶段。最后，我们需要将发布日期推迟一天，以与营销团队的时间表对齐。他们想先进行几场活动，并且已经安排了在欧盟的一个新闻媒体的采访。如果没有其他更新，我就让大家散会了。谢谢大家。"

会议结束后，Blaine 回到自己的工位前，看到了项目经理发来的一条消息。"嘿，你看了最近的手动测试结果吗？看起来 QA 正逐渐成为一个可能阻碍发布的问题。"查看任务板后，Blaine 回应道："哦，有点意思，对于拥有大量消息和联系人的用户来说，存在显著的延迟。这绝对可能成为发布的一个问题。我会让团队开始调查根本原因。"

在回复了他的私信之后，Blaine 发起了一个群聊，邀请 Erica 和客户端基础设施的项目负责人，向他们通报结果。

鉴于当前情况，Blaine 在与 Erica 的下一次周同步会议上提出了这一风险："进一步的调查显示，使用 E2EE 对底层邮箱进行引导加载是缓慢的。从产品层面上，我们已经确定回退问题不是在我们这一层发生的。我们认为这与基础设施有关，然而，他们太忙了，无暇查看内部同步协议以及收件箱加载的问题。

"我明白了，"Erica 回答，"这很令人担忧，因为这可能会影响到项目的推进。会议结束后，我会跟进这个问题，争取让更多人来关注。"紧接着，Erica 找到了她的领导和 Sally："嗨，Sally，今天出现了一个令人担忧的问题。我们可能在客户端基础设施层面遇到了一个较大的性能回退。我认为我们需要让一些工程师来深入研究这个问题。我想知道你能否帮助我们与 Blaine 一起审查这个问题，并找到合适的人员。"

"没问题，我可以帮忙。让我先联系 Blaine，今天晚些时候再跟你汇报。"

当天晚些时候，Sally 回来继续讨论。

"这绝对是一个大问题。我认为我们可以让 Garrick 来研究这个问题。我和他以及他的经理谈过，他有时间并且也对这类工作感兴趣。他在基础设施和产品级功能方面都有经验，是一位在交付高价值项目方面有着良好记录的高级工程师。我特别提到，我们需要对同步协议进行改进，并增加额外的日志记录，以便团队能够更好地监控生产中的性能回退。"

"太棒了，很高兴这件事很容易就有人手来做。与此同时，我会继续与性能团队合作，了解他们通常如何处理可能导致性能回退的功能。我们必须理解他们如何权衡启动性能回退与其他指标提升之间的关系。"

Erica 和她的领导 Matt 正在推动讨论，不幸的是，他们发现 E2EE 的好处并不能简单地融入性能团队通常使用的增加用户参与度的权衡测量中。因此，Erica 感到她无法独自解决这个问题，并将这些担忧上报给领导层，以便他们讨论如何衡量像 E2EE 这种变更的利弊，虽然它并不被视为能够提升用户参与度，但又是必要的产品变更。与此同时，Garrick 继续寻找缓解问题的方法。

当 Erica 继续与领导层讨论围绕 E2EE 消息性能回退的权衡时，她解释了为什么可能无法完全消除性能回退问题，因为他们本质上是在为消息加载两个收件箱。与此同时，Garrick 找到了一种缓解问题的方法。他通过减少收件箱和线程视图中加载的消息数量来实现这一点。这引入了一个关于产品的取舍，因为拥有许多线程和大量线程历史记录的客户端需要更频繁地刷新。然而，经过与 Erica 和 Sally 的讨论后，他们认为这种妥协是值得的，因为最终计划是完全过渡到 E2EE。

在解决了大型收件箱导致的客户端性能退化问题后，团队继续推进项目向前发展。Erica 向领导团队报告了这一进展，并开始设置一个联合实验，通过正确的参数配置，来启用不同团队所需的 E2EE 功能。

此外，Erica 还邀请了数据分析团队的成员加入，以确保团队在产品发布后能够检查正确的指标。在这些讨论中，Erica 和数据分析团队意识到，他们可以利用集群测试来改善用户体验。集群测试将确保经常互发消息的人群都能被包含在测试中，这样就有了可以互发消息的对象。Erica 进一步明确了发布路径功能开关和实验设置，如表 17-1 所示。

表 17-1　发布路径功能开关和实验设置

版本	规模	IOS	Android	Web	基础设施
V0	10%	默认	默认	默认	默认
V1	10%	启用 E2EE	启用 E2EE	启用 E2EE	启用 E2EE 读写路径

执行 / 测试阶段的说明

1. 在执行和测试阶段，一线开发团队成为核心，领导团队包括 Erica 在内，则退居二线。

2. 作为一线开发团队的技术负责人，Blaine 正在实现关键功能，同时领导一个小团队的开发。

3. Erica 的角色依然至关重要。她在幕后工作，确定发布路径，消除障碍，并解决模糊不清的问题。

4. 不仅是 Erica，就连一线开发团队的技术负责人也专注于 SDLC 的未来阶段。在这里，我们看到 Blaine 正在通过安排员工内测会议，帮助确保他们在发布前能够妥善测试这些功能。

5. 在这里，我们引入了一个新角色，Sally。在我们的例子中，Sally 是一个执行助理原型，她与更大范围的领导层合作，负责之前未解决项目的人员配置。Sally 在找到 Garrick 来负责日志记录部分工作方面发挥了关键作用。

6. Garrick 是一个修复者。他能深入技术栈的不同领域，推动复杂问题的解决方案。这是修复者的一个例子。修复者也可以领导一个特定的项目团队。例如，任何像 Kelly 或 Steph 这样的团队领导都可以是修复者的原型。或者他们可以像 Blaine 那样，是一个团队的技术负责人。

重回我们的故事

为了产品的发布，Erica 为工程师制定了值班表，建立了一个用于监控关键指标的仪表板，并努力安排内部沟通，以便任何人在团队内部发现问题时，他们可以直接联系 Erica。此外，Erica 还监控实验设置，并利用与技术领导的双周会议来回顾发布指标和追踪性能回退情况。

在发布后的下一次周会上，Erica 与团队回顾了相关指标："中间指标看起来不错——我也没有看到任何警示信号。我担心的是整体流量水平。转换到 E2EE 的人数比预期的要少。这里有数据分析团队的人吗？我们能从这次测试中收集到足够的数据吗？"

"是的，我在这里。我们也有所担忧。鉴于流量较低，我们没有足够大的样本量来全面了解所有设备上的性能回退问题。我们可以尝试扩大实验规模，然而，这并不能完全解决问题。

"好的，我们现在就提高流量，之后我们可以线下沟通进行同步，为将来的迭代进行改进。"Erica 回答道。会议结束后，Erica 走向 Sally 所在的工位。

"嗨，Sally，你有时间聊会儿吗？"Sally 点头表示同意，Erica 继续说，"最新的 E2EE 实验的流量非常低，我认为我们不会有足够的数据来覆盖不同设备类型和地理区域。特别是在地理区域方面，我们看到大多数用户来自美国、欧盟国家，而拉丁美洲几乎没有实验用户。在完全切换到 E2EE 之前，我们需要更均匀地提升流量，否则，我们将对性能没有信心。"

"这是有道理的。或许我们可以利用之前使用过的双写策略？"Sally 说。

"我正有此意，"Erica 回答，"我认为我们需要在工程设计中将其作为一个硬性依赖来进行考量。"

"这听起来很棒，但我们还需要努力确定这个项目的人员配置，并进一步明确时间表。我希望这不会延迟项目的发布。"Erica 的领导 Matt 接着说，"Sally，你能和组织中的其他高级管理人员合作，找到一个有空余时间的工程师，并帮助他们为这个项目做好准备吗？"

"当然，考虑到大多数组织现在都处于计划阶段，我们会有足够的时间。鉴于这个项目的重要性，帮助其获得优先考虑应该不难。"Sally 回答道。

部署 / 维护阶段说明

在部署和维护阶段，Erica 作为首席架构师的角色再次变得至关重要。她帮助规划和监控整体发布以确保成功。此外，我们可以看到她在之前阶段的工作是如何取得成果的。我们看到她如何帮助处理和减轻发布带来的性能回退的潜在风险，并与其他组织领导者合作，总是走在前面。Erica 还在与 Sally 的对话中展示了这一点，后者提出在下半年的路线图中增加双写测试。

虽然这个例子没有详细说明像 Blaine 这样的子团队领导的角色，但他们将为自己的团队扮演与 Erica 相似的角色，主要通过监控指标、设置警报链以及清除任何阻碍成功的障碍，确保发布过程顺利进行。一个优质的团队领导会在启动前或启动初期发现配置等其他问题，从而加快长期进程。

17.2 案例研究中角色与原型的说明

17.2.1 原型

首席架构师

我们看到了首席架构师 Erica，她概述了整体时间线和发布计划，包括协调所有部分以确保发布顺利进行。她与她的首席工程师紧密合作，确保所有项目部分的范围都被准确定义，并拥有各自的发布时间线和指标。

Erica 作为一名高级工程师领导者，体现了成功的三种关键行为：

1. 负责最复杂的部分：在这个层面，协调所有需要调动的团队并决定整体架构流程。

2. 向下属委派任务：Erica 向下级领导委派任务。她还与她的领导合作，以了解应提供何种程度的指导（帮助指导 Blaine）。

3. 她在项目的短期需求与长远愿景之间取得了平衡。

无论她的原型如何，这三种行为对于长期成功都至关重要。

技术负责人

我们看到，作为团队技术负责人的 Blaine 将不同的功能和组件分配给团队成员，同时在 Sally 的帮助下为团队中的一位高级工程师（被认为是修复者）找到了额外的工作范围。Blaine 还通过将主题项目交给他团队中的高级工程师 Anthony 来为未来的工作做计划。Blaine 知道 Anthony 在这个项目上的经验将会与他们未来的工作紧密相关。

执行助理

作为一名典型的执行助理，我们看到 Sally 协助调查项目并配备人员。Sally 与管理 / 领导团队紧密合作，了解项目进展和在迁移过程中出现人手不足的区域。

修复者

最后一个主要的工程原型是修复者。Garrick 就代表了这一角色，他能够深入技术栈中，而不必拥有一个团队。虽然在这种情况下 Garrick 是单独行动的，但修复者也可以带领一个小团队开发新产品或跨领域的基础设施功能。

17.2.2 总体说明

我们还看到团队是如何协作安排并负责不同问题的。Erica 在项目计划中为其他人的贡献预留了位置，包括设计师创建 UI 原型图、POC 将链接添加到他们特定的设计文档中，以及为密码学专家添加他们所负责部分的位置（请参见附录中的项目规划）。每个人都在规划中为推动解决方案做出了贡献，并在执行过程中拥有特定的责任范围。

虽然大家共同对项目负责，但仍然存在一些争议。在现实中，没有哪个项目是没有冲突的。在我们的例子中，需要解决的核心冲突是关于启动性能回退的。在讨论可能会导致另一个团队的关键指标回退的问题时，这是一场充满挑战的对话。幸运的是，在我们的例子中，通过发布一个修复方案，情况很容易得到解决。然而，这种情况可能会升级，需要更高级别的领导层来协调合作。之所以在这种情况下需要高级领导的介入，是因为双方需要有一个共同目标，而这在更下游的小团队中更加困难，各方会更关心各自的目标，比如实现发布或避免性能回退。

造成冲突的另一个原因可能是日志的更改。幸运的是，在我们的例子中，框架具有灵活性，客户端基础设施团队可以通过访问权限轻松控制日志。然而，如果不存在访问权限框架或客户端基础设施团队对其不了解，则这可能会演变成一个大得多的项目。这可能涉及与隐私团队的冗长反复沟通，并有可能延迟产品的发布。

17.3 总结

在我们的实际案例中，我们看到了一些高级工程师原型：技术负责人（Blaine）、架构师（Erica）、修复者（Garrick）和执行助理（Sally）。虽然角色有时会有所重叠，但我们看到，尤其是在更高层次上，每个人都需要对技术概念有深入理解，并具备人际交往能力，以解决棘手的冲突并为他人提供可行的指导。有些人，比如 Garrick，需要更深入的技术知识，而 Sally 则更依赖于她的人际和组织技能，但仍必须依靠她的技术技能来指导项目。我们可以将这些视为他们的超能力。每个人都有一个，而且每个人的超能力都独一无二。对于 Erica 来说，她的超能力是她在技术栈中的整体技术深度和广度知识。对于 Garrick 来说，他的超能力是他深厚的技术知识和解决他人无法解决的问题的能力。当你达到专家和首席工程师级别时，你也需要找到自己的超能力。

我们还看到了 Erica 如何灵活地穿梭于 SDLC 的各个阶段，领先于团队，以确保项目的顺利发布和未来规划的顺利进行。这不仅能帮助下属领导有时间制定他们自己的计划，也需要足够的技术专长来快速行动，并在不增加工作时间的情况下保持领先于下属领导。

无论你属于哪种原型，掌握将软技能与工程核心能力相结合的艺术对于提升自己和推动职业生涯朝着领导更大、更有影响力的项目发展至关重要，正如 Erica 所做的。为了培养这些必不可少的技能，你可以有效利用本书的四部分内容。首先，提升你的技术专长，然后扩展你的知识基础并完善你的软技能。

完善的五年规划

迁移到 E2EE

将 Photo Stream 应用程序迁移到 E2EE

团队：Photo Stream 应用程序

状态：草稿

最后更新：2023 年 5 月 21 日，星期四

问题背景

鉴于行业的广泛趋势以及对隐私至上的用户体验的持续推进，我们计划尽可能让 Photo Stream 应用程序转向采用 E2EE。

方案概述

为了顺利过渡到 E2EE，我们计划从一组小功能开始，逐步扩展到应用程序的更多部分。每个阶段都将进行测试。一旦新功能与旧版非加密功能实现功能对等，我们将全面切换至默认使用 E2EE 的新体验。对于非消息发送部分，我们将使用户动态标签页仅通过 E2EE 共享密钥展示互粉用户的内容，并保留"发现"标签页不加密，以便于用户轻松分享公开的内容。

目标

任务里程碑如表 A-1 所示。

表 A-1 里程碑

里程碑	成功标准	发布计划
MVP——MVP 功能集	为一对一直接消息（包括照片）启用 E2EE，将性能回退降到最低，或者不发生性能回退	功能启用是可选的，因此该体验将在实验平台支持的功能开关后面，并在内部测试后慢慢向用户推出
V1——扩展功能集	为群组和内容共享启用 E2EE 功能。几乎不会有性能回退	功能启用是可选的，因此该体验将在实验平台支持的功能开关后面，并在内部测试后慢慢向用户推出
V2——高级 E2EE 功能	启用基于树状结构的非对称加密密钥系统，创建加密的互粉用户间的信息流体验。只有最低限度的性能回退，或没有性能回退	功能启用是可选的，因此该体验将在实验平台支持的功能开关后面，并在内部测试后慢慢向用户推出
V3——切换和稳定	将所有启用加密的模式完全切换为用户的默认体验。只有最低限度的性能回退，或没有进行性能回退	功能启用不再是可选的。更改仍通过功能开关和实验平台进行控制。一旦发布完成，符合条件的应用程序版本上的所有用户都将使用 E2EE 功能

回顾问题安排

人员安排如表 A-2 所示。

表 A-2 人员安排

审核人员	团队 / 角色	状态
Alex	领导团队	已达成一致
Corinne	产品副总裁	已达成一致
Carson	设计副总裁	已达成一致
Dale	数据分析副总裁	已达成一致
Matt	Photo Stream 负责人	已达成一致

解决方案安排

总的来说，我们将借助现有的技术基础来实现迁移，具体包括：

1. 继续采用当前的推送消息模式。

2. 利用现有的移动通信基础设施，以及那些底层共享的 C 语言库。

3. 增强服务器端架构，以便支持 E2EE 的数据读写操作和消息通知。

4. 更新客户端网站，使其支持 E2EE。

5. 在服务器端增加对必要元数据的支持，比如不同的主题等。

此外，为了实现 E2EE，我们还需要在产品层面上开发新的组件，以及对现有组件进行扩展，如图 A-1 所示。在接下来的描述中，我们将用灰色来标记全新的组件，而需要扩展的组件则加粗表示，如图 A-2 所示。

在加密技术上，我们选择了 Signal 协议，因为它具备以下特点：

1. 该协议提供机密性、完整性、认证加密、参与者一致性、目标验证、前向保密性、未来保密性、因果关系保留、消息不可链接性、消息否认、参与否认和异步通信的特性。

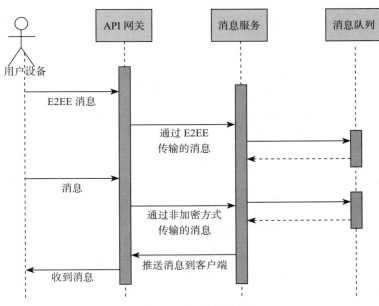

图 A-1　应用程序架构

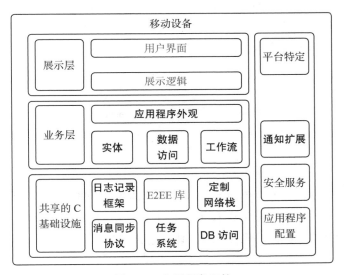

图 A-2　应用程序组件

2. 群聊协议还支持发言人一致性、乱序弹性、丢弃消息弹性、计算性平等、信任平等、子组消息传递以及可收缩和可扩展的成员资格[⊖]。

⊖　N. Unger et al., "SoK: Secure Messaging," *2015 IEEE Symposium on Security and Privacy*, San Jose, CA, USA, 2015, pp. 232-249, doi: 10.1109/SP.2015.22.

不过，它还不支持以下功能：

1. 保护用户匿名性。

2. 通过服务器转发消息和存储公钥信息，这超出了一对一通信协议的范畴。

3. 处理如消息回应、输入状态指示等丰富的消息交互体验。

我们计划开发这些缺失的功能。

最小可行性产品功能集关键范围文档

关键范围文档如表 A-3 所示。

表 A-3 关键范围文档

POC	角色	功能范围界定文件
Blaine	iOS 产品	
Mike	安卓产品	
Steph	移动端基础设施	
Kelly	Web 产品	
Tom	后端基础设施	

未来发展方向：

1. 增强对群聊的支持。

2. 在服务器端增加对树状嵌套加密密钥的支持，以便服务多用户，并且支持加密的用户动态内容展示。

3. 注意：广告内容不会进行加密。

关键工作流程

待完成：UI/UX 设计团队完成设计后，将添加界面原型图。

核心逻辑

客户端：

1. 更新共享的基础设施库，集成 Signal 的底层库以实现跨平台的 E2EE 支持。

2. 提供统一的 API 接口，使加密和非加密协议的读写操作无缝对接。

3. 设计新的产品用户界面，确保 E2EE 体验达到产品标准。

4. 实施日志审查，确保日志记录不会违反 E2EE 的承诺或任何相关的隐私及法律规定，如表 A-4 所示。

表 A-4 审核表

审核人员	团队 / 角色	状态
Matt	领导	已批准
Arvin	CTO	已批准
Talia	数据分析负责人	已批准

5. 实现支持 E2EE 的通知流程，并确保通知内容符合加密标准。

服务器端：

1. 实现 E2EE 数据的存储和读写操作，并确保消息送达后从服务器删除。

2. 利用现有的消息队列系统，确保消息能够送达所有连接的设备。

3. 利用服务器现有架构存储必要的元数据。

此外，对于服务器端，还需要对用户动态内容进行加密处理。为此我们将采用一个特定的间接方法来实现这一点，该方法将由后端联系人和加密技术专家共同制定。

发布计划

发布计划如表 A-5 所示。

表 A-5　发布计划

日期	里程碑	成功标准	发布计划
2023-11-14	MVP——MVP 功能集	为一对一直接消息（包括照片）启用 E2EE，将性能回退降到最低，或者不发生性能回退	功能启用是可选的，因此该体验将在实验平台支持的功能开关后面，并在内部测试后慢慢向用户推出
2024-11-14	V1——扩展功能集	为群组和内容共享启用 E2EE 功能。几乎不会有性能回退	功能启用是可选的，因此该体验将在实验平台支持的功能开关后面，并在内部测试后慢慢向用户推出
2025-11-14	V2——高级 E2EE 功能	启用基于树状结构的非对称加密密钥系统，创建加密的互粉用户间的信息流体验。只有最低限度的性能回退，或没有性能回退	功能启用是可选的，因此该体验将在实验平台支持的功能开关后面，并在内部测试后慢慢向用户推出
2026-11-14	V3——切换和稳定	将所有启用加密的模式完全切换为用户的默认体验。只有最低限度的性能回退，或没有进行性能回退	启用不再是可选的。更改仍通过功能开关和实验平台进行控制。一旦发布完成，符合条件的应用程序版本上的所有用户都将使用 E2EE 功能

关键里程碑

关键里程碑如表 A-6 所示。

表 A-6　关键里程碑

目标日期	里程碑	描述	成功标准
2023-01-31	开始执行	结束项目规划，进入执行模式	所有团队都已提交项目计划并获得 Erica 批准
2023-02-28	UI 模型完成	有必要完成 UI 模型，以便为产品团队提供足够的实现时间	设计团队完成所有关键流程的模型，并获得设计和工程团队领导的批准
2023-04-15	第一版 API	服务器到客户端 API 终点的初版必须在此时完成，以便客户端团队进行测试	为产品工程团队提供可用于测试的 API

（续）

目标日期	里程碑	描述	成功标准
2023-07-15	数据分析管道更新	所有的管道都针对特定的 E2EE 指标进行了更新，满足所有隐私规范	我们有为 E2EE 实施在线实验而进行正确评估的能力，而不会侵犯任何隐私或违反法律
2023-09-14	团队内部测试	在团队内部测试	连续七天无 P0 级 bug
2023-10-14	公司内部测试	在公司内部测试	连续七天无 P0 或 P1 级 bug
2023-11-01	开始试验发布	开始发布 MVP 功能集	进行测量和监控，只在没发现 P0 级 bug 或关键指标没有回退的情况下，才加大发布力度
2023-11-14	发布 MVP 功能集	向 100% 用户开启实验	测量和监控
2024-11-14	V1 发布	待定	待定
2025-11-14	V2 发布	待定	待定
2026-11-14	V3 发布	待定	待定

操作清单

操作清单如表 A-7 所示。

表 A-7 操作清单

团队	发布要求	是否完成
数据分析	1. E2EE 的附加监测指标集合 2. 全面了解应用程序性能	否
营销	1. 发布前出版物 2. GTM 计划	否
设计	设计新流程的模型	否
隐私	1. E2EE 的其他隐私要求 2. 确保工程解决方案符合发布时的隐私保护标准	否
法务	1. 了解 E2EE 的法律意义和存在的风险	否

更新日志

更新日志如表 A-8 所示。

表 A-8 更新日志

日期	描述
2023 年 1 月 15 日	更新了架构图，以包括必须要更改日志模块的事实

开放性问题